电压互感器运维技术及典型案例

主　编　刘浩梁
副主编　郭　健　段科威
参　编　王　卓　谢耀恒　陈　明
　　　　李　婷　彭　涛
主　审　毛学锋

重慶大學出版社

内容摘要

电压互感器作为将一次设备的高电压按比例转换成较低电压的设备，其安全稳定关系着电网的安全及供电的可靠性，正确诊断电压互感器的故障，并采取相关措施及时处理，对于事故防范具有重要意义。全书共8章，内容涵盖了电压互感器基础知识、制造工艺、试验技术、检修技术、安装及现场验收等，并结合实际工作，列举了丰富的故障分析处理案例，为电压互感器的维护、检修提供了重要的参考依据，具有很强的指导性和实用性。

本书可供从事电力系统变电运行、检修、安装、试验及管理等工程技术人员阅读，也可供制造厂商、电力用户及高等院校相关专业的师生参考。

图书在版编目(CIP)数据

电压互感器运维技术及典型案例 / 刘浩梁主编. --
重庆：重庆大学出版社，2021.11
ISBN 978-7-5689-2627-0

Ⅰ. ①电… Ⅱ. ①刘… Ⅲ. ①电压互感器—运营管理—高等职业教育能—教材 Ⅳ. ①TM451

中国版本图书馆 CIP 数据核字(2021)第 222001 号

电压互感器运维技术及典型案例

DIANYA HUGANQI YUNWEI JISHU JI DIANXING ANLI

主　编　刘浩梁
副主编　郭　健　段科威
参　编　王　卓　谢耀恒　陈　明
　　　　李　婷　彭　涛
主　审　毛学锋
策划编辑：鲁　黎
责任编辑：姜　凤　　版式设计：鲁　黎
责任校对：邹　忌　　责任印制：张　策

*

重庆大学出版社出版发行
出版人：饶帮华
社址：重庆市沙坪坝区大学城西路21号
邮编：401331
电话：(023) 88617190　88617185(中小学)
传真：(023) 88617186　88617166
网址：http://www.cqup.com.cn
邮箱：fxk@cqup.com.cn (营销中心)
全国新华书店经销
重庆俊蒲印务有限公司印刷

*

开本：787mm×1092mm　1/16　印张：15.5　字数：370千
2021年11月第1版　2021年11月第1次印刷
ISBN 978-7-5689-2627-0　定价：45.00元

前言

在电力系统中，发生的各类故障集中表现在电压、电流的大小和相位变化上。电压互感器作为将一次设备的高电压按比例转换成较低电压的设备，其安全稳定关系着电网的安全及供电的可靠性。本书的编写，旨在对电压互感器的现场故障诊断提供帮助与指导。

本书在编写过程中，对现有类别的电压互感器设备可能引起故障的原因及故障时产生的现象进行了深入的阐述，同时选取了影响面大、性质严重的典型故障案例进行原因分析。由于电压互感器的种类、结构千差万别，产生的故障多种多样，不可能对所有故障都面面俱到。在编写时，力求做到实用并突出新技术、新方法在故障诊断中的应用。

本书对几种常见类型的电压互感器及其制造工艺进行了介绍，并分类阐述电压互感器的试验、检修方法及技术，研究了电压互感器铁磁谐振等特殊问题，说明了各类电压互感器的安装及现场验收注意事项。本书还列举了丰富的现场案例，为电压互感器的维护、检修提供了重要的参考，可供从事电力系统变电运行、检修、安装、试验及管理等工程技术人员阅读，也可供制造厂商、电力用户及高等院校相关专业的师生参考，还可作为电力、电气、化工、冶金、轨道交通等部门专业技术人员的培训教材。

本书由刘浩梁主编，郭健、段科威担任副主编。具体编写分工如下：第 1 章由段科威编写，第 2 章由谢耀恒编写，第 3 章由陈明编写，第 4 章由刘浩梁编写，第 5 章由彭涛编写，第 6 章由王卓编写，第 7 章由郭健编写，第 8 章由李婷编写。全书由刘浩梁统稿，毛学锋主审。

本书的编写得到了国网湖南省电力有限公司设备管理部、国网湖南省电力有限公司人力资源部、国网湖南省电力有限公司电力科学研究院、国网湖南省电力有限公司技术技能培训中心的大力支持，在此表示衷心的感谢。

本书参考了诸多专业工作者和有关专家提供的实例、经验及公开发表的论文、正式书籍和资料；引用了有关作者的研究成果、试验数据和故障典型案例与分析，在此表示衷心的感谢。

由于编者水平有限，书中难免存在不妥之处，恳请读者批评指正。

编　者

2021 年 3 月

目录

第 1 章　电压互感器基础知识

1.1　概论

1.1.1　电压互感器简介

电压互感器(Voltage Transformer,VT)是将一次回路的高电压成正比地变换为二次低电压,以供给测量仪表、继电保护及其他类似电器(图 1.1)。电压互感器的用途是实现被测电压值的变换,与普通变压器不同的是,其输出容量很小,一般不超过数十伏安或数百伏安。一组电压互感器通常有多个二次绕组供给不同用途,如保护、测量、计量等,绕组数量需根据不同用途和规范要求进行选择。

图 1.1　1 000 kV 电容式电压互感器

电压互感器的一次绕组通常并联于被测量的一次电路中,二次绕组通过导线或电缆并接仪表及继电保护等二次设备。电压互感器二次电压在正常运行及规定的故障条件下,应与一次电压成正比,其比值和相位误差不超过规定值。电压互感器的额定一次电压和额定二次电压是作为电压互感器性能基准的一次电压和二次电压。

电压互感器按其用途和性能特点可分为两大类:一类是测量用电压互感器,主要在电力系统正常运行时,将相应电路的电压变换供给测量仪表、积分仪表和其他类似电器,用于运行状态监视、记录和电能计量等用途;另一类是保护用电压互感器,主要在电力系统非正常运行和故障状态下,将相应电路的电压变换供给继电保护装置和其他类似电器,以便启动有关设备清除故障,也可实现故障监视和故障记录等。

测量用和保护用两类电压互感器的工作范围和性能不同,宜分别接入电压互感器不同的二次绕组。若测量和保护需共用一个电压互感器二次绕组时,该绕组应同时满足测量和保护的性能要求。电压互感器的一次绕组直接并接于高电压回路,属于高压电器,其绝缘性能和结构是电压互感器设计和应用需要考虑的重要问题。

1.1.2 电压互感器的发展历程及趋势

目前,电力系统多采用传统的电磁式电压互感器和电容式电压互感器实现对电压、电流信号的测量。电磁式电压互感器基于电磁感应原理工作,从 1830 年法拉第发现电磁感应定律到 1882 年第一台互感器设计出来以后,再到电磁式电压互感器经历了一百多年的发展。从铁芯材料、制作工艺的不断改进到为提高测量的准确度而采取的各种补偿措施,电磁式电压互感器已经发展到相当成熟的阶段。电磁式电压互感器具有在线性范围内测量准确度高、制造工艺成熟、试验校验规范、有国家标准可以依据等优势,在很长一段时间内适应了电力系统测量要求。但是电磁式互感器受其传感机理的限制,某些性能仍然无法令人满意,主要存在的问题如下:体积大、动态范围小、使用频带窄,电磁式电压互感器存在铁磁谐振,二次侧不能短路,互感器在很大的短路电流下磁饱和;二次侧不能开路,采用变压器油绝缘的互感器存在爆炸危险。过去为了便于继电保护自动装置和测量仪表等二次设备在设计制造时的标准化与系列化,通常规定电压互感器的二次额定电压为 100 V 或 $100/\sqrt{3}$ V,电流互感器的二次侧额定电流为 5 A,弱电控制系统为 1 A。

近年来,随着计算机技术的广泛应用,微机保护技术和现代测量装置的发展,继电保护装置和二次测量及其自动装置不需要大功率驱动。传统互感器的输出信号不能直接与计算机相连,难以满足现代电力系统在线检测、高准确度故障诊断、计算机控制与管理等发展需要,寻求更理想的新型电压互感器势在必行,电力系统综合自动化成为不可逆转的发展趋势。数字电子技术占领了二次设备的所有领域,测量、保护和控制系统都大量采用了基于计算机软件功能实现的装置。这些现代二次设备绝大部分是有源的,不需要由互感器提供大功率输入信号。电压互感器作为电压数据采集的基本单元,必须适应自动化、智能化的要求,即高准确性、高可靠性、频带宽、与二次设备直接接口、小型化,适应建设小型化或无人值班变电站和调动自动化。作为电力系统测量的基本设备,电压互感器在电力系统的发展中面临着新的要求。

电子式互感器是由一次电压、传输系统和转换器组成的,用于传输正比于被测量的量,供给测量仪器仪表和保护或控制装置,其中的信号处理、传输依赖于电子技术。电子式互感器的输出一般只有几伏,传统电磁型继电保护装置和二次测量及其自动装置需要大功率驱动，多年来一直制约着电子式互感器在电力系统中的应用。而随着微机保护技术和现代测量装置的发展，继保装置、二次测量及其自动装置不再需要大功率输入，为电子式电压互感器在电力系统中的应用开辟了新方向。

1.2　电压互感器的型号、基本名词术语及分类

1.2.1　电压互感器的型号及基本名词术语

1）电压互感器型号简介

电压互感器型号的组成方法，如图1.2所示。

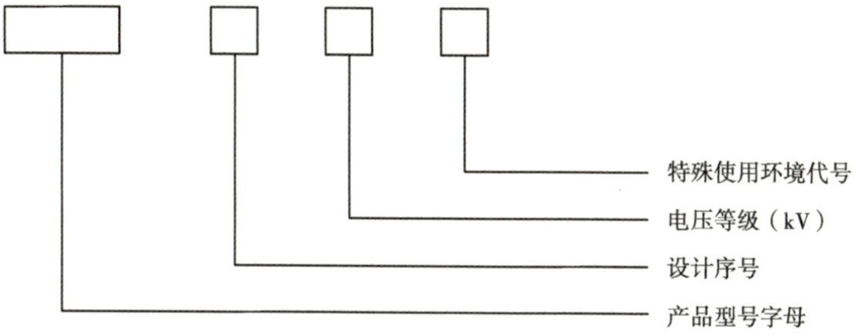

图1.2　电压互感器型号的组成方法（按JB/T 3837—2016）

产品型号均以汉语拼音字母表示，字母的代表意义及排列顺序见表1.1所列，特殊使用环境代号及字母与电流互感器相同。

表1.1　电压互感器型号的字母含义

序号	分类	含义	代表的字母
1	用途	电压互感器	J
2	相数	单相	D
		三相	S
3	线圈外绝缘介质	变压器油	—
		空气（干式）	G
		浇注成型固体	Z
		气体	Q

续表

序号	分类	含义	代表的字母
4	结构特征及用途	带剩余(零序)绕组	X
		三柱带补偿绕组式	B
		五柱三绕组	W
		串级式带剩余(零序)绕组	C
		有测量和保护分开的二次绕组	F
5	油保护方式	带金属膨胀器	—
		不带金属膨胀器	N

举例说明:

[例1.1]　产品型号为JDZ6-10表示第6次改型设计的浇注绝缘单相电压互感器,额定电压为10 kV。

[例1.2]　JDX-110GY表示单相、油浸绝缘、带剩余电压绕组的电压互感器,额定电压为110 kV,适用于高原地区。

还有一些产品采用按过去的编制方法确定的型号,如JCC5-220,JCC5-110GYW等,其中第二个字母C表示瓷箱式,而新办法中已取消了这一含义,第三个字母表示串级式。随着产品的发展,老型号将被逐渐取消。

特种电压互感器型号字母排列顺序及代表意义按JB/T 3837—2016的规定。

2)电压互感器的基本名词术语

下面介绍几个最常用的电压互感器的基本名词术语,其他术语将在以后相应的段落中叙述。

(1)额定电压和额定电压比

电压互感器的误差、发热以及绝缘性能要求都是以额定电压为基数作出相应规定的,因此额定电压是作为互感器性能基准的电压值。对于一次绕组而言,就是额定一次电压。对于二次绕组而言,就是额定二次电压。

电压互感器的额定一次电压根据电力系统的额定电压而定。因为电力系统的额定电压是以相间电压(线电压)标称的,所以单相不接地电压互感器一次绕组额定电压就是电力系统的额定线电压,二次绕组额定电压为100 V。单相接地电压互感器一次绕组额定电压是电力系统的额定线电压的$1/\sqrt{3}$,即额定相电压,二次绕组额定电压为$100/\sqrt{3}$ V。三相电压互感器一次绕组额定电压是电力系统的额定线电压的$1/\sqrt{3}$,二次绕组额定电压为$100/\sqrt{3}$ V。

额定一次电压与额定二次电压之比称为额定电压比。实际一次电压与实际二次电压之比称为实际电压比。由于电压互感器存在误差,额定电压比与实际电压比是不等的。

(2)额定负荷

确定互感器准确级所依据的负荷值。负荷通常以视在功率(伏安)值表示,它是在规定功率因数和额定二次电压下所吸取的。

(3)额定输出

在额定二次电压及接有额定负荷的条件下,互感器供给二次回路的视在功率值(在规定功率因数下以 VA 表示)。国家标准电磁式《电压互感器》(GB 20840.3—2013)规定的额定输出标准值为:10,15,25,30,50,75,100,150,200,250,300,400,500 VA。对于三相电压互感器而言,其额定输出值是指每相的额定输出。

(4)准确级

对互感器所给定的等级,在规定的使用条件下互感器的误差应在规定的限值内。

1.2.2　电压互感器的分类

电压互感器通常按下述方法分类:

1)按用途分

①测量用电压互感器。

②保护用电压互感器。

2)按相数分

①单相电压互感器。

②三相电压互感器。

3)按变换原理分

①电磁式电压互感器(简称“PT”)。

②电容式电压互感器(简称“CVT”)。

③电子式电压互感器。

4)按绕组个数分

①双绕组电压互感器,其低压侧只有 1 个二次绕组的电压互感器。

②三绕组电压互感器,有 2 个分开的二次绕组的电压互感器。

③四绕组电压互感器,有 3 个分开的二次绕组的电压互感器。

5)按一次绕组对地状态分

①接地电压互感器,在一次绕组的一端准备直接接地的单相电压互感器,或一次绕组的星形联结点(中性点)准备直接接地的三相电压互感器。

②不接地电压互感器,一次绕组的各部分,包括接线端子在内,都是按额定绝缘水平对地绝缘的电压互感器。

6)按装置种类分

①户内型电压互感器。

②户外型电压互感器。

7)按结构形式分

①单级式电压互感器,一、二次绕组在同一个铁芯柱上,绝缘不分级的电压互感器。

②串级式电压互感器,一次绕组由几个匝数相等、几何尺寸相同的级绕组串联而成,各级绕组对地绝缘是自线路端到接地端逐级降低的电压互感器。在这种电压互感器中,二次绕组与一次绕组的接地端级(即最下级)在同一铁芯柱上。

8)按绝缘介质分

①干式电压互感器,其绝缘主要由纸、纤维编织材料或薄膜绕包经浸漆干燥而成。

②浇注式电压互感器,其绝缘主要是绝缘树脂混合胶经固化成型。

③油浸式电压互感器,其绝缘主要由纸、纸板等材料构成,并浸在绝缘油中。

④气体绝缘电压互感器,其绝缘主要是具有一定压力的绝缘气体,如六氟化硫(SF_6)气体。

1.3 电压互感器的工作原理

电压互感器是一种专门用作变换电压的特种变压器,其工作原理如图 1.3 所示。

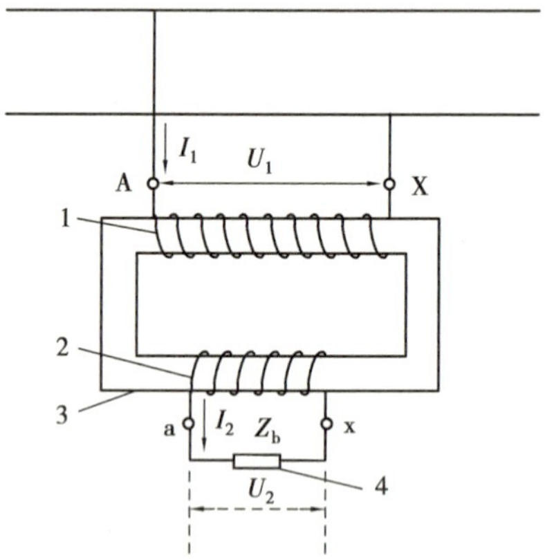

图 1.3 电压互感器原理图

1— 一次绕组;2—二次绕组;3—铁芯;4—二次负荷

电压互感器的一次绕组并联在高压线路上,线路电压就是互感器的一次电压。二次绕组外部接有测量仪表、仪器及保护继电器等设备的电压线圈,它们都是并联连接的,在原理图中用负荷阻抗 Z_b 表示。由图 1.3 可知,电压互感器的工作原理和变压器相同,只不过电压互感器的二次负荷很小,因此可以说电压互感器是一种容量很小的变压器。

电压互感器的一、二次绕组之间有足够的绝缘，从而保证了所有低压设备与电力线路的高电压相隔离。电力系统有不同的额定电压等级，通过电压互感器一、二次绕组匝数的适当配置，可以将不同的一次电压变换成较低的标准电压值，一般是 100 V 或 $100/\sqrt{3}$ V，这样可以减小仪表和继电器的尺寸，简化其规格，有利于仪表和继电器小型化、标准化。电压互感器的作用有以下 3 点：一是传递信息供给测量仪器、仪表或保护控制装置；二是使测量和保护设备与高电压相隔离；三是有利于仪表、仪器和保护继电器小型化、标准化。下面分别以单相双绕组、单相三绕组、串级式电压互感器为例来说明电压互感器的工作原理。

1.3.1　单相双绕组电压互感器的工作原理

在图 1.3 中，当一次电压 U_1 加在一次绕组上，就有一次电流 I_1 流经一次绕组，电流与一次绕组匝数的乘积称为一次磁动势。一次磁动势分为两个部分：一部分用来励磁使铁芯中产生磁通；另一部分用来平衡二次磁动势。二次磁动势是二次电流 I_2 与二次绕组匝数的乘积。电压互感器的磁动势平衡方程为

$$I_1N_1 + I_2N_2 = I_0N_1 \tag{1.1}$$

式中　I_1, I_2, I_0——用复数表示的一次、二次和励磁电流；

N_1, N_2——一、二次绕组的匝数。

从图 1.3 中可以看出，磁通 ϕ_0 同时穿过一次和二次绕组的全部线匝，故称为主磁通。它在一次和二次绕组中分别感应出电动势 E_1 和 E_2。一次和二次电流还分别产生与本绕组相关的漏磁通，在图 1.3 中分别以 ϕ_{s1} 和 ϕ_{s2} 表示。这两个漏磁通在一、二次绕组中感应出漏感电动势，其作用可用漏电抗 X_1 和 X_2 来表示。各绕组的导线还有电阻 R_1 和 R_2，当电流流过时就会产生阻抗压降，于是可以写出电压互感器的一次电动势平衡方程式

$$\dot{U}_1 = -\dot{E}_1 + \dot{I}_1\dot{Z}_1 \tag{1.2}$$

式中　$\dot{U}_1$——用复数表示的一次电压相量；

$\dot{E}_1$——用复数表示的一次感应电动势；

$\dot{I}_1$——用复数表示的一次电流；

$\dot{Z}_1$——一次绕组阻抗，也是一个复数量。

同理，可写出二次电动势平衡方程式

$$\dot{U}_2 = -\dot{E}_2 + \dot{I}_2\dot{Z}_2 \tag{1.3}$$

式中　$\dot{U}_2$——用复数表示的二次电压相量；

$\dot{E}_2$——用复数表示的二次感应电动势；

$\dot{I}_2$——用复数表示的二次电流；

$\dot{Z}_2$——二次绕组阻抗，也是一个复数量。

同时一次和二次感应电动势的大小分别为

$$E_1 = 4.44fN_1\Phi_0 \tag{1.4}$$

$$E_2 = 4.44fN_2\Phi_0 \tag{1.5}$$

式中 E_1——一次感应电动势；

E_2——二次感应电动势；

N_1——一次绕组匝数；

N_2——二次绕组匝数；

Φ_0——主磁通。

由此得出

$$\frac{E_1}{E_2} = \frac{N_1}{N_2} \tag{1.6}$$

如果忽略很小的阻抗，则可从式(1.2)和式(1.3)得出

$$\frac{U_1}{U_2} = \frac{E_1}{E_2} = \frac{N_1}{N_2} \tag{1.7}$$

若以额定值表示，则

$$\frac{U_{1N}}{U_{2N}} = \frac{N_1}{N_2} \tag{1.8}$$

从式(1.8)中可以看出，只要适当配置额定匝数比，就可将不同的额定一次电压变换成标准的额定二次电压，而且在式(1.8) 中，只要知道其中的 3 个量就可算出第四个量，这里不再一一举例。

根据电工基础理论可画出电压互感器的相量图，但是为了便于在相量图上比较一次侧及二次侧的各个参数，在画相量图时，可将二次参数折算到一次侧，并在右上角加一撇表示折算后的参数。所谓折合算法就是保持一个绕组的磁动势不变，而把电量转换到另一个匝数基础之上的方法。折合的条件是等值的二次侧必须仍能产生同样的磁动势，要满足这个条件就要求它的电压、电流和阻抗与实际的二次侧绕组电压、电流和阻抗有一定的关系，就是利用这些关系，在分析前，使实际二次绕组的参数变换成等值的二次绕组的参数/堆分析后，又把等值二次绕组上的分析结果变换到实际二次绕组中。

为了便于比较互感器一次电路和二次电路中的各量，需要将两个绕组折算为同一匝数，可以将一次侧折算到二次侧，也可将二次侧折算到一次侧，折算的原则是使被折算绕组的磁动势保持不变，这样才能保持主磁通不变，因为互感器各绕组之间的联系和相互作用是通过这一主磁通来保持的。所有折算后的量均在右上角加一撇表示。由主磁通 ϕ_0 感应的电动势 E_1 和 E_2 滞后主磁通 90°。由于铁芯中存在磁滞和涡流损耗，所以 ϕ_0 滞后于励磁电流 I_0 一个铁损角 ϕ_0，又因为二次阻抗压降 I_2Z_2 的存在，所以二次电压 U_2 滞后于 E_2 一个角度。电压互感器的负载通常是感性的，国家标准《电磁式电压互感器》(GB 20840.3—2013)规定负载的功率因数为 0.8（滞后），相量图中将二次电流滞后于电压 U_2 一个角度 ϕ_2，就是表示

这种情况。确定了 I_1 和 I_2 的方向后，即可得出电流 A 的大小和方向。为了更清楚地表示出一次电压 U_1 与二次电压 U_2 的关系，将式(1.2)做适当变换，得出

$$\dot{U}_1 = -\dot{U}_2 + \dot{I}_0 Z_1 - \dot{I}_2'(Z_1 + Z_2') \tag{1.9}$$

U_1 和 U_2 不仅大小不等，而且相位也有差别，数值大小之差就是电压误差，相位上的差别就是相位差，造成误差的原因是阻抗压降。单相双绕组电压互感器常用的两种接线方式如图 1.4 所示。图 1.4(a)是单台互感器用以测量单相电压，其他仪器、仪表和保护继电器的电压绕组均与电压表并联在互感器的二次出线端。在我国，单相双绕组电压互感器大都按一次绕组接在相与相之间设计制造，一次绕组的两个出线端子 A 和 X 都是对地绝缘的，《电磁式电压互感器》(GB 20840.3—2013)把这种互感器定义为不接地电压互感器，这种电压互感器接成"V"字形即可测置三相电压，如图 1.4(b)所示。在制造和使用过程中都要注意电压互感器的端子标志。端子标志弄错了，二次电压的方向就会与要求的方向差 180°，这对于要求电压方向正确的仪表和继电器来说特别重要。

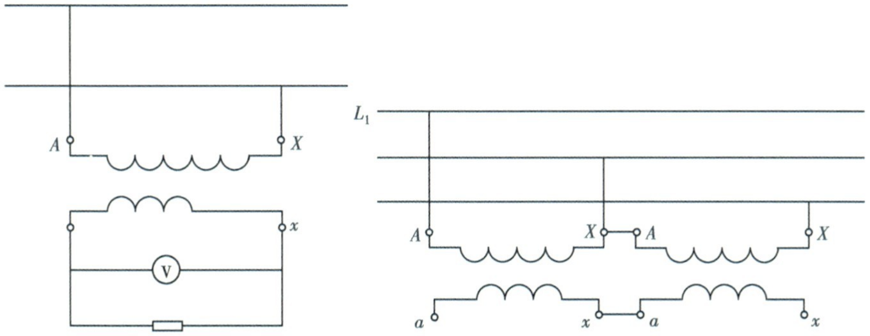

(a)单台互感器　　(b)两台互感器接成"V"字形接线

图 1.4　单相双绕组电压互感器接线图

1.3.2　单相三绕组电压互感器的工作原理

这里要介绍的是一次绕组接在三相系统中相与地之间，低压侧有两个绕组的三绕组电压互感器。按《电磁式电压互感器》(GB 20840.3—2013)的定义，一次绕组接在相与地之间的互感器称为接地电压互感器。在互感器的两个低压绕组中，一个是二次绕组，其作用与普通双绕组电压互感器相同，另一个是剩余电压绕组。3 台互感器组成三相组[接线图如图 1.5(a)所示]，一次和二次绕组均接成星形，中性点接地。另一个低压绕组称为剩余电压绕组，使用时接成开口角。当三相系统正常工作时，3 个剩余电压绕组的电压相量和等于零，即 $U_\Delta = 0$。当三相系统发生单相接地故障时，开口角端会出现电压。

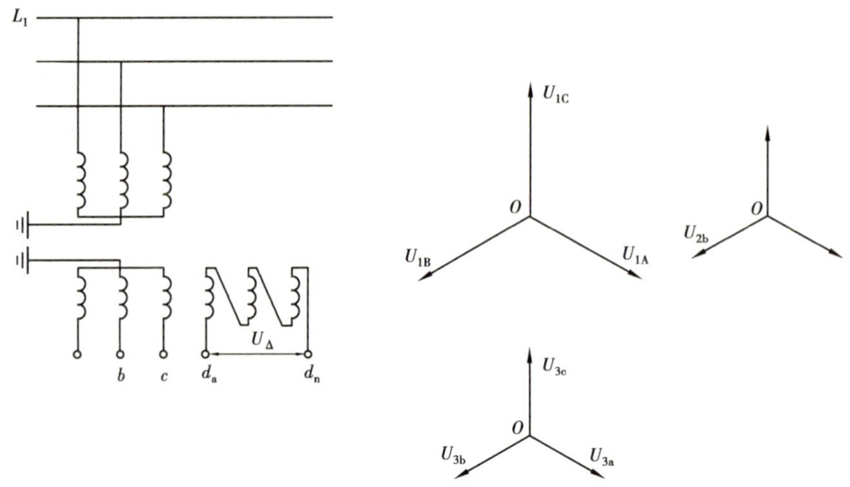

(a)接线图　　(b)相量图

图 1.5　单相三绕组(有剩余电压绕组)电压互感器

开口角端电压与剩余电压绕组额定电压 U_{3N} 的关系与系统中性点接地方式有关。在中性点有效接地系统中发生单相接地故障,例如 C 相接地时,C 相一次绕组的起末端被短接,绕组上没有电压,但其他两相对地电压不变,如图 1.6 所示,所以 A 相和 B 相互感器的剩余电压绕组电压也不变,此时

$$U_{\Delta} = U_{3a} + U_{3b}$$

$$U_{\Delta} = U_{3a} = U_{3b}$$

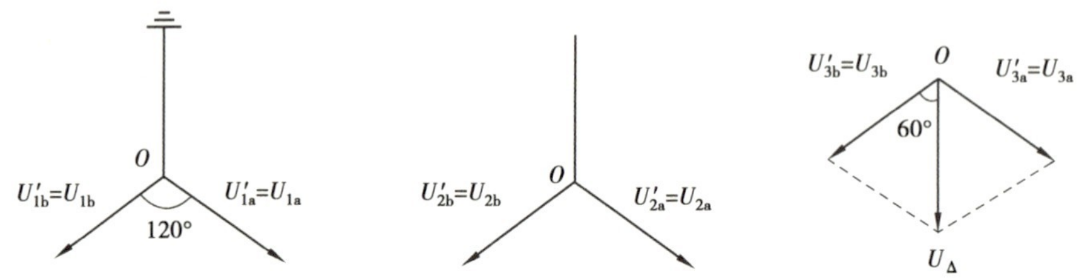

图 1.6

如果在这种情况下 $U_{\Delta}=100$ V,则剩余电压绕组电压应是 100 V。在我国,≥220 kV 系统和大多数 110 kV 系统均为中性点有效接地系统,在这种系统中使用的单相三绕组电压互感器的剩余电压绕组额定电压为 100 V。在中性点非有效接地系统中发生单相接地故障时(仍然假定 C 相接地),C 相一次绕组上没有电压,A 相和 B 相对地电压发生变化,它们之间的电压由原来的 120°变为 60°,数值也增加 $3\sqrt{3}$ 倍,如图 1.7 所示。因此,二次和剩余电压绕组电压也相应变化,相位角变成 60°,数值增加 $\sqrt{3}$ 倍。因为

$$U'_{\Delta} = U'_{3a} + U'_{3b}$$

所以可从图 1.7 得出

$$U_{\Delta} = \sqrt{3}U_{3a} = \sqrt{3}\sqrt{3}U_{3N} = 3U_{3N}$$

若要求 $U_{\Delta}=100$ V,则 U_{3N} 应为 100/3 V。在我国,63 kV 及以下系统以及一些雷击事故

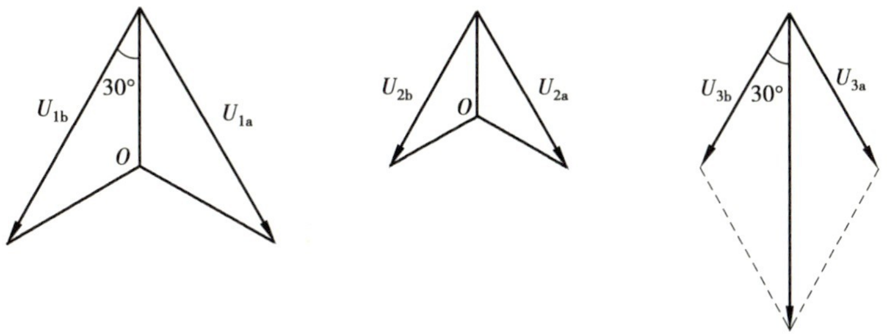

图 1.7　剩余电压绕组开口三角端电压（非有效接地系统单相接地时）

较多的地区，110 kV 系统为中性点非有效接地系统。在这种系统中使用的互感器的剩余电压绕组的额定电压为 $100/\sqrt{3}$ V。

由于系统运行状态的变化，在中性点有效接地系统中发生单相接地故障时，健全相对地的电压可能升高到 1.5 倍额定相电压，而接地电压互感器的绕组额定电压就是系统的额定相电压，所以要求在中性点有效接地系统中使用的互感器能在 1.5 倍额定电压下工作一段时间，一般规定为 30 s。这是因为该系统单相接地短路电流较大，必须很快切除故障，30 s 的时间已远远大于切除故障所需的时间。而在中性点非有效接地系统中发生单相接地故障时，健全相对地电压可能升高到 1.9 倍额定相电压。不过接地短路电流并不大，系统可以连续运行较长的一段时间，以便运行人员找出故障点排除故障，所以要求在这种系统中运行的电压互感器能在 1.9 倍额定电压下工作 8 h。1.5 或 1.9 是国家标准规定的额定电压因数。有关这方面的规定在本章 1.3 节中做详细介绍。

1.3.3　串级式电压互感器的原理

电压≥63 kV 的单相三绕组电压互感器，若采用串级式结构，可以缩小尺寸，减轻质量，而且制造工艺比较简单，下面以 220 kV 串级式电压互感器为例来说明这种互感器的工作原理，其内部结构示意图与原理接线图，如图 1.8 所示。

在这种互感器中，4 个同样的一次绕组分别套装在两个铁芯的上、下芯柱上，它们依次串联，A 端接线路高电压，N 端接地。第一级一次绕组的末端与上铁芯连接，故上铁芯对地电压为 $3/4U$，而对第一级绕组的始端以及第二级绕组的末端的最大电压为 $1/4U$。第三级一次绕组的末端与下铁芯连接，故下铁芯对地电压为 $1/4U$。而对第三级绕组的始端和第四级绕组的末端（此处是接地的）的最大电压也是 $1/4U$。平衡绕组靠紧铁芯布置，与铁芯等电位。联耦绕组和第二级一次绕组至第三级一次绕组的连线等电位，布置在这两级一次绕组的外面。二次绕组和剩余电压绕组都布置在最下级一次绕组的外面，这里的对地电压最低。各绕组这样布置大大减小了绕组与绕组之间，绕组与铁芯之间的绝缘。由于铁芯带电，所以铁芯与铁芯之间、铁芯与地之间都要有绝缘，整个器身要用绝缘支架支撑起来。下面分析耦合绕组和平衡绕组的作用。从图 1.8(b) 中可以看出，若二次侧没有负载，则互感器空载时，一次绕组中只流过励磁电流，即 $I_1=I_0$。由于各级一次绕组相同，各个铁芯也相同，故各级一

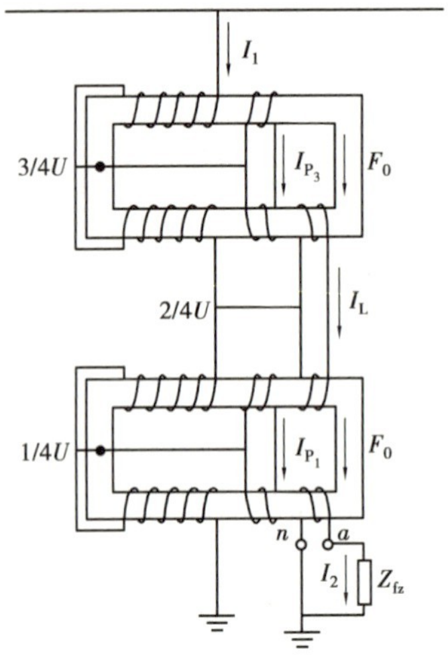

图 1.8　串级式电压互感器工作原理图(剩余电压绕组略)

次电压分配相等,上、下铁芯中的主磁通 ϕ_0 也相等。

当二次侧接有负荷时,二次绕组有电流 I_2 流通,此电流在下铁芯的下芯柱上建立磁动势 I_2N_2,一次绕组电流要增加以补偿二次磁动势。但由于一次绕组分布在 4 个铁芯柱上,上两级一次磁动势增加将使上铁芯的主磁通增加,而下铁芯中二次磁动势大于一次磁动势,下铁芯中的主磁通将减少。为了使上、下铁芯中主磁通维持不变,在上、下铁芯上各有一个匝数相等、几何尺寸相同的耦合绕组。若下铁芯的主磁通减少,下铁芯上的耦合绕组感应电动势将下降,而上铁芯主磁通增加将使上铁芯的耦合绕组感应电动势上升,从图 1.8(b)中可以看出,上、下耦合绕组的电动势差将产生电流 I_L 流通,由图可知,电流的方向是使上铁芯上的耦合绕组磁动势与一次磁动势相反,使上铁芯磁通降低。下铁芯上的耦合绕组磁动势则与一次磁动势相加,使下铁芯磁通增加,从而保持上、下铁芯中主磁通基本一致。

从能量传递的观点分析,上铁芯上的两级一次绕组与下铁芯上的二次绕组之间没有磁耦合关系(即没在互感作用),只有通过上铁芯的耦合绕组与上两级一次绕组之间的磁耦合,接受上两级一次绕组的能量,通过电的耦合送到下铁芯上的耦合绕组中,再通过这个耦合绕组与二次绕组之间的磁耦合将能量传递到二次绕组中去。因此,通常说耦合绕组的作用是传递能量。再来看平衡绕组,它们是布置在同一铁芯的上、下芯柱上,匝数和几何尺寸相同的一对绕组。现以图 1.8(b)中的下铁芯为例,说明平衡绕组的作用。因为二次绕组在下芯柱上,耦合绕组在上芯柱上,每个芯柱的磁动势不能平衡,漏磁很大。按照图 1.8(b)联结的平衡绕组,虽然主磁通 ϕ_0 在其中感应的电动势大小相等方向相反,但是上、下芯柱的漏磁在平衡绕组中感应的电动势却是相加的,于是有电流 I_p 流通,电流 I_p 在芯柱平衡绕组中的磁动势 I_pN_p 与上芯柱一次磁动势和耦合绕组磁动势是相反的,而下芯柱平衡磁动势则与下芯柱一次磁动势是相同的,这样就可保持上、下芯柱各绕组磁动势的平衡关系,减少漏磁。所以通常说平衡绕组的作用是减少漏磁。

在制造串级式电压互感器时,不仅要保证各绕组的匝数和绕向正确,而且要保证各对平衡绕组或联耦绕组的连接正确。在应用中,串级式电压互感器的一次、二次和剩余电压绕组的接线方式与普通单相三绕组电压互感器的接线方式相同。

第2章　三种常见的电压互感器介绍

2.1　电磁式电压互感器

2.1.1　电磁式电压互感器概述

电磁式电压互感器的全称为电磁感应式电压互感器(简称“PT”)。电磁式电压互感器的工作原理与变压器相同,基本结构也是铁芯和原、副绕组。电磁式电压互感器的特点是容量很小且比较恒定,一次侧的电压不受二次侧负荷的影响,正常运行时接近于空载状态。其本身的阻抗很小,一旦副边发生短路,电流将急剧增长而烧毁线圈。为此,电压互感器的原边接有熔断器,副边可靠接地,以免原、副边绝缘损毁时,副边出现对地高电位而造成人身和设备事故。

测量用电压互感器一般都做成单相双线圈结构,其原边电压为被测电压(如电力系统的线电压),可以单相使用,也可以用两台接成V-V形作三相使用。实验室用的电压互感器往往是原边多抽头的,以适应测量不同电压的需要。供保护接地用电压互感器还带有一个第三线圈称为三线圈电压互感器。三相第三线圈接成开口三角形,开口三角形的两引出端与接地保护继电器的电压线圈连接。正常运行时,电力系统的三相电压对称,第三线圈上的三相感应电动势之和为零。一旦发生单相接地时,中性点出现位移,开口三角形的端子间就会出现零序电压使继电器动作,从而对电力系统起保护作用。线圈出现零序电压则相应的铁芯中就会出现零序磁通。为此,这种三相电压互感器采用旁轭式铁芯(10 kV及以下时),或采用三台单相电压互感器。对于这种互感器,第三线圈的准确度要求不高,但要求有一定的过励磁特性(即当原边电压增加时,铁芯中的磁通密度也增加相应倍数而不会损坏)。电磁感应式电压互感器的等值电路与变压器的等值电路相同。

2.1.2　电磁式电压互感器的结构原理

电磁式电压互感器利用电磁感应原理变换交流电压、电流和阻抗,当互感器一次侧施加

交流电压 U_1，流过一次绕组的电流为 I_1 时，则该电流在铁芯中会产生交变磁通，使一次绕组和二次绕组发生电磁联系。根据电磁感应原理，交变磁通穿过这两个绕组就会感应出电动势，绕组匝数多的一侧电压高，绕组匝数少的一侧电压低，其结构原理如图 2.1 所示。

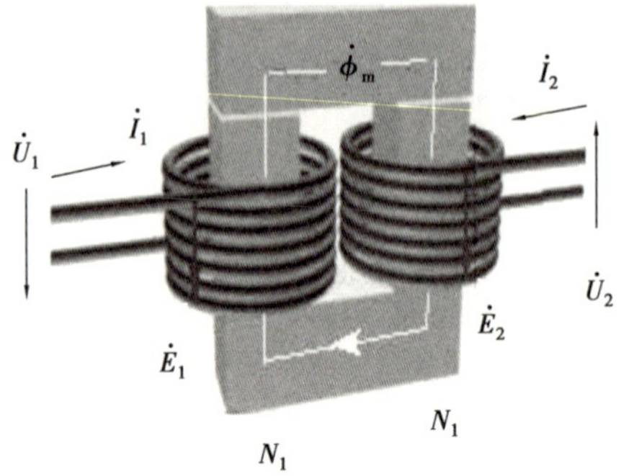

图 2.1 电磁式电压互感器的结构原理

U_1——一次电网电压；N_1——一次侧线圈匝数，较多；U_2—100 V；N_2—二次侧线圈匝数，较少，其原理是 $U_1/U_2=N_1/N_2=U_1/U_2=N_1/N_2=k$（变压比大于 1）

电磁式电压互感器二次侧所接负荷是测量仪表和继电器的电压线圈，因此，正常工作时，电压互感器相当于变压器的空载状态。

2.2 电容式电压互感器

2.2.1 电容式电压互感器概述

电容式电压互感器（简称“CVT”），总体上可分为电容分压器和电磁单元两大部分。电容分压器由高压电容 C_1 及中压电容 C_2 组成。电磁单元则由中间变压器、补偿电抗器及限压装置、阻尼器等组成。电容分压器 C_1 和 C_2 都装在瓷套内，从外形上看是一个单节或多节带瓷套的耦合电容器。目前，电磁单元都将中间变压器、补偿电抗及所有附件装在一个铁壳箱体内，外形有圆形的也有方形的。早期产品常将电阻型阻尼器放在电磁单元油箱之外成为一个单独附件。

根据电容分压器和电磁单元的组装方式可分为叠装（一体式）和分装式（分体式）两大类。叠装式是电容分压器叠装在电磁单元油箱之上，电容分压器的下节底盖上有一个中压出线套管和一个低压端子出线套管，伸入电磁单元内部将电容分压器中压端子与电磁单元相连。有的产品还在下节电容器瓷套上开一个小孔，将中压端引出，以供测试电容和介损之用。分装式产品的特点：电容分压器中压端与电磁单元的连接是在外部进行的，这类产品的电容分压器下节电容必须在瓷套上开孔将中压端引出，电磁单元也对应将高压端用套管引出，以便相互连接。所谓分体并不一定是电容分压器与电磁单元分开安装，如有些制造厂仍然是将电容分压器叠装在电磁单元油箱上，用绝缘子支撑，且分压器下节底盖不安装中压和低压端子套管。

2.2.2　电容式电压互感器的结构原理

目前，国内常见的电容式电压互感器大都采用叠装式结构，其典型结构原理如图 2.2 所示。

1）电容分压器

电容分压器由单节或多节耦合电容器（因下节需从中压电容处引出抽头形成中压端子，也称分压电容器）构成，互感器结构原理图中耦合电容器则主要由电容芯体和金属膨胀器（或称扩张器）组成。由电容分压器从电网高电压抽取一个中间电压，送入中间变压器。

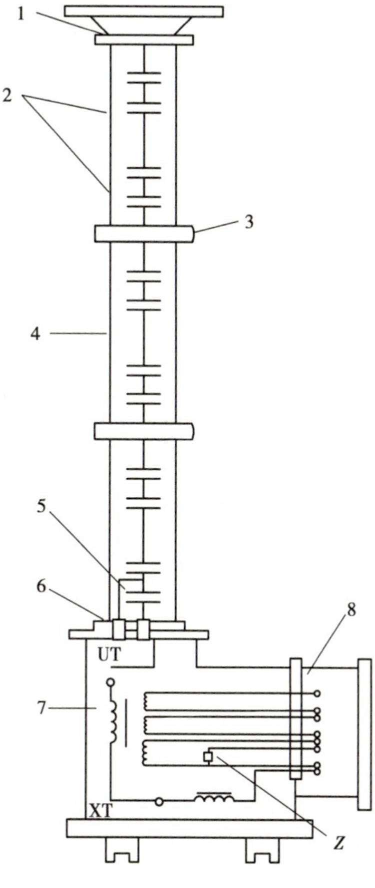

图 2.2　电容式电压互感器结构示意图
1—防晕环；2—耦合电容器；
3—屏蔽罩；4—高压电容 C_1；
5—中压电容 C_2；6—中压套管；
7—电磁单元油箱；8—二次接线端子盒；
9—低压套管；10—分压电容器；
UT ~ XT—中间变压器一次绕组；
UL ~ XL—补偿电抗器绕组；Z—阻尼器

电容芯体由多个相串联的电容元件组成，如 110/$\sqrt{3}$ kV 耦合电容器早期由 104 个电容元件串联，近期已减少到 80 ~ 90 多个元件串联。每个电容元件是由铝箔电极和放在其间的数层电容介质卷绕后压扁，并经高真空浸渍处理而成。芯体通常是通过 4 根电工绝缘纸拉杆压紧，近期也有些产品取消了绝缘拉杆而直接由瓷套两端法兰压紧。电容介质早期产品为全纸式并浸渍矿物油，由于在高强场下易析出气体以及局部放电性能差等缺点，20 世纪 80 年代以后的产品都采用聚丙烯薄膜与电容器复合并浸渍有机合成绝缘介质体系。国内常见的一般为二膜三纸或二膜一纸，浸渍剂主要是十二烷基苯（AB），也用二芳基乙烷（PXE），聚丙烯薄膜的机械强度高，电气性能好，耐电强度高，是油浸纸的 4 倍，介质损耗则降为后者的 1/10；加之合成油的吸气性能好，采用膜纸复合介质后可使 CVT 电气性能大大改善，绝缘强度提高，介损下降，局部放电性能改善，电容量增大；同时由于薄膜与油浸纸的电容温度特性互补，合理的膜纸搭配可使电容器的电容温度系数大幅度降低，一般可达到 $\alpha_c \leq -5 \times 10^{-5} K^{-1}$，有利于提高 CVT 的准确度，增大额定输出容量和提高运行的稳定性。

第三节膨胀器。电容器内部充以绝缘浸渍剂，随着温度的变化，浸渍剂体积会发生变化。早期产品是在每节瓷套内部上端充以干燥氮气以作补偿，由于该结构缺点较多，目前产品均已改用金属膨胀器，并保持内部为微正压（约 0.1 MPa）。膨胀器由薄钢板焊接而成，分内置式（外油式）及外置式（内油式）两种。膨胀器的结构与电磁式电压互感器所用金属膨胀器类似。

2）电磁单元

电磁单元主要由中间变压器、补偿电抗器、阻尼器及过电压保护器件等组成。电磁单元铁壳油箱内各制造厂可能充以不同的浸渍剂，如变压器油、电容器油、十二烷基苯等，但都与电容分压器油路不相通，在油箱顶部都留有一定的空气层（或充以氮气）以作补偿绝缘油因温度造成体积变化之用。并可避免电磁单元发热的热量，直接传至电容单元，引起高、中压电容形成温差。

（1）中间变压器

CVT 的中间变压器实际上相当于一台 20～35 kV 的电磁式电压互感器，将中间电压变为二次电压。但其参数应满足 CVT 的特殊要求，如高压绕组应设调节绕组以增减绕组匝数，铁芯磁密取值应较低，以适应防铁磁谐振要求等。铁芯采用外轭内铁式三柱铁芯，绕组排列顺序为：芯柱→辅助绕组→二次绕组→高压绕组。

（2）补偿电抗器

补偿电抗器的作用是补偿容抗压降随二次负荷变化对 CVT 准确级的影响。补偿电抗器常采用“山”字形或 C 形铁芯，铁芯具有可调气隙，在误差调完后再用纸板填满并固定。目前国内制造厂均已采用固定气隙，绕组设调节抽头以作调节电感之用。补偿电抗器可以安装在高电位侧（接在中压变压器之前），也可以安装在低电位侧（接在接地端）。两者匝数和绝缘要求相同，但主绝缘要求不同，前者对地要求达到分压器、中压器、中压端的绝缘水平。

（3）阻尼器

CVT 使用的阻尼器基本上采用电阻型、谐振型和速饱和型。

①电阻型阻尼器。这是早期产品常用的阻尼器，其结构就是一个简单的电阻由披釉线绕电阻器构成，其阻值及功率应达到设计要求，一般以钢板作为外壳安装在离 CVT 不远的地方。安装处所应注意通气流畅、散热良好，并防止雨水浸入。纯电阻型阻尼器目前已逐渐被淘汰。

②谐振型阻尼器。谐振型阻尼器采用电感 L 与电容 C 并联后再与电阻 R 串联而成，电感 L 用“山”字形带气隙的硅钢片铁芯中柱套上绕组制成。为使电感 L 在正常运行时与发生分次谐波谐振时电感值接近相等，应使电感 L 在额定运行条件下磁密较低，气隙选取适当。

③速饱和型阻尼器。速饱和型阻尼器由速饱和电抗器与电阻相串联而成，电抗器采用坡莫合金环形铁芯绕上绕组构成。坡莫合金是具有良好饱和特性的材料，在正常电压（$1.2U_{N1}$）以下运行时，通过电抗器的电流很小，一旦发生分类谐振，铁芯立即饱和，电流猛增而消除谐振。

（4）过电压保护器件

①补偿电抗器两端的限压器。补偿电抗器两端的电压在正常运行时只有几百伏，当 CVT 二次侧发生短路和开断过程时，补偿电抗器两端的电压将出现过电压，必须加以限制才能保证安全。限压元件除了降低电抗器两端电压（一般产品按补偿电抗器额定工况下电压 4 倍考虑）外，还能对阻尼铁磁谐振起良好的作用。常见的限压元件有间隙加电阻、氧化锌阀片加电阻或不加电阻、补偿电抗器设二次绕组并接入间隙和电阻等几种，大部分产品均将限压器安装在电磁单元油箱内，其间隙常用绝缘管作外壳，内装电极和云母片，也有部分产品将限压器安装在油箱外的二次出线板上。

②中压端限压元件。因限压元件经常出现故障，目前要求 CVT 中压端不设限压元件，因为电磁单元足以承受过电压的作用。但也有一些产品在中压端装有限压元件，这些厂家不仅是用限压器来限压，而且通常借助于它来达到消除铁磁谐振的要求。常见的中压端限压元件有避雷器和放电间隙两种，一般均装在电磁单元油箱内部。当用于分体式 CVT 时，放电间隙也可装于空气中，接于中压端与地之间，其放电电压取中间电压的 4 倍。

3）电气原理图

电容式电压互感器的电气原理图，如图 2.3 所示。

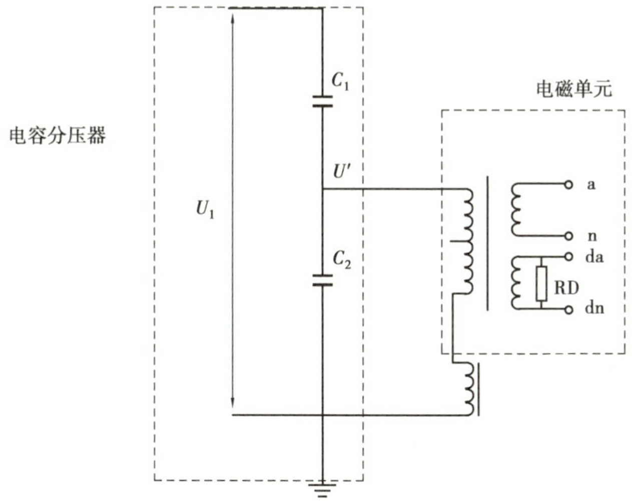

图 2.3　电容式电压互感器的电气原理图

C_1—高压电容；C_2—中压电容；T—中间变压器；L_K—补偿电抗器；

a，n—主二次 1 号绕组；da，dn—剩余电压绕组

4）电容式电压互感器的工作原理

电容式电压互感器采用电容分压原理，如图 2.3 所示。图中，U_1 为电网电压，C_2 为测量、继电保护及自动装置等绕组负荷。因此

$$U_2 = U_{C_2} = \frac{C_1}{C_1 + C_2} U_1 = K_U U_1$$

式中　K_U——分压比。

由于 U_2 与一次电压 U_1 成比例变化，所以可测出相对地电压。

根据戴维南定理进行等效，并将中压变压器二次侧折算到一次侧得到等值电路，如图2.4所示。

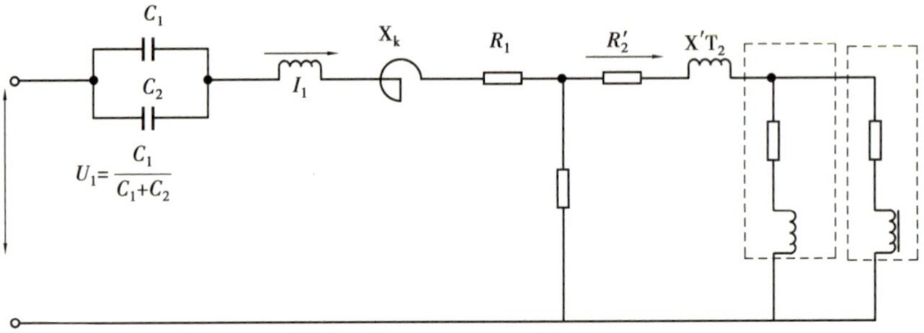

图 2.4　等值电路图

其中，等效电容 $X_c = C_1 + C_2$，$X'T_2$ 为中间变压器一二次侧漏电抗，R_1 为一次回路等效电阻之和，R_2' 为二次绕组电阻折算值。

5）铁磁谐振与阻尼装置

电容式电压互感器的等值电路中含有电容和非线性电感，其自然谐振频率 f_0 一般为额定频率 f_n 的十几分之一。当互感器一次侧突然合闸或二次侧发生短路又突然消除等电流冲击时，暂态过程产生的过电压会使中间变压器铁芯出现饱和、励磁电感急剧下降，从而使此时回路的自然谐振频率 f_0 上升，这就可能出现某一分次谐波谐振。由于回路中本身电阻很小，不外加阻尼或阻尼参数不当，分数次铁磁谐振就会持续下去。这种谐振过电压的幅值可达到额定电压的 2 ~3 倍，长期过流可能造成中间变压器和电抗器绕组过热和绝缘损坏，同时由于剩余电压绕组开口三角电压值升高，将导致继电保护发生误动作。因此，电容式电压互感器制造时必须设置阻尼器，在短时间内大量消耗谐振能量，以抑制其自身铁磁谐振。由于电容式电压互感器本身回路电阻很小，不可能抑制分次谐波谐振，必须投入外接阻尼装置，否则互感器必然发生谐振损坏，因此未接入阻尼器的电容式电压互感器不得投入运行。电网的继电保护随时需要通过电压互感器反映一次电压的变化信息，如电网发生对地短路，互感器一次电压突然降为零，人们希望互感器的二次电压也能很快降为零。对于电容式电压互感器，由于电容器、电抗器和中间变压器上都有储能，将出现衰减震荡造成二次侧残余电压高，衰减速度慢。一次侧发生对地短路后，二次电压需经过一定时间后才能衰减到零。国家规定：在额定电压下，互感器的高压端子对接地端子发生短路后，二次输出电压应在额定频率的 1 个周期内衰减到短路前电压峰值的 10% 以下。因为阻尼器的设计是影响瞬变响应的关键因素，所以要从根本上改善互感器的瞬变特性，应选用特性优良的阻尼装置，如速饱和阻尼器等。

2.3　电子式电压互感器

2.3.1　电子式电压互感器概述

传统的电磁互感器体积大、绝缘性能低、易磁饱和、动态响应范围窄、容易起火、存在爆炸等安全问题也难以满足电力系统发展的需求。电子式电压互感器能够克服传统互感器的固有缺点，因此受到了来自美国、日本、法国、加拿大和中国等多国学者的广泛关注和深入研究。目前，电子式互感器已投入实际应用阶段，已有产品开始投入市场。

例如，光电式互感器就是电子式互感器的一种，是利用光电子技术和电光调制原理，用玻璃光纤来传递电流或电压信息的新型互感器。与传统电磁式互感器采用电磁耦合原理，用金属导体来传递电流或电压信息的互感器完全不同。光电式互感器具有以下几个特点：没有铁芯不会产生电磁饱和的现象、动态响应范围大、能够实现大范围的测量、体积小、质量小、绝缘性能强、没有填充油绝缘避免了爆炸的危险，可与计算机相连，实现电力变电站智能化、数字化、微机化。因此，光电式互感器有着巨大的发展前景。

电子式电压互感器（简称“EVT”）的二次输出都为电压信号，可分为模拟量或数字量输出两种。与传统的电磁式互感器的构造和原理不同，传统的互感器是由铁芯和线圈组成的，而 EVT 摒弃了这些传统的原理，并没有采用这些构造，大大节约了材料。

2.3.2　电子式电压互感器的结构原理

电子式电压互感器按构造原理可分为光学原理和半常规种类的互感器，按一次是否采用电源供电可分为有源和无源两类互感器。

有源 EVT 主要有两种：一种是电阻分压原理组成的 EVT；另一种是电容分压原理组成的 EVT。其原理图如图 2.5 所示。

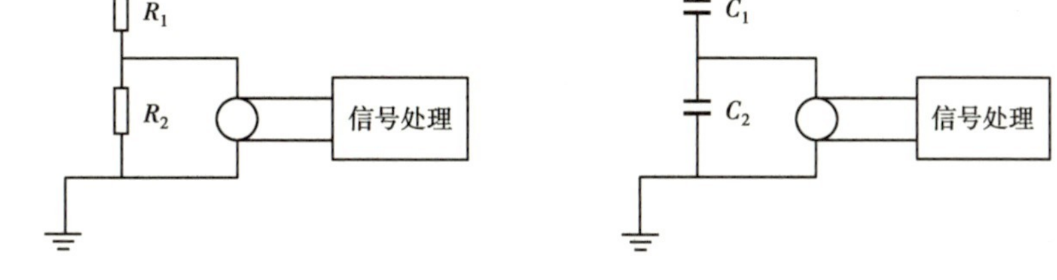

图 2.5　电阻分压和电容分压原理制成的 EVT

无源 EVT 是根据光电效应制成的，当一束经过准直透镜和起偏器处理光穿过 Faraday 磁光材料时，如果它周围有电流通过就会产生磁场，那么这束光会偏移。它产生的偏移角度与磁场大小成正比例关系，而磁场强度的大小是由电流大小和缠绕的线圈圈数决定的，偏振角的偏转大小决定光强度的改变大小，根据光强度的改变大小经过光与电转换及处理、分析，其原理图如图 2.6 所示。

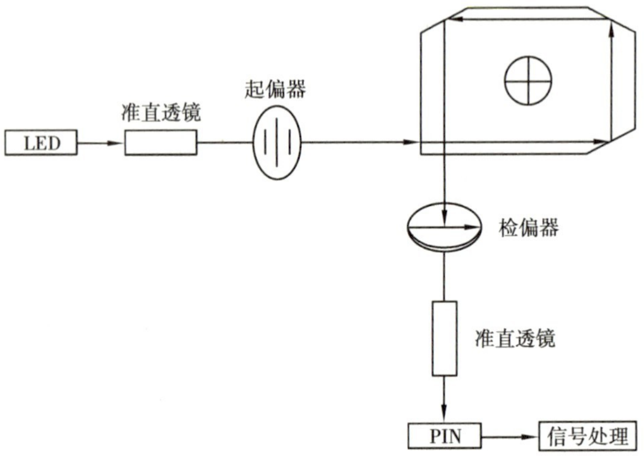

图 2.6　基于 Faraday 磁旋光效应原理制成的 EVT

光学的 EVT 是基于逆压电效应原理实现的。在被测电压场强下，经过准直透镜和起偏器处理的光束再通过锗酸铋体后产生双折射，产生出两束相互垂直的光束，两束光的角度差与电压场强强度成正比例关系，根据其角度差可计算出被测电压的大小，其原理如图 2.7 所示。

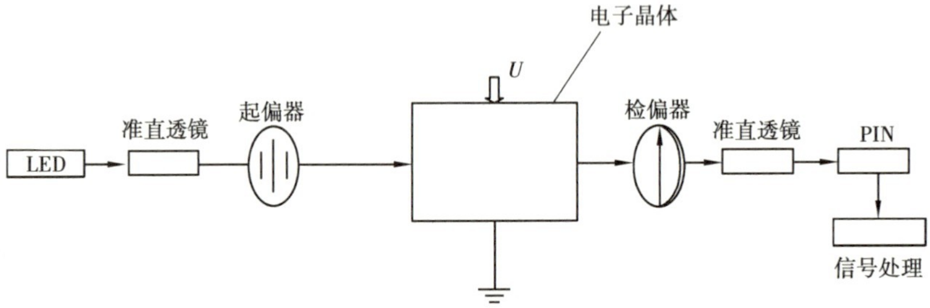

图 2.7　基于普克尔效应原理制成的 EVT

2.3.3　电子式电压互感器的发展现状

目前国内大部分使用的是有源 EVT，如电容分压或者电阻分压等原理制成的 EVT，最后通过 A/D 处理接入光纤进行传输，传输到测量仪器上经过转化采集数据。全光纤的 EVT 采用光学原理研制而成，并且其传输也是直接接入光纤，传到计量设备终端时再进行解调，全程没有外部提供电源。它虽然是未来研究的趋势，也是现在研究的热点，但其实验材料的费用比较昂贵且技术大部分停留在理论研究。目前国内大量投入使用的是有源 EVT,其中利用电容分压原理制成的 EVT 因受外界电磁干扰较大,影响其精度,故很多厂家选用的是电阻分压原理制成的 EVT。EVT 输出分为模拟量和数字量,数字量的应用最广,不用通过 A/D 转换可以直接接到测量仪器上,大部分输出接口为以太网接口,模拟输出量虽然用途没有数字输出应用广,但是针对某些专门需要模拟量输入的测量设备,要求模拟量输出的电子式互感器也就越来越多了。随着电子式互感器应用的发展,势必带来其准确度的校验问题,高精度的要求是确保电力测量计量准确和安全保护的重要前提,所以开发出一套适合其校验系统和方法的有着长远的应用价值。因为它与传统的互感器的结构测量原理完全不一样,所以以前的校验装置和方法不能再进行电子式互感器的校验,故其校验方法的研究也是现在计量方向的难点和焦点。

第3章　电压互感器制造工艺

互感器的制造工艺和生产设备，与变压器有很多相似之处，但互感器具有自身的结构特点。为保证制造质量和提高生产效率，常采用一些与产品结构相适应的工艺方法和专用设备。本章仅作典型简介。

3.1　铁芯制造工艺及设备

互感器的铁芯尺寸和质量都比较小，结构类型却多种多样。电压互感器的叠片铁芯有双柱、三柱和五柱等结构。在低电压产品中，可采用C形铁芯。随着带铁芯绕线机的出现，不切口矩形卷铁芯或环形卷铁芯也得到应用。互感器铁芯的磁化特性与其误差性能密切相关。所用铁芯材料（冷轧晶粒取向硅钢片、铁镍合金和超微晶合金等）的设计用磁化数据，是按一定铁芯结构和一定工艺（主要是退火工艺）条件下确定的典型数据。因此，互感器产品的各个铁芯皆有励磁特性的具体规定，作为中间工序和成品的磁性试验要求。互感器制造厂通常仅生产硅钢片铁芯，材料为变压器用的一般高磁密冷轧硅钢片，但不包括经过特殊处理而不宜进行除应力退火的硅钢片。其他材料的铁芯由相应的专业制造和退火工艺处理达到规定要求。

3.1.1　铁芯卷制工艺及设备

卷铁芯由一定宽度的成卷钢片连续卷绕而成，外观整齐，尺寸公差小，叠片系数高。卷铁芯模通常采用金属铸铝模，适宜于批量生产，数量少也可用木模。矩形铁芯和扁圆形铁芯的制作方法有两种：一种是先卷成圆形，再用定型模挤压成所需要的形状；另一种是直接用矩形模或扁圆形模卷制，用特制压紧装置强制硅钢片按模具形状成形。两种方法皆需带模具退火定型，卷铁芯机比较简单，相当于一台低转速的简易车床。铁芯模装在主轴上，在压紧装置下卷制卷铁芯自身的固定，是在最内层及最外层硅钢片的片头处分别与相邻层用点焊焊牢。

3.1.2　铁芯退火工艺及设备

硅钢片的磁化性能对机械应力比较敏感，在铁芯制造过程中，剪切和卷绕都会使磁性下降，需进行除应力退火恢复磁性。硅钢片的冲剪加工，只在加工边缘形成局部应力，对磁性的影响与片宽有关。电压互感器叠片铁芯通常可以不退火。电流互感器的各种铁芯皆须退火，尤其是卷铁芯，卷绕时硅钢片弯曲变形的内应力很大。

(1)铁芯退火工艺

退火工艺过程包括升温、保温和降温 3 个阶段。

①升温。为防止铁芯受热不均匀而导致变形，需控制升温速度，通常以 150 ℃/h 左右为宜。

②保温。为达到消除应力，恢复材料磁性。硅钢片的退火温度须高于硅钢的居里点(铁磁性出现和消失的转变温度，约 740 ℃)。通常采用的铁芯退火温度为 750～800 ℃，温度的高低与硅钢片的材质有关。保温的目的既能使炉内温度均匀，又能使铁芯达到高温并维持足够的时间。保温时间的确定，需适当考虑退火炉设备性能及铁芯尺寸、堆放方式及装炉量等因素，一般为 2 h。

③降温。保温结束后铁芯降温宜缓慢，避免产生热变形和应力。降温速度不当可能导致硅钢片变脆。铁芯温度在 600～800 ℃，宜以 40～60 ℃/h 的速度降温。低于 600 ℃宜以 80～100 ℃/h 的速度较快冷却。

(2)铁芯退火方法

铁芯退火方法可分为普通气氛退火、真空退火和保护气体退火 3 种。

①普通气氛退火。这种退火方法已趋于淘汰，主要问题是铁芯氧化。即使是硅钢片表面涂有耐高温无机绝缘层的铁芯，其边缘氧化也难以避免。由于炉内空气不能排除和受装炉时环境湿度的影响，铁芯的氧化程度时轻时重，氧化严重时有烧结现象。硅钢片可能变脆，铁芯氧化影响磁性。

②真空退火。这种退火方法可以完全避免铁芯氧化，显著改善铁芯的磁性能和表面质量，日益成为普遍采用的退火方法。

③保护气体退火。这种退火方法可以防止铁芯氧化，保护气体应选用中性(或弱还原性)气体。常用的是瓶装工业用氮气，必要时需经干燥处理。还原性气体则需专门的气体发生器。

(3)铁芯退火炉

铁芯退火炉有箱式、钟罩式和井式 3 种结构。在各种退火炉内，特别是接触或靠近铁芯的垫板、工件箱等，须用低含碳量的钢材，避免高温下硅钢片渗碳而磁性下降。

①箱式退火炉。其炉体为卧式，铁芯放在可移动平台车上。适用于普通气氛退火或保护气体退火。因为强度问题，通常不宜制成真空炉。用于保护气体退火时，需有充气装置和

压力测量装置，以维持炉内气体为微正压。

②钟罩式退火炉。其箱炉体为立式，铁芯放在炉底平台上，电加热元件在钟罩内四周。适用于普通气氛退火或保护气体退火。

③井式退火炉。最适宜于制成真空炉，炉体内壁通常采用不锈钢材料。适用于真空退火和保护气体退火。

3.1.3 切口铁芯加工及设备

切口铁芯包括 C 形铁芯或特殊需要的有气隙铁芯。这里仅介绍 TPY 、TPZ 级暂态特性电流互感器的有气隙铁芯的制造。卷制、退火合格的环形铁芯将进行以下加工处理：

(1)浸渍

浸渍是使铁芯片间黏合和提高卷铁芯刚性，避免切割时和切开后变形，也防止在切割过程中冷却液和切屑进入铁芯片间缝隙。浸渍前，需在预定切口处左右各 20 mm 宽度上紧密缠绕玻璃丝粘带加固，以免切割处铁芯片松散。浸渍剂一般是环氧树脂及相应的固化剂等。采用压力浸渍，压力不低于 0.2 MPa。

(2)切口

铁芯切口通常用金刚砂圆盘锯或合金钢圆盘锯在锯床或铣床上进行，也可采用线切割工艺切口 ，但不经济，冷却液以变压器油为宜。无论批量或单个铁芯，切口后不能互换。加工前画线时应在各切分体上作明显标记，避免切口对错或工件混淆；加工后铁芯的切口需清理，用溶剂（如汽油）除去冷却液，再用细纱布顺着铁芯片方向研磨。去掉切割时造成的毛刺，防止片间短路。最后拆去切口处的加固玻璃丝粘带。

(3)调整气隙和绑扎

暂态误差特性电流互感器的铁芯，切口处须用非磁性垫板（如尺寸稳定的绝缘件）构成一定尺寸的间隙（气隙）。但设计尺寸与实际尺寸往往存在差别，因而生产中每一个有气隙铁芯皆需进行励磁特性试验，调整气隙垫板厚度达到励磁特性符合设计要求。然后用非磁性金属带（如不锈钢带）绑紧，成为完整、合格的有气隙环形铁芯。

3.2 绕组制造工艺及设备

电压互感器绕组常为层式绕组结构，绝大多数是圆筒形，在电木筒或纸板筒上绕制。电压互感器的二次绕组匝数和层数少，导线相对较粗，用普通小型绕线机即可绕制。一次绕组导线则很细，线径为 0.2 ~0.3 mm，匝数很多，通常为 10 000 ~20 000 匝，甚至数万匝。层数多，故所用绕线机应能自动排线、导线张力控制和断线自动停车，以及具有预选匝数自动停车等功能。性能最佳的是微机控制自动绕线机（互感器专用），有的还包含自动加垫多种类型的层绝缘纸的功能。

3.3　树脂浇注互感器浇注工艺及设备

树脂浇注互感器的产品质量优劣,除与其绝缘结构和所用材料性能直接有关外,还受浇注工艺的重要影响。国内普遍使用的绝缘树脂材料是不饱和树脂和环氧树脂,不饱和树脂仅适用于低电压(1 kV 级及以下)浇注绝缘。

3.3.1　浇注材料配方及工艺流程

1)不饱和树脂浇注

不饱和树脂混合胶在室温和常压下进行混合和浇注,其浇注体在室温下固化。浇注方法和设备比较简单。常见的浇注材料配方列于表 3.1。

表 3.1　常见的浇注材料配方

材料名称	质量/份
307-2 不饱和聚酯树脂	100
硅微粉	150
过氧化环乙酮(50%)	4
环烷酸钴(8%)	0.5 ~ 1
氧化铁红粉	0.3

2)环氧树脂浇注

环氧树脂混合胶需要在加热状态下混料,要求真空脱气,并在热状态下真空浇注,浇注体的固化温度较高。浇注方法及设备比较复杂。环氧树脂混合胶有多种不同的配方和相应的工艺流程。下面仅介绍常见的一种,其配方列于表 3.2。

表 3.2　环氧树脂浇注配方

材料名称	质量/份
E-42(#634)环氧树脂	100
硅微粉	170 ~ 180
邻苯二甲酸酐	40
环氧铁红粉	0.3

3.3.2 树脂混合胶及工艺辅助材料

1）树脂混合胶材料

树脂是把各零部件牢固地黏合在一起并形成所需的浇注体形状，保证互感器良好电气和物理化学性能的绝缘材料。可用的合成树脂有很多，一般采用不饱和树脂和环氧树脂。不饱和树脂由不饱和酸与二元醇或不饱和酸和饱和酸混合物与二元醇聚合反应制成，环氧树脂的种类繁多。常用的是双酚 A 与环氧氯丙烷的缩水甘油醚。填料的作用是提高树脂浇注件的耐热性、耐寒性、耐磨性和导热性，提高浇注件的硬度和强度，降低浇注件的热膨胀系数和收缩率，同时可降低材料成本最常用的填料——石英粉。填料颗粒要求细小，300 目（颗粒不超过 0.05 mm）以上的石英粉称为硅微粉。固化剂树脂混合胶是流动体，需在固化剂作用下固化变硬。固化剂分为酸酐类固化剂和胺类固化剂两大类。

①酸酐类固化剂。这类固化剂应用最广，它和环氧树脂在加热条件下固化，黏度低。最常用固体状态的邻苯二甲酸酐（PA）及液体状态的四氯邻苯二甲酸酐。邻苯二甲酸酐价格低，但在高温下容易升华；四氯邻苯二甲酸酐在室温下流动性很好，但价格高。

②胺类固化剂。大多数胺类固化剂适用于环氧树脂在室温下固化，混合胶黏度大，容易挥发，不能抽真空，如羟乙基乙二胺等。

不饱和树脂常用的固化剂有过氧化环乙铜、过氧化苯甲酰等。

促进剂（如树脂混合胶）由于材料原因而固化时间过长，加入促进剂可以加速固化过程，如提高温度或增加固化剂用量也可加速固化，但浇注件易收缩开裂，环氧树脂常用的促进剂为苄基二甲胺、三乙醇胺等。不饱和树脂常用的促进剂为环烷酸钴等。增韧剂有活性增韧剂和非活性增韧剂之分。活性增韧剂参与固化反应，成为树脂大分子的一部分。非活性增韧剂不参与固化反应，只是机械性混合，对浇注件的电气、力学性能不利，故不采用。环氧树脂常用的活性增韧剂有聚醚树脂、聚硫橡胶、聚酰胺树脂等。不饱和树脂常用聚氯乙烯粉和聚氯乙烯糊。

2）工艺辅助材料

脱模剂浇注：用成型模具很容易与树脂黏合，必须在模具内壁涂脱模剂，便于浇注件脱模。常用脱模剂有硅油、聚四氟乙烯、硅橡胶、硅脂、聚乙烯醇、聚丙烯酰胺和上光蜡等。最实用的方法是，在模具内壁上将硅油涂成均匀薄膜，以 160～180 ℃烘焙 2～4 h，使模具表面形成一层光洁硬膜，然后每浇注一次前再涂一层硅脂或聚乙烯醇或聚丙烯酰胺，既可顺利脱模，又能长期使用。封模材料为防止树脂混合胶从模具分型面的缝隙流出，装模后要在模具分型面和（或）外壁上涂封模胶，如聚氧乙烯糊、水胶石青糊和清漆石奇糊等，也可用耐温达 130 ℃左右的耐温橡胶条，但需在模具分型面上加工密封槽。

3.3.3　浇注成型模具

浇注成型模具必须保证互感器的绕组、铁芯、出线端子及其他零件的位置正确，使浇注体的尺寸和性能符合要求。注意浇注体外形应合理美观，并考虑装模、拆模方便，以及封模要求和浇注时空气容易排出，并尽可能地减轻模具质量。因而模具的设计、制造和模具材料选用都很重要。常用模具如下：

(1)铸铝合金模

铸铝合金模虽然壁比较厚，但质量较轻，它是较常用的模具。压力铸造的铝合金模，几乎可以消除模内表面气孔，若加入适量的钛，可得到硬度大、耐腐蚀和光洁度高的加工表面。铸铝合金模可以是两半对开结构，也可以是拼块镶装结构。这种模具适用于批量生产。

(2)钢模

用钢板制造的模具机械强度高，表面较光洁，也是常用模具。钢模分冷拉伸成形结构、拼块镶装结构和焊接成形结构 3 种。拉伸模尺寸小、质量轻，适合批量生产。拼块模单件多，比较重，但拆模方便。焊接模虽然组合件少，但较笨重。拼块模和焊接模适宜于浇注外形复杂、尺寸较大、质量较重的产品。

(3)铸铝合金环氧树脂复合模

为了充分利用铸铝合金模具的优点，可以铸铝合金模具为主体，在其工作面上浇注一层环氧树脂，固化后稍加修整不必加工即可得到光洁的表面。若采用热变形温度高和硬度高的酯环族环氧树脂，并以铝粉为填料，可增加其与脱模剂的结合力。

(4)其他材料制成的浇注模

一次性生产或研制新产品，可采用薄铁皮焊成浇注模，室温浇注可用聚四氟乙烯、聚苯乙烯、聚丙烯、聚乙烯、聚氯乙烯等塑料模。这些塑料模具导热性差，热变形温度低，不宜加热浇注。聚乙烯和聚氯乙烯甚至不能用于固化放热高的室温浇注。这些塑料模可以不用脱模剂。

3.3.4　浇注设备

根据工艺要求，环氧树脂浇注应有真空加热搅拌设备、真空浇注设备、加热固化设备和真空系统。这些设备可以单独工作，也可以连成生产线。

1)真空加热搅拌设备

将环氧树脂混合胶的各种材料放入搅拌罐中加热混合，真空脱气后方可进行浇注。因为温度较高和真空脱气时间较长,为避免混合胶固化在罐内,通常将工艺过程分为两个阶段:第一阶段,罐内仅加入环氧树脂和填料,进行长时间加热搅拌和真空脱气。第二阶段,将前一阶段处理好的树脂混合胶放入另一罐内(或在同一罐内),再加入固化剂、促进剂、增韧剂等,经过短时间加热搅拌和真空脱气后进行浇注。搅拌罐的混料脱气有锚式搅拌真空脱气和薄膜真空脱气两种方法。由于脱气面积大和速度快,脱气效果好,因此常用的是薄膜真空脱气法。

搅拌罐的加热方式有蒸汽加热、电加热、油加热3种。油加热方式温度均匀,效率较高。

2)真空浇注设备

浇注罐用于对装好器身的模具预热和保温抽真空,然后进行真空浇注。真空浇注罐与搅拌罐之间的连接管上装有控制混合胶流量和截止的阀门。浇注罐应有视察窗及罐内照明设施。一次浇注多个浇注体时,需有可在罐外操动的浇料漏斗。浇注罐的加热方式与搅拌罐相同。

3)加热固化设备

加热固化设备常称为烘箱或烘炉。用于对装好器身及相关部件的模具,在浇注前加热干燥,在浇注后加热固化。烘箱不需要抽真空,加热温度可以调节,装有鼓风装置,能加速箱内空气流动,减小温差。烘箱多采用方形或矩形卧式结构,可以分层。其加热方式与搅拌罐相同。

4)真空系统

环氧树脂混合胶的搅拌、浇注均需在真空状态下进行,应选用优良、合理的真空系统,以满足罐内真空度较高的要求。真空系统包含的设备等参见本章3.4节中普通的真空干燥系统的相关内容。

3.4 普通真空干燥设备及工艺过程

对电压等级较低或绝缘厚度较薄的互感器,可采用普通的真空干燥处理设备,如图3.1所示,由真空罐、冷凝器、真空泵和增压泵(罗茨泵)组成。这种系统常采用如图3.1所示的工艺过程。加热阶段采用间歇抽低真空的方法,此阶段冷凝器中冷凝水较多,应定时排放。通常按冷凝水量下降到一定程度后转入真空阶段,逐级提高真空度,经过一段时间到达工艺要求的最终真空度,这时靠辐射加热,初期温度可能降低,需及时调节供热量以维持规定温度。同时注意收集观察冷凝水量,直至无冷凝水出现,然后定时测量罐内露点,达到要求后结束干燥过程。

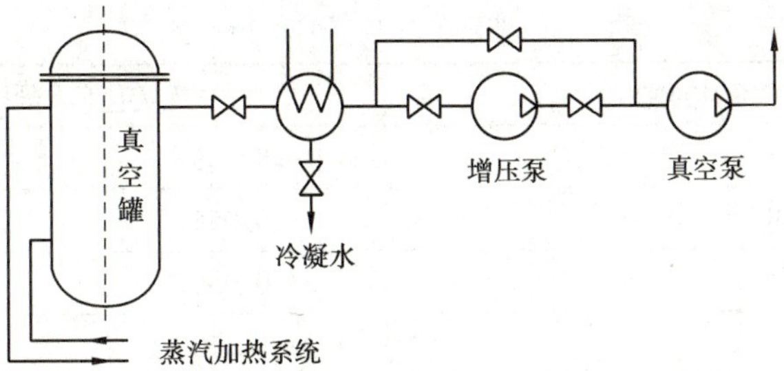

图3.1 普通的真空干燥系统

这种工艺方法的主要问题:一是加热阶段的热空气是自然对流导热,装炉产品较多时可能存在对流死区,温度不均匀,既影响加热效率,也可能造成个别产品的干燥处理效果不佳。二是间歇抽真空。在解除真空时,进入罐内的是环境空气,在环境空气湿度较高时影响干燥效果和效率。热风循环真空干燥工艺可显著提高加热和干燥效果,特别对高电压等级绝缘后的产品更为有效。除真空罐及其加热系统外,主要由两部分组成:一是真全系统,包括冷凝器、真空泵、增压泵和水环泵等;二是热风循环系统,包括空气过滤器、去湿罐、风机和加热器等。真空系统为两套真空机组,真空泵和增压泵用于高真空运行,水环泵专用于低真空运行,抽气速率高。水环泵的入口必须装置电动压差截止阀,防止突然停电等原因造成泵内的水倒流入真空罐。去湿罐常为硅胶式加热器,常用蒸汽式热交换器,需将空气加热到120 ℃。真空罐底部的热风进口设计为3个螺旋状布置短管,形成热风旋转上升,使温度均匀并避免直接吹向产品。罐顶盖上有排潮气管,热风循环时罐内呈微正压,可以打开排出潮湿空气。

3.5 气体绝缘互感器的工艺

气体绝缘互感器采用六氟化硫(SF_6)气体为基本绝缘介质,工艺上着重于保证使用SF_6气体时的安全性,满足产品和气体的洁净度,以及产品的密封要求等。

3.5.1 工艺的安全性

纯净的SF_6气体无毒性,不纯时含有毒杂质,因而必须有严格的SF_6气体质量管理。购入的气体应符合《工业六氟化硫》(GB 12022—2014)的规定,见表3.3,须有SF_6制造厂包括生物试验无毒的分析报告(合格证)。必要时,进厂的新SF_6气体也应抽样进行生物毒性试验,确认合格后方可使用。SF_6气瓶应站立储存(运输时允许卧放),须防晒、防潮和不得靠近热源及油污,保持储存处通风良好。

表 3.3　工业六氟化硫气体的技术要求

杂质或杂质组合	规定值(质量比)
纯度	≥99.8%
空气(N_2+O_2)	≤0.05%
四氟化碳(CF_4)	≤0.05%
水分(H_2O)	$\leqslant 8\times10^{-6}$
酸度(以 HF 计)	$\leqslant 0.3\times10^{-6}$
可水解氟化物(以 HF 计)	$\leqslant 1.0\times10^{-6}$
矿物油	$\leqslant 10\times10^{-6}$
毒性	生物试验无毒

由于 SF_6 气体的密度约为空气的 5 倍，泄漏时积聚在地面附近，有使人窒息的危险。所以要求工作场所空气中的 SF_6 气体浓度不得超过 $1\,000\times10^6$(体积比)，氧含量不低于 18%，并有排风设施。已充 SF_6 气体的互感器若需拆散解体，必须在解体前回收产品内气体，先以专用的 SF_6 充气回收装置(如 GZY-1.8/40)回收，再抽真空排除残留的少量气体，解体后，操作人员应撤离现场 30 min。检测空气的氧含量和 SF_6 气体浓度，如实测结果未满足上述指标，必须强力通风排除现场 SF_6 气体，空气不达到要求状态不得恢复作业。对于试验时曾出现内部放电的充气产品，SF_6 气体在电弧作用下分解的气态及固态副产物有毒和有腐蚀性。操作者应穿着耐酸的工作服，佩戴防毒面具和塑料(或软胶)手套。

3.5.2　产品装配工艺

1)零部件的清洗和干燥

内部零部件的表面状态对产品的气体绝缘性能影响很大，必须保持洁净和干燥。金属零部件应光洁圆滑，必要时用细砂纸打磨，用无水乙醇擦洗表面尘埃和油污，或用无毛纸擦拭干净。在装配使用前进行 60～80 ℃干燥 2 h 以上。绝缘零部件表面用无水乙醇或丙酮擦洗和用无毛纸擦干。装配使用前须进行真空干燥处理，真空残压小于 133 Pa，温度 65 ℃，升温缓慢和预热时间足够后抽真空，处理总时间不少于 48 h。对于采用瓷套的产品，瓷套可先用水冲洗，擦干后用无水乙醇擦洗内表面和上端口密封面。再用干净皱纹纸封包上下端口，以 60～80 ℃干燥 2 h 以上，保持干燥状态直至装配使用。

2)装配

气体绝缘互感器的装配场所必须洁净，应严格控制浮游埃尘和降尘量，例如，不低于 100 万级标准要求。操作人员应穿清洁的工作服和戴白布手套。所用的工装工具须预先清理擦拭干净。互感器的器身装配随其设计结构而异，但对产品装配的密封性要求相同，气密性及其检漏远比油密性的要求更为严格。这里仅简单介绍密封装配工艺。首先应细致检查各零部件(包括绝缘件)的密封槽表面质量状态,必须平整光滑。不得有碰伤、划痕等缺陷(即使很轻微),并且应使用无水乙醇、无毛纸等把各工件表面擦拭干净。并检查密封圈的规格和质量,表面无可见气孔、裂纹、气泡、杂质和凸凹等缺陷,不得有超标准的合模飞边毛刺,用无毛纸干擦(不允许有溶剂)除去表面污迹尘埃。装配前的各密封面,包括密封槽内和槽外的密封面,以及放入槽内的密封圈的上表面,皆需涂敷适当的密封胶。在组装时,为使密封圈受力适当和均匀,紧固件的拧紧需用力矩扳手操作,达到图样要求或工艺规范规定的力矩值。

3.5.3　产品的检漏和充气

气路使用的所有工艺连接管路和部件,应保持洁净、干燥和无油污。

产品装配完整后,通过产品的进气阀与 SF_6 充气回收装置相连接。应首先对充气装置本身和连接管路作真空检漏,如果真空度在残压 67 Pa 下 15 min 无明显变化,可认为密封良好。然后进行产品真空检漏,开启产品进气阀抽真空,达到残压 133 Pa 后持续抽真空 30 min,关闭抽真空管路截止阀,观察产品的真空度变化,停止抽真空后 30 min 的残压值与 5 h 的残压值之差,如果不超过 133 Pa,则认为产品基本上满足要求,可以进行产品充气。

充气前,产品在不大于 67 Pa 的残压下抽真空 2 h 后,用充气回收装置内储气罐体充气,或用 SF_6 气瓶通过充气回收装置充气。充入产品的气体必须经过该装置的过滤器过滤,除去水分和杂质。所用的过滤材料为三氧化二铝和分子筛,应定期检查和更换。

产品充入 SF_6 气体后,应在产品压力表指示达到规定温度下的规定压力为止,这实际上是要求满足规定的 SF_6 气体密度。如当时的实际温度与规定值不同,则须按产品提供的等密度下压力/温度曲线进行调整,以实际温度对应的压力为最终值。但由于在充气过程中,SF_6 由液态向气态转变时吸热,充入产品的气体实际温度可能低于当时的环境温度,因而充气后的产品需要静放至少 2 h。待气体温度与环境温度一致时,再观察产品的气体压力,对照压力/温度曲线,做必要的补气或放气进行压力调整。

完成充气的产品还要求进行 SF_6 气体检漏。以压缩空气吹除产品周围可能残留的 SF_6 气体,使用灵敏度不低于 0.01×10^{-6}(体积比)的 SF_6 气体检漏仪,对所有的密封面和可能泄露之处作细致定性探测,如未发现气体检漏仪出现指示,方可认为产品密封性良好。

必要时也可对构成产品密封外壳的零部件(器身除外)进行预装,作密封性的真空检漏及 SF_6 气体检漏,合格后再进行总装配,这样有利于产品质量的保证。

第 4 章　电压互感器试验技术

4.1　绝缘电阻测试

4.1.1　试验的环境条件

为了保证试验的准确性、可靠性，所有试验应在一定条件下进行，试验时应注意试验环境条件并做好记录。试验环境条件分为两种：一种为人工环境条件，这种情况下，一般在产品标准中都作了具体规定；另一种为自然环境条件，这种情况下，试验条件一般应遵循以下几条规律：

①环境温度，应为 +5 ~ +35 ℃。

②试品温度与环境温度应无显著差异。试品在不通电状态下，在恒定的周围空气温度中放置了适当长的时间后，即认为与周围空气温度相同。

③试验场所不得有显著的交直流外来电磁场干扰。

④试验场所应有单独的工作接地可靠接地，应有适当的防护措施和安全措施。

⑤试品与接地体或邻近物体的距离一般应大于试品高压部分与接地部分最小空气距离的 1.5 倍。

⑥试验开始之前检查并记录试品的状态，有影响试验进行的异常状态时要研究、并向有关人员请示调整试验项目。

⑦详细记录试品的铭牌参数。

⑧应根据交接或预试等不同的情况依据相关规程确定本次试验所需进行的试验项目和程序。

⑨试验后要将试品的各种接线、接地端子、盖板等恢复。

⑩一般应先进行低电压试验再进行高电压试验，应在绝缘电阻测量之后再进行介损及电容量测量，当两项试验数据正常的情况下方可进行交流耐压试验和局部放电测试；交流耐压试验后还应重复介损/电容量测量，以判断耐压试验前后试品的绝缘有无变化。

4.1.2　电磁式电压互感器绝缘电阻测量

电磁式电压互感器绝缘电阻能灵敏地反映电磁式电压互感器的绝缘情况,有效发现绝缘整体受潮、脏污、贯穿性缺陷,以及绝缘击穿和严重过热老化等缺陷。在电磁式电压互感器交接试验、例行试验和预防性试验中,应测量一次绕组对二次绕组及地的绝缘电阻,各二次绕组间及其对地的绝缘电阻。在工频耐压之前也要进行测量。测量时一次绕组用 2 500 V 兆欧表,二次绕组用 1 000 V 或 2 500 V（额定工频率耐受电压大于 3 kV）兆欧表,而且非被测绕组应接地。测量时还应考虑空气湿度、套管表面脏污对绕组绝缘电阻的影响。必要时将套管表面屏蔽,以消除表面泄漏的影响。

1) 测量电磁式电压互感器一次绕组的绝缘电阻

①测量电磁式电压互感器一次绕组的绝缘电阻测试接线图,如图 4.1 所示。

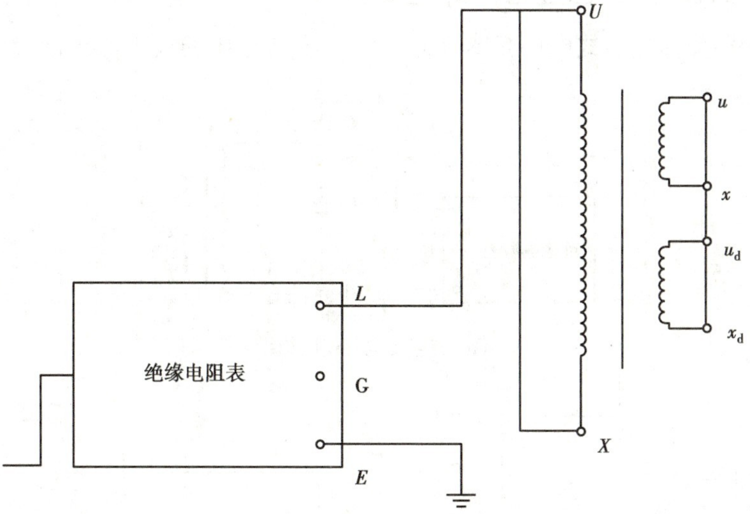

图 4.1　一次绕组绝缘电阻测试接线图

②试验步骤:将电压互感器一次绕组末端(即“*X*”端)与地解开,并与“*U*”短接。绝缘电阻表“*L*”端接电压互感器一次绕组首端(即“*U*”端),“*E*”端接地,二次绕组短路接地。接线经检查无误后,驱动绝缘电阻表达额定转速,将“*L*”端测试线搭上电压互感器一次绕组“*U*”端或“*X*”端,读取 60 s 绝缘电阻值,并做好记录。完成测量后,应先断开接至电压互感器一次绕组的连接线,再将绝缘电阻表停止运转。对电压互感器一次绕组放电接地。

2) 测量电磁式电压互感器二次绕组的绝缘电阻

将电压互感器一次绕组短路接地,二次绕组分别短路,绝缘电阻表“*L*”端接测量绕组,“*E*”端接地,非测量绕组接地。检查接线无误后,驱动绝缘电阻表达额定转速,将绝缘电阻表“*L*”端连接线搭接测量绕组,读取 60 s 绝缘电阻值,并做好记录。断开绝缘电阻表“*L*”端至测量绕组的连接线，再将绝缘电阻表停止运转，对所测二次绕组进行短接放电并接地。电压互感器二次绕组有几组，每组都应分别进行测量，直至所有绕组测量完毕。

4.1.3 电容式电压互感器绝缘电阻测量

对电容式电压互感器进行绝缘电阻测试可以检测出贯通的集中性缺陷、整体受潮或贯通性受潮缺陷，但不能检测出局部缺陷。试验通常使用2 500 V绝缘电阻测量仪(又称绝缘兆欧表或绝缘摇表)。电容式电压互感器绝缘测试项目包括对各电容器单元、极间绝缘测试；对中间变压器应测各二次绕组、N端(有时称J或δ)、X端等绝缘测试。电容器单元极间绝阻一般不低于5 000 M；中间变一次绕组(X端)对二次绕组及地应大于1 000 M，二次绕组之间及对地应大于10 M。试验时应记录环境湿度。测量一、二次绕组及N端等绝阻时非被试绕组及端子应接地，时间应持续60 s，以替代二次绕组交流耐压试验。

1)测量电容式电压互感器主电容C_1绝缘电阻

①测试接线：测量电容式电压互感器主电容C_1绝缘电阻的接线，如图4.2(a)所示。

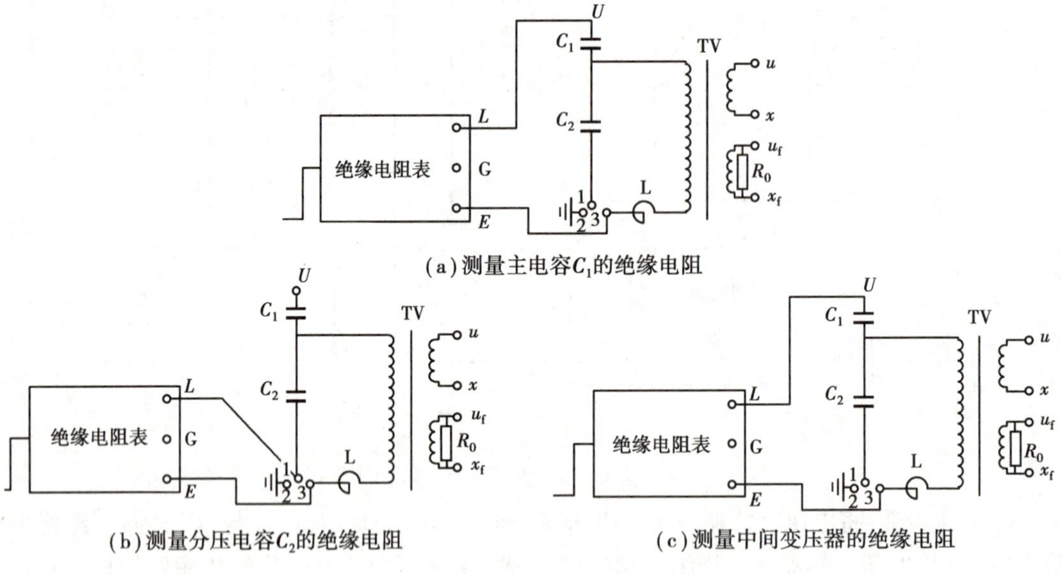

图4.2 C_1绝缘电阻测试接线图

C_1—主电容；C_2—分压电容；L—电抗器；TV—中间变压器；R_0—阻尼电阻

②测试步骤：将绝缘电阻表“L”接至“U”端，“E”端接“3”端，二次绕组分别短路接地。接地检查无误后，驱动绝缘电阻表达额定转速，将“L”端测试线搭上“U”端，读取60 s绝缘电阻值，并做好记录。完成测量后，应先断开接至“U”端的连线，再将绝缘电阻表停止运转，并对测试部位短路放电。

2)测量电容式电压互感器主电容 C_2 绝缘电阻

①测试接线:测量电容式电压互感器主电容 C_2 绝缘电阻的接线,如图4.2(b)所示。

②测试步骤:将绝缘电阻表"L"端接"1"端,"E"端接"3"端,二次绕组分别短路接地。接线检查无误后,驱动绝缘电阻表达额定转速,将"L"端测试线搭上"1"端,读取60 s绝缘电阻值,并做好相应记录。完成测量后,应先断开接至"1"端的连接线,再将绝缘电阻表停止运转,并对测试部位短路放电。

3)测量中间变压器绝缘电阻

①测量中间变压器绝缘电阻的接线,如图4.2(c)所示。

②测试步骤:将绝缘电阻表"L"端接"3"端,"E"端接地,二次绕组分别短路接地。接线检查无误后,驱动绝缘电阻表达额定转速,将"L"端测试线搭上"3"端,读取60 s绝缘电阻值,并做好记录。完成测量后,应先断开接至"3"端的连接线,再将绝缘电阻表停止转动,并对测试部位短路放电。

4)测量电容式电压互感器二次绕组绝缘电阻

测量电容式电压互感器二次绕组的绝缘电阻与测量电磁式电压互感器的绝缘电阻一致,这里不再赘述。

4.2　介质损耗正切值测量

测量20 kV及以上电压互感器,一次绕组连同套管的介质损耗因数 $\tan\delta$,能灵敏地发现绝缘受潮、劣化及套管绝缘损坏等缺陷。由于电压互感器的绝缘方式分为全绝缘和分级绝缘两种,而绝缘方式不同测量方法和接线也不相同,故分别加以叙述。

串级式电压互感器由于制造缺陷,易密封不良进水受潮,且其主绝缘和分级绝缘设计裕度较小。进水受潮时其绝缘强度将明显下降,致使运行中常发生层、匝间和主绝缘击穿事故。同时,固定铁芯用的绝缘支架由于材质不良,易分层开裂,内部形成气泡,在电压作用下,气泡发生局部放电,进而导致整个绝缘支架闪络,因此,测量其介质损耗角的正切值 $\tan\delta$ 的目的,即为了反映其绝缘状况,防止互感器绝缘事故的发生。

4.2.1　电磁式全绝缘电压互感器 $\tan\delta$ 测量

1)测试接线

对于一般电磁式全绝缘电压互感器,采用QS1型西林电桥时,可采用将一次绕组短路加压、二次及二次辅助绕组短路接西林电桥"C_x"点的正接法来测量 $\tan\delta$ 及电容值,也可采用将一次绕组短路接西林电桥"C_x"点、二次及二次辅助绕组短路直接接地的反接法进行测试。

常用反接法测试。电磁式全绝缘电压互感器 tan δ 及电容值测试顺序，见表 4.1。

表 4.1　电磁式全绝缘电压互感器 tan δ 及电容值测试顺序

测试顺序	电磁式全绝缘电压互感器	
	加压绕组	接地部位
1	低压	高压和外壳
2	高压	低压和外壳

用 QS1 型西林电桥反接法测试电磁式全绝缘电压互感器 tan δ 的测试接线，如图 4.3 所示。

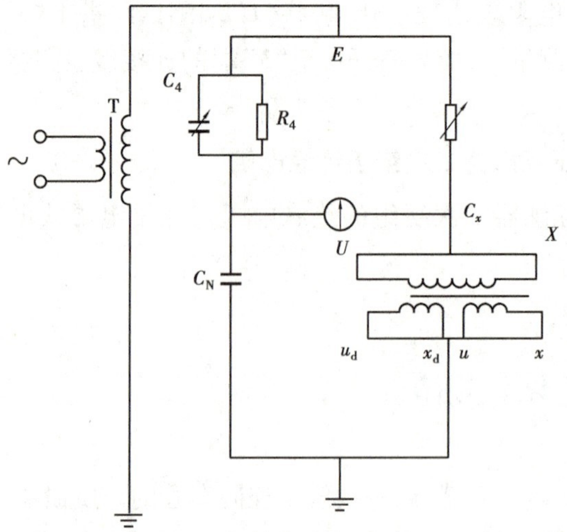

图 4.3　电磁式全绝缘电压互感器 tan δ 的测试接线图

2）测试步骤

用万用表测量电源，应为 220 V。按照仪器使用说明书，布置好各试验仪器位置。将接地线一端接在地网上，另一端可靠地接在面板的接地螺栓上，且地网的接地点应具有良好的导电性能，否则将会影响测试的正确性，甚至危及人身安全。按图进行接线，被试品“U”和“X”端用裸铜线短接，其二次绕组和辅助绕组均短路接地。确认接线无误后，开始测试，测试结束降下试验电压，断开试验电源。记录分流器档位、R_4 和 C_4 的数值。用绝缘工具对试品加压部位进行放电。

4.2.2　串级式（分级绝缘）电压互感器 tan δ 的测量

以图 4.4 所示的 220 kV 串级式电压互感器原理接线图为例，说明串级式电压互感器 tan δ 的试验方法。串级式电压互感器为分级绝缘，运行时其首端“A”接于运行电压，而末端“X”接地。一次绕组分成 4 段，绕在两个铁芯上；两个铁芯被支撑在绝缘支架上，铁芯对地电压分别为3U/4和U/4、一次绕组最末一个静电屏(共有4个静电屏)与末端“X”相连,末静电屏外是二次绕组 a_x 和辅助二次绕组 a_Dx_D。末端“X”与 a_x 绕组运行中的电位差为 $100/\sqrt{3}$ V,它们之间的电容量约占整体电容量的80%。110 kV 串级式电压互感器的结构和绕组布置与220 kV 类似,一次绕组共分2段,只有一个铁芯,铁芯对地电压为U/2。

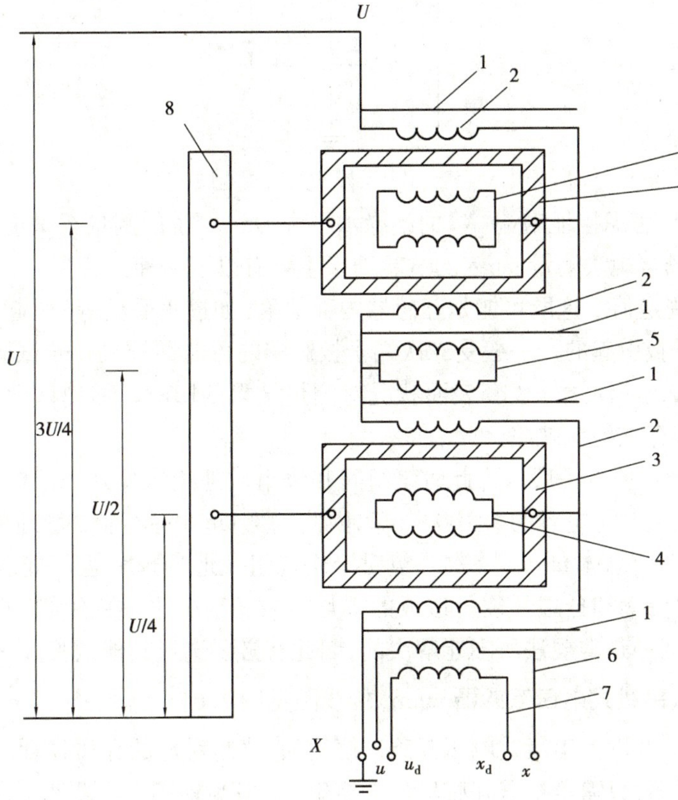

图4.4　220 kV 串级式电压互感器原理接线图

1—静电屏蔽层;2—一次绕组(高压);3—铁芯;4—平衡绕组;
5—连藕绕组;6—二次绕组;7—二次辅助绕组;8—支架

1)常规反接线法测试串级式电压互感器 tan δ(接线图见图4.5)

常规法的测试步骤与测试全绝缘电压互感器基本一致,这里就不再赘述。常规法试验测量得到的一次绕组 A_X 与二次绕组 a_x、辅助二次绕组 a_Dx_D 及一次绕组 A_X 与底座和二次端子板的综合绝缘 tan δ,包括一、二次绕组间绝缘支架、二次端子板绝缘的 tan δ。由互感器结构可知,下铁芯下芯柱上的一次绕组外包一层0.5 mm 厚的绝缘纸,其上绕二次绕组 a_x,而在二次绕组外再包一层0.5 mm 厚的绝缘板,其上绕辅助二次绕组 a_Dx_D。常规法测量时,一次下铁芯与一次绕组等电位,故为测量 tan δ 的高压电极,其余为测量电极,其极间绝缘较薄,因此电容量相对较大,即测得的 tan δ 和电容量中绝大部分是一次绕组(包括下铁芯)对二次绕组间的电容量和 tan δ 值。当互感器进水受潮时,水分一般沉积在底部,且铁芯上绕组端部易于受潮,所以常规法对监测其进水受潮还是有一定效果的。

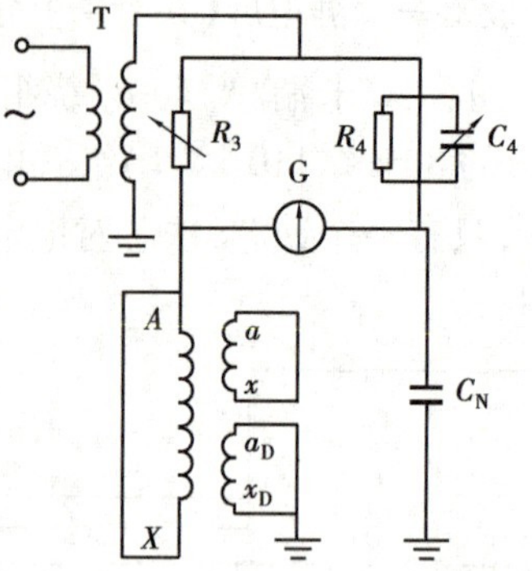

图 4.5　常规反接法测试接线图

常规法试验时，考虑接地末端“X”的绝缘水平和 QS_1 电桥的测量灵敏度，试验电压一般选择为 2 kV。现场常规法测量 tan δ 的试验结果主要有以下两种：

①tan δ 大于规定值。这既可能是互感器内部缺陷（如进水受潮等）引起的，也可能是由外瓷套和二次端子板引起的。一般受二次端子板影响的可能性较大。若试验时相对湿度较大，瓷套表面脏污，还应注意外瓷套表面状况对测量结果的影响。如确认没有上述影响，则可认为互感器内部存在绝缘缺陷。

②tan δ 小于规定值。一般认为此时绕组间和绕组对地绝缘良好。但应注意，由于绝缘支架电容量仅占测量时总电容的 1/100 ~ 1/2，因此实测 tan δ 将不能灵敏地反映支架的绝缘状况。这就是说，即使总体 tan δ（一次绕组对二次绕组及地）合格，也不能表明支架绝缘良好。而运行中支架受潮和分层开裂所造成的爆炸事故相对较多，故必须监测支架在运行中的绝缘状况，这一问题是常规法所不能解决的，因此有必要选择其他试验方法。

2）自激法测试串级式电压互感器 tan δ（接线图见图 4.6）

自激法 110 kV 及以上串级式电压互感器绕组间、绕组对地的介质损耗 tan δ 时，不需外加试验用电压互感器，只需给被试互感器二次绕组（一般为辅助二次绕组 a_Dx_D）施加一个较低电压（一般考虑使一次电压不超过 5 ~ 10 kV），利用互感器本身的感应关系，即可在高压绕组上产生一个较高的试验电压，此时一次绕组中的电压分布与实际运行情况相似，高压端子承受全部试验电压，而其末端只承受 QS_1 电桥 R_3 上的电压降（一般不超过 1 V），既满足了测量 tan δ 对试验电压的要求，又不会损坏弱绝缘的末端。由于末端电位接近于地电位，所以二次端子板的影响可以忽略不计。

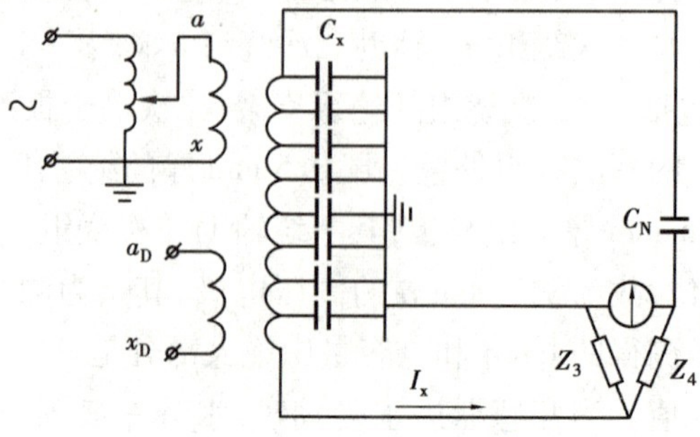

图 4.6　自激法测试接线图

用自激法测量 tan δ 时加压绕组可选辅助二次绕组 a_x，标准电容器 CN 选用 QS_1 电桥配套 BR-16 型电容器，不加压二次绕组 a_x 一端接地，一端悬空。此时测量的是一次绕组对地的分布电容 C_x，而且沿一次绕组各点对地电压不相等。由于测量时一次绕组电位分布与常规法测量时不同，因此测得的电容量和 tan δ 与常规法测量的结果也不相同。应当指出的是，用自激法测量串级式互感器的 tan δ 时，只要被试绝缘有一点接地，即可采用 QS_1 型西林电桥的反接线法测量。由 QS_1 电桥测量原理分析可知，测量时除了有外电场干扰外，还有电源间的干扰和杂散阻抗的影响。因此，其测量数据分散性及误差较大，而且自激法同常规法一样，不能较准确地测量出绝缘支架的介质损耗，现场一般采用的不多。

3）末端屏蔽法测量一次绕组对支架与二次绕组并联的 tan δ（图 4.7）

测出 C_1 及 tan δ_1。QS_1 型电桥采用常规正接线，端子"x""x_d"与底座和"C_x"端相连，"X"端接地，"U"端加电压（根据 CN 绝缘水平），"u""u_d"端悬空，电压互感器底座绝缘。末端屏蔽法测量一次绕组对二次绕组 tan δ 的接线如图 4.7 所示，测出 C_2 及 tan δ_2，QS_1 型电桥采用常规正接线，端子"x""x_d"与"C_x"端连接，"X"端接地，"U"端加 10 kV 电压，"u""u_d"端悬空，电压互感器底座接地。末端屏蔽法直接测量绝缘支架 tan δ 的接线如图 4.7 所示，QS_1 型电桥采用常规正接线，电压互感器底座与"C_x"端连接，"X""x""x_d"端接地，"U"端加电压（根据 CN 绝缘水平确定），"u""u_d"端悬空，电压互感器底座绝缘。

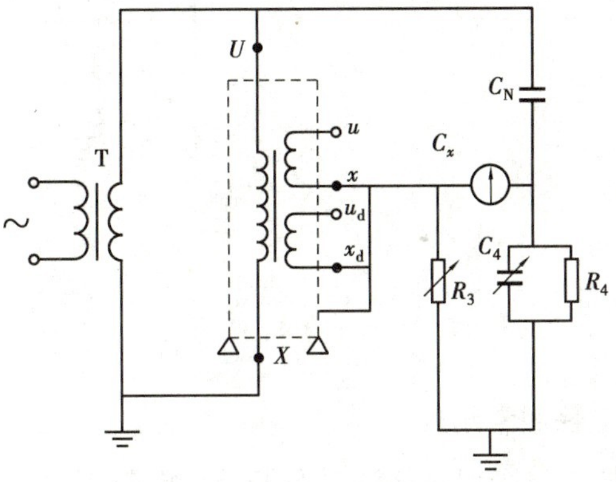

图 4.7 末端屏蔽法测试接线图

4.2.3 电容式电压互感器 tan δ 的测量

电容式电压互感器由电容分压器、电磁单元（包括中间变压器、电抗器）和接线端子盒组成。有一种电容式电压互感器是单元式结构，即电容分压器和中间变压器分别独立，现场组装。这种电容式电压互感器的 tan δ 试验，可以按照串级式电压互感器 tan δ 测试试验的方法进行，这里不再赘述。

还有一种电容式电压互感器的整体式结构，分压器和中间变压器合装在一个瓷套内，无法使用电磁单元同电容分压器两端断开，这种电容式电压互感器分为瓷套上有 A_1 端子（中间变压器高压侧与电容分压器连接端）引出的和瓷套上没有 A_1 端子引出的两种。下面将重点介绍这两种类型的电容式电压互感器 tan δ 的测试方法。

1）中间变压器介质损耗因数测量（见图 4.8、图 4.9 两种方式）

对照互感器上的端子图，将中间变压器一次线圈的末端（通常为 X 端）及 C_2 的低压端（通常为 δ）打开。将二次绕组端子上的外接线全部拆开。根据实际情况参照图 4.8 接好试验线路。合上测量仪器的电源，根据所选择的试验方法设定测量仪器的参数，试验电压不宜超过 2 kV。

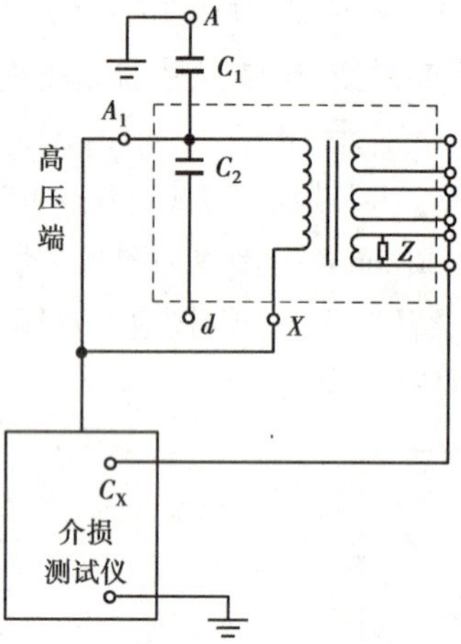

图 4.8　正接法测中间变介损（A_1 端子不引出）
注意：受 X 端子耐压水平的限制，试验电压不宜超过 2 kV。

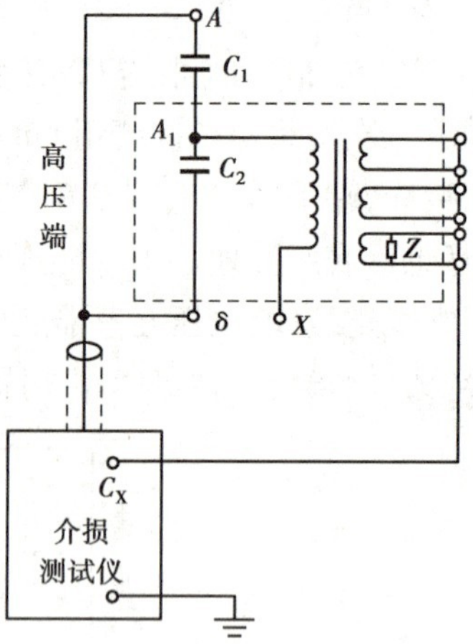

图 4.9　正接法测中间变介损（A_1 端子不引出）
注意：受 δ 端子耐压水平的限制，试验电压不宜超过 2 kV。

2）分压电容的介质损耗因素测量

安装前的分压电容器直接采用正接法进行测量，测量前将电容器放置在绝缘良好的支架上。运行中停电检修的分压电容为 2 节的电容式电压互感器，根据测量部位参照图 4.10 ~ 图 4.13 接好线。接线主要差异说明如下：

①当 A_1 端引出时，可用正接法测量 C_1，此时仪器的高压端接 A 端，C_x 端接 A_1 端。

②如果有地刀 K，可将 K 合上，用反接法测量 C_1。

③如果 A_1 端不引出而且没有地刀时，采用自激法测量 C_1 和 C_2。

④分压电容为 3 节及以上时测量 C_2 的接线与分压电容为两节时的方法相同（参照图 4.10）。

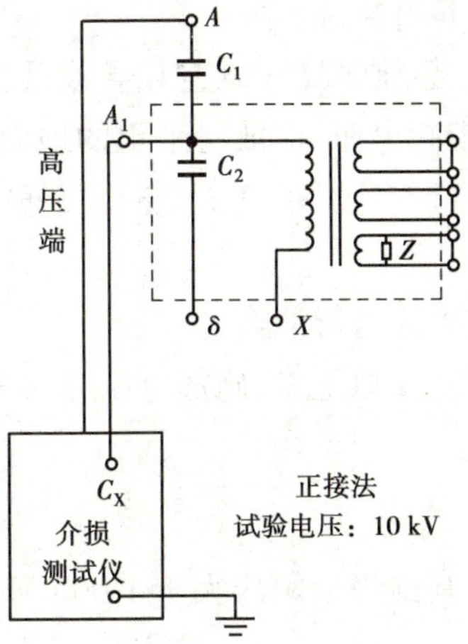

图4.10 正接法测 C_1（中间接头引出时）

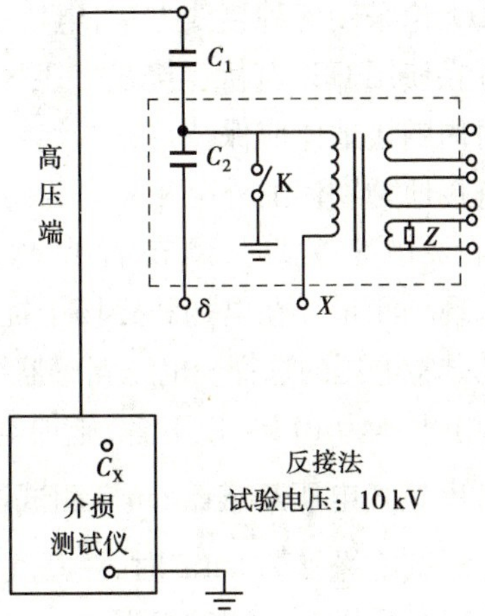

图4.11 反接法测 C_1（有接地刀闸K时合上K）

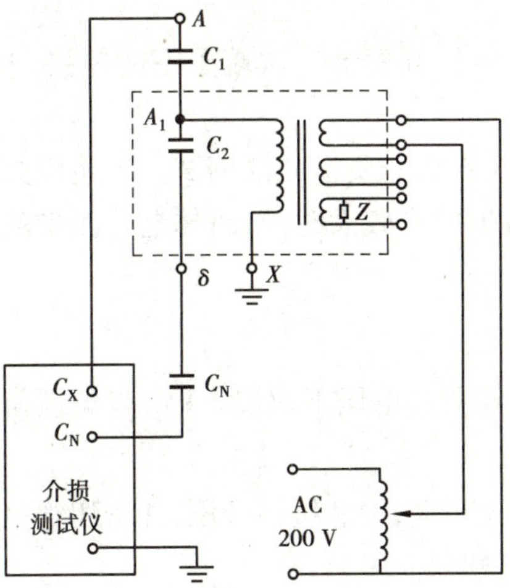

图4.12 自激法测 C_1

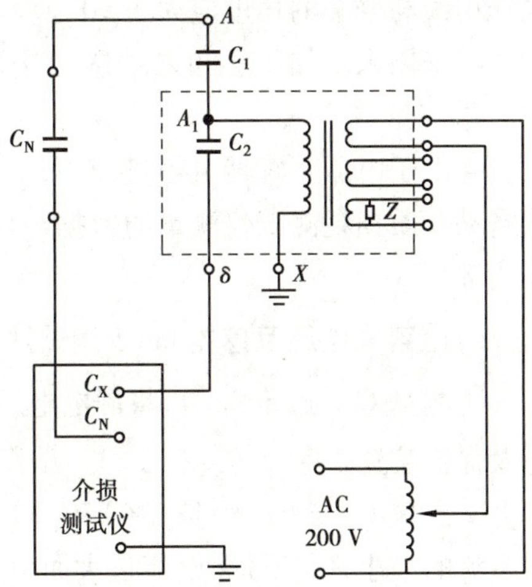

图4.13 自激法测 C_2

4.2.4 介质损耗正切值测试注意事项

1）总则

①测试应在天气良好且试品及环境温度不低于+5 ℃，相对湿度不大于80%的条件下进行。

②测试前应先测量被试品的绝缘电阻。

③必要时可对试品表面（如外瓷套、电容套管分压小瓷套、二次端子板等）进行清洁或干燥处理。

④无论采用何种接线方法，电桥本体被试品油箱必须良好接地。

⑤在使用 QS_1 电桥反接线时 3 根引线都处于高电压，必须将导线悬空。导线及标准电容器对周围接地体应保持足够的绝缘距离。标准电容器带高电压，应放在平坦的地面上，不应与有接地的物体的外壳相碰。为防止检流计损坏，应在检流计灵敏度最低时，接通或断开电源；在灵敏度最高时，调节 R_3 和 C_4，以避免数值的急剧变化。

⑥现场测量存在电场和磁场干扰影响时，应采取相应措施进行消除。

⑦试验电压的选择。电压互感器绕组额定电压为 10 kV 及以上者，施加电压应为 10 kV；绕组额定电压为 10 kV 以下者，施加电压为绕组额定电压。

2）串级式电压互感器 tan δ 测试注意事项

①测试绝缘支架 tan δ 时，注意底座绝缘垫必须良好，其绝缘电阻应大于 1 000 MΩ。否则会出现介质损耗角测试正误差。

②尽量减小高压引线对互感器的杂散电容。高压引线与瓷套的角度尽量大一些，一般高压引线与瓷套的角度应大于 90°。

③采用末端加压法和末端屏蔽法试验时，串级式电压互感器二次端子不能短接，“u”“u_d”端应悬空。

④由于电压互感器电容量较小，一般不宜用数字式自动介质损耗仪测试。当使用数字式自动介质损耗测试仪测量的数据与西林电桥测量数据差异较大时，以西林电桥测量的数据为准。

3）电容式电压互感器 tan δ 测试注意事项

①测量 C_1 与 tan δ_1 时，将静电电压表接到“δ”端，监测其电压不超过 3 kV，以免损伤绝缘及保护装置。

②测量 C_2 与 tan δ_2 时，由于 C_2 较大，励磁回路电流较大，注意缓慢升压，并密切观察励磁电流的大小，以免励磁电流过大而引起电容式电压互感器损坏。

③用数字式自动介质损耗测试仪测量电容式电压互感器 tan δ 时，仪器工作方式应选用电容式电压互感器。

4.3 互感器外施工频耐压试验

4.3.1 试验目的

为考核全绝缘电磁式电压互感器的主绝缘强度和检查其局部缺陷，必须对互感器连同套管一起对外壳进行交流耐压试验。一般在交接试验和大修后必要时进行，其交流耐压试验有两种方式：一种是外施工频试验电压的方式，适用于额定电压为 35 kV 及以下的全绝缘电压互感器的交流耐压试验,其试验接线方法与变压器的交流耐压试验相同。串级式电压互感器及分级绝缘电压互感器,因其高压绕组首末端的对地电位、绝缘等级不同,不能进行外施工频耐压试验,适宜采用倍频感应耐压试验来对其绝缘状况进行考核。

4.3.2　试验接线

全绝缘电压互感器的外施工频耐压试验接线,如图 4.14 所示。试验时,将一次绕组短接加压、二次绕组短路与外壳一起接地。

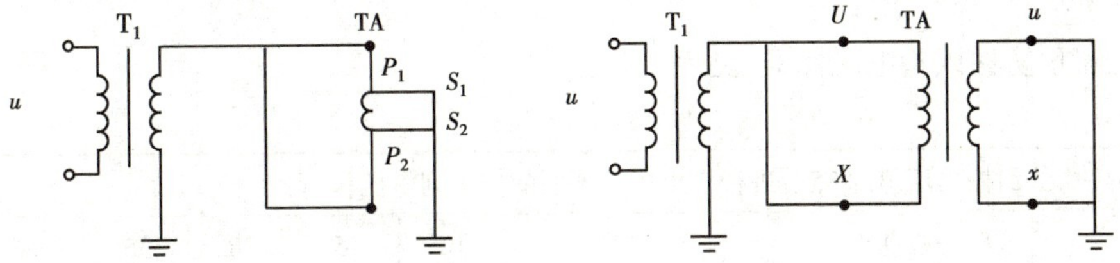

图 4.14　全绝缘电压互感器的外施工频耐压试验接线图

4.3.3　试验步骤

①将互感器各绕组接地放电,拆除或断开互感器对外一切连线。

②测试绝缘电阻,其值应正常。

③将一次绕组短接加压、二次绕组短路与外壳一起接地进行接线,并检查试验接线正确无误、调压器在零位,试验回路中过电流和过电压保护应整定正确、可靠。

④合上试验电源,开始升压进行试验。升压速度在 75% 试验电压以前,可以是任意的,自 75% 电压开始应均匀升压,约为每秒 2% 试验电压的速率升压。升至试验电压,开始计时并读取试验电压。时间到后,迅速均匀降压到零(或 1/3 试验电压以下),然后切断电源,放电、挂接地线。试验中如无破坏性放电发生,则认为通过耐压试验。

⑤测试绝缘电阻,其值应正常(一般绝缘电阻下降不大于 30%)。

4.3.4　测试注意事项

①交流耐压是一种破坏性试验,因此耐压试验之前被试品必须通过绝缘电阻、tan δ 等各项绝缘试验且合格。充油设备还应在注油后静置足够时间(110 kV 及以下,24 h;220 kV,48 h;500 kV,72 h)方可加压,以避免耐压时造成不应有的绝缘击穿。

②进行绝缘试验时,被试品温度应不低于 +5 ℃,户外试验应在良好的天气下进行,且

空气相对湿度一般不高于 80%。

③试验过程中试验人员之间应口号联系清楚，加压过程中应有人监护并唱票。

④升压必须从零(或接近于零)开始，切不可冲击合闸。

⑤升压过程中应密切监视高压回路、试验设备、测试仪表，监听被试品有何异响。

⑥有时耐压试验进行了数十秒，中途因故失去电源使得试验中断，在查明原因恢复电源后，应重新进行全时间的持续耐压试验，不可只进行“补足时间”的试验。

4.3.5 试验标准及要求

互感器预防性试验电压标准，见表 4.2。

表 4.2 试验标准

1)一次绕组按出厂值的 85% 进行。出厂值不明的按下列电压执行：							
电压等级/kV	3	6	10	15	20	35	66
试验电压/kV	15	21	30	38	47	72	120
2)二次绕组之间及末屏对地为 2 kV(也可用 2 500 V 绝缘电阻表测量绝缘代替)							
3)全部更换绕组绝缘后，应按出厂值进行							

4.3.6 试验结果分析

互感器耐压试验后，可结合其他试验，如耐压前后的绝缘电阻测试、绝缘油的色谱分析等测试结果，进行综合判断，以确定被试品是否通过试验。耐压试验过程中出现的现象同样是判断被试品合格与否的重要根据。现将常见绝缘缺陷可能引发的试验异常现象归纳成以下几点：

①主绝缘或匝绝缘击穿。发生这类放电时，表计指针摆动、电流上升、电压下降、试验回路过电流保护动作，重复试验时，则故障愈加明显。

②油间隙或油中气泡放电。这类放电时表计指针摆动，器身伴有响声。但是油隙放电电流突变而电压下跌不大，并在再次加压时电压并不明显下降，其放电响声清脆。而气泡放电响声轻微断续，表计指示抖动，摆动不大，再次加压时放电响声消失，转为正常试验。

③悬浮物放电或固体绝缘爬电。这种类型放电响声混沌沉闷，电流徒增，再次试验时异常现象不消失，且电压下跌，电流增大。

4.4　感应耐压试验

电压互感器感应耐压试验的目的主要是考核电压互感器对工频过电压、暂态过电压、操作过电压的承受能力，检测外绝缘和层间及匝间绝缘状况，检测互感器电磁线圈质量不良（如漆皮脱落、绕线时打结）等纵绝缘缺陷。电压互感器感应耐压试验主要应用于分级绝缘电压互感器，由于分级绝缘电压互感器末端绝缘水平很低，一般为3～5 kV，不能与首端承受同一耐压水平，而感应耐压试验时电压互感器末端接地，从二次侧施加频率高于工频的试验电压，一次侧感应出相应的试验电压，电压分布情况与运行时相同，且高于运行电压，达到了考核电压互感器纵绝缘的目的。

4.4.1　试验仪器的选择

1）三倍频发生器

（1）试验电源频率的选择

在电压互感器感应耐压试验时，施加在互感器绕组上的试验电压高于运行电压数倍，要满足试验要求使得铁芯不过励磁，只能提高试验电源频率，工程中选择三倍频变压器一般可以满足电压互感器感应耐压试验的要求。近年来，变频发生器得到了广泛应用，通过调节电压的频率满足试验要求，便于实用。

（2）三倍频发生器输入电压的选择

三倍频发生器输入电压高低很关键。输入电压太低，三倍频发生器输出3次谐波含量低，导致输出电压低；输入电压太高，三倍频发生器3次以上谐波高，输出波形变差，输出效率变低。当输入电压不合适时，可使用三相调压器调节合适的励磁电压。当输入电压高时，可选择匝数多的抽头。

（3）试验电压的选择

电压互感器感应耐压试验时，试验电压频率较高，被试电压互感器为容性负荷，为了避免容升的影响，一般要求试验电压在高压侧测量。若在低压侧测量，应考虑“容升”问题，此时低压侧施加的试验电压应按下列公式计算：

$$u_s = \frac{u_x}{k(1+k')}$$

式中　u_s——低压侧试验电压，V；

u_x——高压侧试验电压，V；

k——电压互感器变比；

k'——容升修正系数。

分级绝缘电压互感器感应耐压试验容升修正系数，见表 4.3。

表 4.3 容升修正系数表

电压互感器电压等级/kV	35	66	110	220
容升修正系数/%	3	4	5	8

2）补偿电感

由于电压互感器感应耐压试验时呈容性负荷状态，为了减少试验设备容量、避免倍频谐振，故应根据电压互感器不同电压等级在其二次绕组或辅助绕组接入补偿电感。补偿电感的选择原则是在试验频率下，被试电压互感器仍呈容性。为了有目的地选择补偿电感，试验前应对电压互感器辅助绕组加 150 Hz 电压至额定电压 100 V，读取电流 $i_{u_d x_d}$，确定加压线圈的输入容抗值，然后按照经验公式选择补偿量，使补偿达到预期的效果。输入容抗值应按下式计算：

$$x_C = \frac{u_{u_d x_d}}{i_{u_d x_d}} \times \frac{1}{k^2} = \frac{u_{u_d x_d}}{3 i_{u_d x_d}}$$

式中 x_C——输入容抗值，Ω；

$u_{u_d x_d}$——辅助绕组额定电压，V；

$i_{u_d x_d}$——辅助绕组电流，A；

k——辅助绕组与二次绕组额定电压比 $100/57.7 = \sqrt{3}$。

补偿电感的感抗值 x_L 应按下式选取：

$$x_L = x_C + (0.5 \sim 2)$$

然后，按式将感抗值 x_L 换算为补偿电感量 L，即

$$L = \frac{x_L}{2\Pi f_s} \times 10^3$$

式中 L——补偿电感量，mH；

f_s——试验频率，Hz。

根据计算出的电感量 L 选择补偿电抗器的抽头，然后接入被测互感器的 u_x 绕组，将倍（变）频电压升高至 100 V，测量被测互感器加压的辅助二次绕组处的 cos φ 值，如果 cos φ 在 0.7 ~ 0.9，则补偿量合适；如果 cos φ 过大，应增加补偿电抗 0.5 ~ 1 Ω；如果 cos φ 过小，则减小补偿电抗 0.5 ~ 1 Ω。

4.4.2 试验接线

试验时，电压互感器外壳、铁芯、二次绕组、辅助绕组及一次绕组尾端接地。一般 35 kV 电压互感器可从二次绕组加压，110 kV 及以上电压互感器可从辅助绕组施加电压，在辅助绕组加压所需的试验容量比从二次绕组加压时要小，同时电压互感器容量大时可利用二次绕

组加补偿电感,也可将二次绕组和辅助绕组串联起来加压,如此效果更好。分级绝缘电压互感器三倍频感应耐压试验原理接线,如图 4.15 所示。

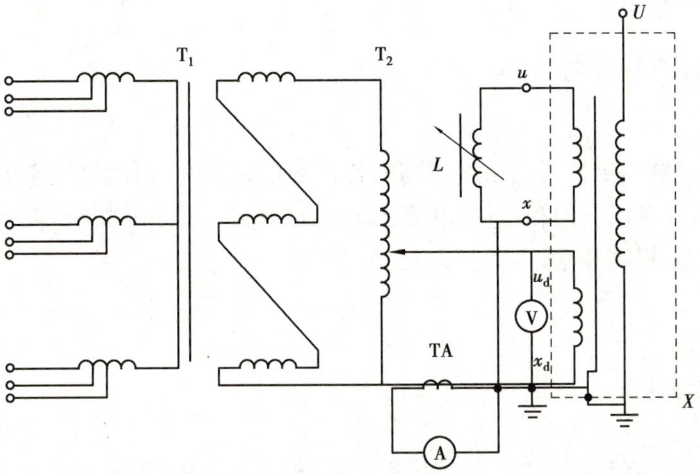

图 4.15　分级绝缘电压互感器三倍频感应耐压试验原理接线图

4.4.3　试验步骤

①对电压互感器进行放电,将其高压端接地,拆除所有引线,合理布置试验设备,试验设备外壳应可靠接地。油浸式电压互感器外壳、干式电压互感器铁芯必须接地。

②按图进行接线后,认真检查接线,调整、检查操作箱保护装置,用万用表测量三相电压。根据三相输入电压的大小,合理选择三倍频变压器输入端抽头。必要时,在三倍频变压器输出端使用示波器监视波形。

③接通三相电源,合上电源开关,从零(或接近于零)开始升压。试验过程中密切观察电流表和电压表的变化情况,观察电压波形是否平滑。升压速度在 75% 试验电压以前可以是任意的,自 75% 试验电压开始应以每秒 2% 的试验电压的速率连续升至试验电压,再开始计时。感应耐压时间按有关规定执行。

④耐压结束后,迅速均匀降压到零(或接近于零),然后切断电源。使用绝缘棒对被试电压互感器放电,拆除试验接线,试验结束。

4.4.4　试验注意事项

①被试电压互感器各绕组末端、座架、箱壳、铁芯均应进行可靠接地。

②使用三倍频变压器时,因装置铁芯采用过励磁原理,使用时间最好不超过 1 h。

③使用变频发生器时,上限频率不应超过 300 Hz,以免电压互感器铁芯过热。

④采用补偿电感时,补偿后试品必须呈容性,以免发生谐振。

⑤试验现场常采用电压互感器测量一次电压,其各线圈尾端必须接地。

4.4.5 试验结果分析

磁式电压互感器如果铁芯磁密度较高。若在额定频率时,用两倍额定电压施加于变压器的一次绕组时,铁芯就会饱和,空载电流必然增大,达到不能允许的程度,为了使两倍额定电压下铁芯不饱和,提高频率,参考公式为

$$E = KfB$$

式中 K——常数;

B——磁通密度;

f——频率。

由于试验电压较高,感应耐压试验的频率不应低于100 Hz,但不宜高于300 Hz。这是因为铁芯中的损耗随着试验频率上升而显著增加。持续时间按照下列公式计算:$t = 120 \times$ 额定频率/试验频率,但不应该少于15 s。感应耐压试验接线:将电压互感器的一次绕组末端接地,从某一个二次绕组激磁,在一次绕组首端感应出所需的试验电压。

4.5 电压互感器变比、极性测试

4.5.1 试验目的

测试互感器的极性很重要,因为极性判断错误会导致接线错误,进而使计量仪表指示错误,更为严重的是使带有方向性的继电保护误动作。测量变比可以检查互感器一次、二次关系的正确性,为继电保护正确动作、保护定值计算提供依据。

4.5.2 试验仪器、设备的选择

①仪表的准确度不应低于0.5级。

②标准互感器的准确度应高于被试互感器一个等级。

③对自动变比测试仪要求有高精度和高输入阻抗,其准确度应不低于0.5级。仪器在错误工作状态下能显示错误信息,数据的稳定性和抗干扰性能良好,一次、二次信号是同步采样。

4.5.3　现场试验方法及步骤、要求

1）用直流法测量串级式、电容式电压互感器极性

（1）试验接线

直流法测量电压互感器极性的接线，如图 4.16 所示。

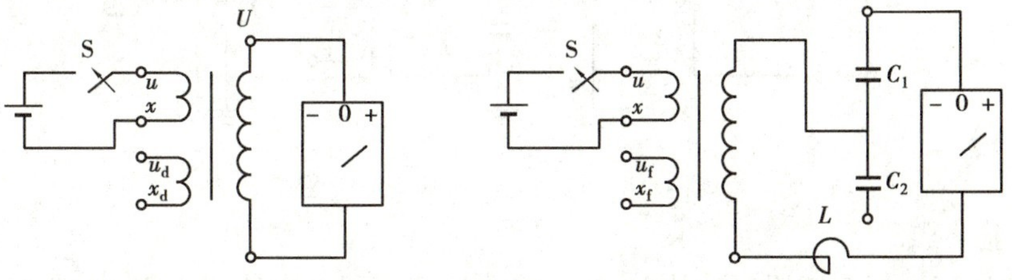

图 4.16　直流法测极性的接线图

将 1.5 ~3 V 的干电池经隔离开关接在电压互感器二次绕组端子 u 和 x 上，其余二次绕组端子开路，在电压互感器一次绕组端子 U 和 $X(\delta)$ 上连接一个极性表。

（2）试验步骤

将被试电压互感器对地放电，使电压互感器一次绕组端子 U 空开，将电压互感器一次绕组末端 $X(\delta)$ 与地解开。按图 4.16 进行接线，检查接线无误后合上隔离开关（S）。合上隔离开关瞬间若指针向"＋"偏，而拉开开关瞬间指针向"－"偏时，则电压互感器是减极性。若偏转方向与上述方向相反，则电压互感器是加极性。依次对其他二次绕组进行测量。

2）用比较法测量串级式、电容式电压互感器变比

（1）试验接线

比较法测量电压互感器变比的接线，如图 4.17 所示。

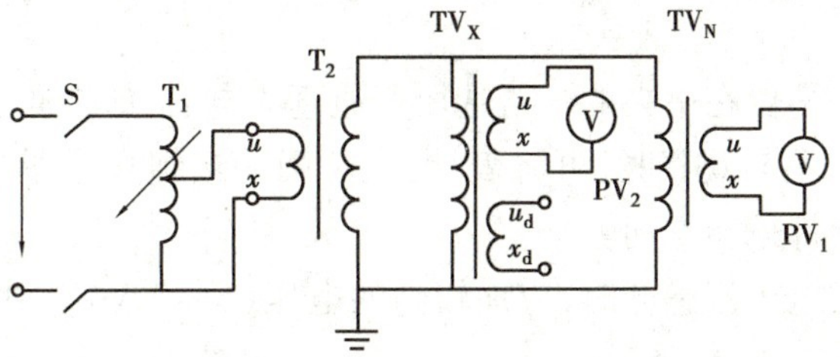

图 4.17　比较法测变比的接线图

（2）试验步骤

首先将被试电压互感器对地放电，按图 4.17 进行接线，检查接线无误后，当调压器在零位后合上隔离开关；然后将调压器调到输出一定电压，当电压升至互感器额定电压的 20% ~ 70% 时，同时记录 PV_1，PV_2 电压表的读数，并做好记录；最后依次对其他二次绕组进行测量。

3）用自动变比测试仪测量电压互感器变比、极性

（1）试验接线

以电容式电压互感器为例，用自动变比测试仪测量电压互感器变比、极性的接线，如图4.18所示。

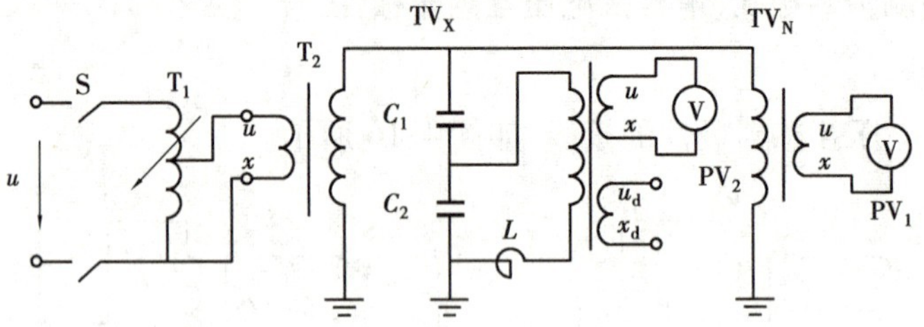

图4.18　自动变比测试法接线图

（2）试验步骤

首先将被试电压互感器对地放电；然后将电压互感器一次绕组末端X（或δ）与地解开，使测试仪的高压端子（U,V）与电压互感器一次绕组[U,X（或δ）]连接，测试仪低压端子（u,v）与电压互感器二次绕组端子（u,x）连接，测试V、v端子短接（某些测试仪不需要），被试电压互感器其他二次绕组开路。检查接线无误后，做好试验记录。最后依次对其他二次绕组进行测量。

4.5.4　试验注意事项

1）用直流法判断互感器极性的注意事项

①应将干电池和表计的同极性端接绕组的同名端。例如，干电池正极接互感器绕组端子"P_1"或"u"，则表计正端要相应地接到互感器端子"S_1"或"U"上。测量时要细心观察表计指针偏转方向。

②使用的表计最好是零位在中央的。若选用普通直流电表，如果向负的方向（即无刻度的一方）摆动的位移很小，不易观察时，可将表计正、负两端接到互感器端子"S_1"或"U"上。测量时要细心观察表计指针偏转方向。

③测量变压比较大的电压互感器时，应加较高的电压（6～9 V），并用小量程表计，以便仪表有明显的指示。

④拉、合开关时都应有一个时间间隔，以便观察清楚开关拉、合时表针摆动的真实方向。

⑤试验时应反复操作几次，以免误判试验结果。

2）用比较法测量互感器变比的注意事项

①调压器必须从零开始升压，以减小励磁电流引起的误差。并且调压器应采用接触式调压器，以免波形畸变产生测量误差。

②测量电压互感器时施加的电压不应低于被试电压互感器额定电压的20%，并尽可能

地使电源电压保持稳定，读数时高、低压侧应同时进行。

③使用电压表、电流表时，应使仪表的指示刻度不小于量程的2/3。

④二次侧电压表、电流表的连接，要注意引线不能太长，接触应良好，否则将产生测量误差。

⑤为避免测量误差，应在互感器额定电压、电流范围内多选几点进行测量。

3）用自动变比测试仪的注意事项

①试验电源应与使用仪器的工作电源相同。

②为防止剩余电荷影响测量结果，测试前必须对互感器进行充分放电。

③测量时最好在"端子箱"连同二次引线一起进行测量，以检查二次引线连接是否正确。

4.5.5　试验结果分析

1）试验标准及要求

根据《电力设备预防性试验规程》（DL/T 596—2021）、《电气装置安装工程 电气设备交接试验标准》（GB 50150—2016）、《电磁式电压互感器》（GB 20840.3—2013）及《输变电设备状态检修试验规程》（Q/GDW 168—2008）的相关规定：

（1）极性测量

电压互感器：标有同一字母的大写和小写的端子，在同一瞬间具有同一极性。

（2）变比测量

其标准为测量结果与铭牌标志相符。

2）试验结果分析

用比较法测量电压互感器变比。被试电压互感器的实际变比为：

$$K_x = \frac{K_n U_n}{U_x}$$

变比差值为：

$$\Delta K = \left(\frac{K_x - K_x'}{K_x'}\right) \times 100\%$$

式中　K_n, U_n——标准电压互感器的变比和二次电压值；

K_x, U_x——被试电压互感器的变比和二次电压值；

K_x'——被试电压互感器的额定变比。

4.6　电压互感器局部放电测试

目前的试验规程仅对电容式电压互感器单元件分压电容器的局部放电量作出了明确规

定（不大于 10 pC），而现场对电容式电压互感器下节进行局部放电试验时一般都不打开油箱也不拆除中间变压器。带有中间变压器的电容式电压互感器下节的局部放电量是否应遵循不大于 10 pC 的标准值。对于电容式电压互感器允许的局部放电量水平按液体浸渍互感器允许局部放电水平考核为宜，即不大于 20 pC。在规程未作出明确规定的情况下，用户在订货时需在技术协议中明确电容式电压互感器下节的局部放电量允许水平。

4.6.1　试验目的

局部放电电量过高，将危及电气设备的使用寿命，由局部放电而产生的电子、离子及热效应会加速互感器绝缘的老化，造成安全隐患，系统中不少互感器故障是由局部放电发展形成的。互感器局部放电试验是判断其绝缘状况的一种有效方法。

4.6.2　试验仪器、设备的选择

1）工频无局放试验电源

对于电容式电压互感器，局部放电试验可以分节进行，这样加在每节电容上的电压较低，但因其电容量值较大，若采用工频无局放试验变压器（现阶段一般采用变频电源），需要采用并联补偿电抗加压方式，试验变压器仅提供试验回路的阻性电流及补偿后剩余的部分容性或感性电流，将大大降低对试验变压器的容量要求，补偿电抗的额定电压应高于试验电压，应按照下式计算：

$$I_L = \frac{U \times 10^3}{\omega L}$$

$$I_C = (U \times 10^3)\omega(C \times 10^{-12})$$

$$I_Z = I_L - I_C$$

$$S = UI_Z$$

式中　U——试验电压，kV；

L, I_L——补偿电抗器电感和电流，H，A；

C, I_C——互感器电容和电流，pF，A；

I_Z——试验回路总电流，A；

S——试验变压器的容量，kV · A。

2）变频试验电源

对电磁式电压互感器进行局部放电试验时，施加在互感器绕组上的试验电压高于运行电压数倍，要满足试验要求，只能提高试验电源频率，使铁芯不过励磁。一般采用二次侧感应加压方法，也可采用三倍频电源或变频电源。

(1)三倍频电源

三倍频发生器输入电压高低很关键。输入电压太低,三倍频发生器输出3次谐波含量低,导致输出电压低;输入电压太高,三倍频发生器3次以上谐波高,输出波形变差,输出效率变低。输入电压不合适时,可使用三相调压器调节合适的励磁电压。一般输入电压高时,选择匝数多的抽头。对于电磁式电压互感器,采用二次感应升压方法时,可采用三倍频电源。由于电压互感器感应耐压试验时呈容性负载状态,为了减少试验设备容量、避免倍频谐振,根据不同电压等级在二次绕组或辅助绕组接入补偿电感。补偿电感的选择原则是在试验频率下,被试电压互感器仍呈容性。

根据局放试验所加电压 U_x,考虑"容升"问题,此时低压侧施加的试验电压应按下式计算

$$U_s = \frac{U_x}{k(1+k')}$$

式中　U_s——低压侧试验电压,V;

U_x——高压侧试验电压,V;

k——电压互感器变比;

k'——容升修正系数。

此时试验回路的电流 $I = U_s/(X_C - X_L)$,所需试验装置的输出容量 $S = IU_s$。由于三倍频变压器的效率只有15%~20%,取15%,因此选择输入容量 $S_1 = S_0/15\%$。

(2)变频电源

变频电源采用一级连续、频率幅值可调、标准正弦信号经过三级放大方式输出单相正弦信号,实现大功率输出,是目前现场局放试验常用的试验电源。对110 kV及以上电容式电压互感器进行局部放电试验时,采用串联谐振方式一次侧加压,变频试验电源频率(20~300 Hz)可满足要求。变频电源输出功率一般大于或等于励磁变压器的输出容量,励磁变压器的输出容量可根据试验容量估算出励磁变压器的容量 S 为

$$S = \frac{S_0}{Q} = \frac{U\omega C}{Q}$$

式中　S_0——试验容量,VA;

C——被试品电容;

ω——谐振频率;

U——试验电压;

Q——品质因数,$Q = \omega L/R$,一般为30~150,可取50进行估算。

3)局部放电测试仪

现场进行局部放电试验时,可根据环境干扰水平选择仪器上的不同频带。干扰较强时一般选用窄频带,如可取 $f_0 = 30 \sim 200$ kHz,$\Delta f = 5 \sim 15$ kHz;干扰较弱时,一般选用宽频带。在满足信噪比的条件下,频带选择得宽一些可以提高测量的灵敏度,也可以使得测量的放电波形失真小一些。为了消除励磁谐波和低频干扰,测试仪频带的下限通常选择40 kHz,而上

限选择为 300 kHz。

目前有标准依据的是测量视在放电量的测量仪器，通常是示波屏、数字式放电量(pC)表或数字和示波屏显示两者并用的指示方式。示波屏上显示的放电波形有助于区分内部放电和来自外部的干扰。放电脉冲通常显示在测量仪器的示波屏的椭圆基线上。

4.6.3 试验方法及步骤

电磁式电压互感器有单级和串级两种结构，35 kV 及以下的为单级结构，110 kV 两种结构均有，220 kV 一般为串级结构。进行局部放电试验时，由于试验电压远高于试品运行电压，会因过励磁产生大电流而损坏设备，现场试验电源可采用 3 倍频电源或变频电源。

电磁式电压互感器的试验方法比较特殊，从原理上同变压器有相似之处，它也是具有分布参数的电路，但其电容量要小得多，可用试验电源在一次侧外施变频电压，但现场往往采用二次侧加压、一次侧感应出相应的试验电压的方法。采用后者时，要注意试验电压值会高于低压施加电压乘以变比，因为有电容电流引起的容升，一般 35 kV 互感器“容升”约为 3%，110 kV 互感器“容升”约为 5%，220 kV 互感器“容升”约为 8%。

对于全绝缘电磁式电压互感器，应采用二次侧高于端加压、中性点接地和中性点加压、高压端接地两种加压测量方式。

4.7 电压互感器油化试验

油中溶解性气体分析技术(Dissolved Gas Analysis, DGA)，油中气体分析是分析油浸式互感器绝缘在线监测最常用的方法之一。由于互感器内部不同的故障会产生不同的气体，因此通过分析油中气体的成分、含量、产气率和相对百分比，就可达到对互感器绝缘诊断的目的。几种典型的油中溶解气体，如 H_2，CO，CH_4，C_2H_6，C_2H_4 和 C_2H_2，常被用作分析的特征气体。在检测出各气体成分及含量后，常采用特征气体法或罗杰斯比值法来对互感器的内部故障如局部放电、火花放电、过热等进行判别。本节将重点介绍互感器油中溶解气体的产生机理，在油中溶解气体分析技术的基础上统计分析互感器实验数据，并进行数据预处理。

油中溶解气体色谱分析法是目前检测油浸式电力设备内部故障的常用方法，有助于管理人员发现早期的潜伏性故障。DGA 是通过油传递、透析信息。油无孔不入，因此分析油中特征气体含量的试验可以比其他试验方法获得更多信息。DGA 可以在线进行，比停电试验方便和快捷，所以是公认可信的油浸式电力互感器状态监测技术。

4.7.1　电力设备绝缘油中气体产生的机理

绝缘油是由许多不同分子量的碳氢化合物分子组成的混合物，分子中含有 CH_3^*、CH_2^* 和 CH^* 化学基团，并由 C—C 键结合在一起。由电或热故障的结果可以使某些 C—H 键和 C—C 键断裂，伴随生成少量活泼的氢原子和不稳定的碳氢化合物的自由基，这些氢原子或自由基通过复杂的化学反应重新化合，形成氢气和低烃类气体，如甲烷、乙烷、乙烯、乙炔等，也可能生成碳的固体颗粒及碳氢聚合物(X-蜡)。

故障初期，所形成的气体溶解于油中；当故障能量较大时，也可能聚集成游离气体。碳的固体颗粒及碳氢聚合物可以沉积在设备内部。低能放电性故障，如局部放电，通过离子反应促使最弱的键 C—H 键(338 kJ/mol)断裂，主要重新化合成氢气而积累。对 C—C 键的断裂需要较高的温度(较多的能量)，然后迅速以 C—C 键(607 kJ/mol)、C ═C 键(720 kJ/mol)和 C ≡ C 键(960 kJ/mol)的形式重新化合成烃类气体，依次需要越来越高的温度和越来越高的能量。

乙炔是在高于甲烷和乙烷的温度(大约为 500 ℃)下生成的(虽然在较低温度时也有少量生成)。乙炔一般在 800 ~ 1 200 ℃的温度下生成，当温度降低时，反应迅速被抑制，作为重新化合的稳定产物而积累。因此，大量乙炔是在电弧的弧道中产生的。当然，在较低的温度下(低于 800 ℃)也会有少量乙炔生成。油起氧化反应时，伴随着生成少量的 CO 和 CO_2，并且能长期积累 CO 和 CO_2，成为数量显著的特征气体。油炭化生成碳粒的温度为 500 ~ 800 ℃。纸、层压板或木块等固体绝缘材料分子内含有大量的无水右旋糖环和弱的 C—O 键及葡萄糖苷键，它们的热稳定性比油中的碳氢键要弱，并能在较低的温度下重新化合。聚合物裂解的有效温度高于 105 ℃，完全裂解和炭化高于 300 ℃，在生成水的同时，生成大量的 CO 和 CO_2 及少量烃类气体和呋喃化合物，同时油被氧化。CO 和 CO_2 的形成不仅随温度而且随油中氧的含量和纸的湿度增加而增加。

4.7.2　互感器故障与油中特征气体的关系

目前我国在运行的互感器主要是常规互感器，新型互感器仍然在研究试验阶段，使用极少。并且绝大部分互感器是油绝缘型的，少部分是 SF_6 绝缘或树脂浇注式的。因此，本文内容主要针对油浸式电压互感器，根据互感器油色谱分析数据实施互感器状态评估。由电力设备绝缘油中气体产生的机理分析可知，互感器油中溶解气体的组分和含量在一定程度上反映出互感器绝缘老化和故障的程度，根据油中气体的组分和含量，可以判断故障的性质及严重程度，评估互感器所处的健康状态。通常，故障性质与气体组分有下述关系。

①当发生裸金属过热使周围的油受热分解时，产生的气体主要是 H_2 和烃类（CH_4 和 C_2H_2）；当发生固体绝缘材料介入热分解时，也会有大量的 CO 和 CO_2 产生。

②纸、纸板、布带、木材等固体绝缘材料受热分解时，其特征是烃类气体含量不高，所产生的气体主要是 CO 和 CO_2。产生这一内部故障的原因主要是互感器长期过负荷运行，使固体绝缘大面积过热，或者是由于裸金属过热，引起邻近固体绝缘局部过热。

③互感器内部由于放电而使绝缘材料分解产生大量气体，根据放电时能量级别不同，可分为高能量放电（电弧放电）、低能量放电（火花放电）和局部放电等不同故障类型。电弧放电产生的特征气体主要是乙炔和氢气，但也有相当数量的甲烷和乙烯；火花放电能量比电弧放电低得多，特征气体以乙炔和氢气为主，但也有相当数量的甲烷和乙烷；有时也有 CO 和 CO_2 的增加；局部放电的能量最低，特征气体主要是氢气，其次是甲烷，并有少量的乙炔。一般情况下，总烃值不高。

④凡是涉及固体绝缘劣化时，均会引起 CO 和 CO_2 的明显增加。根据现有的统计资料，固体绝缘的正常老化与故障情况下的劣化分解，表现在 CO 和 CO_2 的增加，但是没有严格的界限，规律也不明显。表 4.4 给出了充油电压互感器的特征气体与产生该气体的原因。

表 4.4　油浸式电压互感器特征气体产生的原因

气体	产生原因	气体	产生原因
CH_4	油和固体绝缘受热分解、放电	H_2	水分、电晕、绝缘热分解
C_2H_6	固体绝缘受热分解、放电	CO	固体绝缘受热及热分解
C_2H_2	高温绝缘热分解、放电	CO_2	固体绝缘受热及热分解
C_2H_2	电弧放电、油和固体绝缘受热分解		

4.7.3　根据 DGA 分析判定电压互感器故障的方法

目前根据油中溶解气体分析判断油浸式电力设备故障类型的方法有特征气体法、三比值法、对一氧化碳和二氧化碳的判断法以及 O_2/N_2 比值法等。

1）特征气体法

互感器油中溶解的特征气体可以反映故障点引起的周围油，纸绝缘的热分解本质。气体组分特征随故障类型、故障能量及设计的绝缘材料不同而不同，即故障点产生烃类气体的不饱和度与故障能量密度之间有密切关系，见表 4.5。因此，特征气体判断法对故障性质有较强的针对性，比较直观、方便；缺点是没有明确量的概念。

表4.5　气体成分与故障类型对应关系表

故障类型	主要气体组分	次要气体组分
油过热	CH_4，C_2H_4	H_2，C_2H_6
油和纸过热	CH_4，C_2H_4，CO，CO_2	H_2，C_2H_6
油纸绝缘中局部放电	H_2，CH_4，CO	C_2H_2，C_2H_6，CO_2
油中火花放电	H_2，C_2H_2	
油中电弧	H_2，C_2H_2	CH_4，C_2H_4，C_2H_6
油和纸中电弧	H_2，C_2H_2，CO，CO_2	CH_4，C_2H_4，C_2H_6

注：进水受潮或油中气泡可能使氢气含量升高。

用特征气体法的判断标准见表4.5。在该方法中，首先研究是否存在 C_2H_2，当不存在 C_2H_2 时，根据 C_2H_4，CO_2，H_2 这3种气体进行判断，再按其他同时存在的气体种类来判断。由表4.6可知，热故障和电故障产生的特征气体中 C_2H_2 的含量差异很大；低能量的局部放电产生 C_2H_2，或仅仅产生少量的 C_2H_2。因此，C_2H_2 既是故障点周围绝缘油分解的特征气体，其含量又是区分过热故障和放电两种故障性质的主要指标。

2）三比值法

三比值法的原理：从5种特征气体中选用两种溶解度和扩散系数相近的气体组分组成3对比值，以不同的编码表示（表4.6）。根据表4.6的编码规则和表4.7的故障类型判断出故障的类型。

表4.6　三比值法编码规则

气体比值范围	比值范围的编码			说明
	C_2H_2/C_2H_4	CH_4/H_2	C_2H_4/C_2H_6	
<0.1	0	0	0	例如，C_2H_2/C_2H_4 = 1 ~ 3 时编码为1
0.1 ~ 1	1	1	0	
1 ~ 3	1	2	1	
>3	2	2	2	

三比值法的应用原则：

①只有根据气体各组分含量的注意值或气体增长率的注意值有理由判断设备可能存在故障时，气体比值才是有效的，并应予计算。对气体含量正常，且无增长趋势的设备，比值没有意义。

②假如气体的比值与以前的不同，可能有新的故障重叠在老故障和正常老化上。为了得到仅仅相应于新故障的气体比值，要从最后一次的分析结果中减去上一次的分析数据，并重新计算比值（尤其是在CO和 CO_2 含量较多的情况下）。在进行比较时，要注意在相同的

负荷和温度等情况下和在相同的位置取样。

③由于溶解其他分析本身存在的误差试验，导致气体比值也存在某些不确定性。对气体浓度大于 10 μL/L 的气体，两次的测试误差不应大于平均值的 10%，而在计算气体比值时，误差提高到 20%。当气体浓度低于 10 μL/L 时，误差会更大，使比值的精确度迅速降低。因此在使用比值法判断设备故障性质时，应注意各种可能降低精确度的因素。尤其是正常值普遍较低的互感器，更要注意这种情况（表 4.7）。

表 4.7　三比值故障类型判断方法

编码组合			故障类型判断	故障实例（参考）
C_2H_2/C_2H_4	CH_4/H_2	C_2H_4/C_2H_6		
0	0	1	低温过热（低于 150 ℃）	绝缘导线过热，注意 CO 和 CO_2 的含量以及 CO_2/CO 值
	2	0	低温过热（150 ~ 300 ℃）	分解开关接触不良，引线夹件螺丝松动或接头焊接不良，涡流引起铜过热，铁芯漏磁，局部短路，层间绝缘不良，铁芯多点接地等
	2	1	中温过热（300 ~ 700 ℃）	
	0,1,2	2	高温过热（高于 700 ℃）	
	1	0	局部放电	高湿度、高含气量引起油中低能量密集的局部放电
2	0,1	0,1,2	低能放电	引线对电位未固定的部位之间的连续火花放电，分抽头引线和油隙闪络，不同电位之间的油中火花放电或悬浮电位之间的电弧放电
	2	0,1,2	低能放电兼过热	
1	0,1	0,1,2	电弧放电	线圈匝间、层间短路，相间闪络、分接头引线间油隙闪络、引线对箱壳放电、线圈熔断、分接开关飞弧、因环路电流引起电弧、引线对其他接地体放电等
	2	0,1,2	电弧放电兼过热	

3）对一氧化碳和二氧化碳的判断法

当故障涉及固体绝缘时，会引起 CO 和 CO_2 含量的明显增长。根据现有的统计资料，固体绝缘的正常老化过程与故障情况下的劣化分解，表现在 CO 和 CO_2 的含量上，一般没有严格界限，规律也不明显。这主要是由于从空气中吸收的 CO_2、固体绝缘老化及油的长期氧化形成 CO 和 CO_2 的基值过高造成的。在密封设备中，空气也可能经泄漏而进入设备油中，这样，有油中的 CO_2 浓度将以空气的比率存在。经验证明，当怀疑设备固体绝缘材料老化时，

一般 $CO_2/CO>7$。当怀疑故障涉及固体绝缘材料时(高于 200 ℃),可能 $CO_2/CO<3$,必要时,应从最后一次的测试结果中减去上一次的测试数据,重新计算比值,以确定故障是否涉及固体绝缘。当怀疑纸或纸板过度老化时,应适当地测试油中糠醛含量,或在可能的情况下测试纸样的聚合度。

4) O_2/N_2 比值法

一般在油中都溶解有 O_2 和 N_2,这是油在开放式设备的储油罐中与空气作用的结果或密封设备泄露的结果。在设备中,考虑 O_2 和 N_2 的相对溶解度,油中 O_2/N_2 的比值反映空气的组成,接近 0.5。运行中由于油的氧化或纸的老化,这个比值可能降低,因为 O_2 的消耗比扩散更迅速。负荷和保护系统也可能影响这个比值。但当 $O_2/N_2<0.3$ 时,一般认为是出现氧被极度消耗的迹象。

第 5 章　电压互感器检修技术

5.1　互感器的巡视

5.1.1　例行巡视和检查项目及要求

①例行检查巡视分为正常巡视、全面巡视和熄灯巡视。

②对各种值班方式下的巡视时间、次数、内容要作出明确的规定。

5.1.2　正常巡视

1)巡视周期

①有人值班变电站的互感器每天至少一次,每周至少进行一次夜间巡视。

②无人值班变电站内的互感器每周两次巡视检查。

2)巡视项目及要求

①设备外观完整无损。

②一二次引线接触良好,接头无过热,各连接引线无发热、变色。

③外绝缘表面清洁、无裂纹及放电现象。

④金属部位无锈蚀,底座、支架牢固,无倾斜。

⑤架构、遮拦、器身外涂漆层清洁、无爆皮掉漆。

⑥无异常振动、异常声音及异味。

⑦瓷套、底座、阀门和法兰等部位应无渗漏油现象。

⑧电压互感器端子箱熔断器和二次空气小开关正常。

⑨油色、油位正常,油色透明不发黑,且无严重渗、漏油现象。

⑩防爆膜有无破裂。

⑪吸湿器硅胶是否受潮变色。

⑫金属膨胀器膨胀位置指示正常,无漏油。

⑬各部位接地可靠。

⑭电容式电压互感器二次(包括开口三角形电压)无异常波动。

⑮安装有在线监测的设备应有维护人员每周对在线监测数据查看一次,以便及时掌握电压互感器的运行状况。

⑯二次端子箱应密封良好,二次线圈接地线应牢固良好。内部应保持干燥、清洁。

⑰检查一次保护间隙应清洁良好。

⑱干式电压互感器有无流胶现象。

⑲中性点接地电阻、消谐器及接地部分是否完好。

⑳互感器的标示牌及警告牌是否完好。

㉑测量三相指示应正确。

㉒SF_6 互感器压力指示表指示是否正常,有无漏气现象,密度继电器是否正常。

㉓复合绝缘套管表面是否清洁、完整,无裂纹、无放电痕迹、无老化迹象,憎水性良好。

5.1.3 特殊巡视

①在高温、大负荷运行前。

②大风、雾天、冰雹及雷雨后。

③设备变动后。

④设备新投入运行后。

⑤设备经过检修、改造或长期停运,重新投入运行后。

⑥设备发热、系统冲击及内部有异常声音等。

⑦设备缺陷近期有发展时、法定节假日、上级通知有重要供电任务时。

5.1.4 巡视项目及要求

①大负荷期间用红外测温设备检查互感器内部、引线接头发热情况。

②大风扬尘、雾天、雨天外绝缘有无闪络。

③冰雪、冰雹天气外绝缘有无损伤。

5.2 互感器的检修

互感器的检修分为大修、小修和临时性检修。目前除小修外,其他检修均无固定周期,而是根据设备运行情况和预防性试验结果确定的。

5.2.1 检修分类

1）大修

一般是指对互感器解体，对内、外部件进行的检查和修理。对于 220 kV 及以上互感器宜在修试工厂和制造厂进行；SF_6 互感器不允许现场解体，如果必须解体，应返厂检修；电容式电压互感器和电容器都不能在现场检修或补油，必要时应返厂修理。

2）小修

一般是指对互感器不解体进行的检查与修理，在现场进行。

3）临时性检修

一般是指针对发现的异常现象进行的临时性检查与修理。

5.2.2 检修周期

1）小修周期

结合预防性试验和实际运行情况进行，1 ~ 3 年一次；在污秽严重的场合，应根据具体情况适当缩短小修周期。

2）大修周期

大修没有固定的检修周期，应根据互感器预防性试验结果，在线监测结果进行综合分析判断，认为必要时进行。

3）临时性检修周期

在运行中发现危急缺陷应进行检修。

5.2.3 检修项目

1）小修项目

（1）油浸式互感器

①外部检查及清扫。

②检查维修膨胀器、储油柜、吸湿器。

③检查紧固一次和二次引线连接件。

④渗漏油处理。

⑤检查紧固油箱式电压互感器末屏接地点，电压互感器 N(X)端接地点。

⑥必要时进行零部件修理与更新。

⑦必要时调整油位。

⑧必要时加装金属膨胀器。

⑨必要时进行绝缘油脱气处理。

⑩瓷套检查。

⑪必要时补漆。

(2)SF_6 绝缘互感器

①外部检查及清扫。

②检查气体压力表、阀门及密度继电器。

③必要时检漏和补气。

④必要时对气体进行脱水处理。

⑤检查紧固一次与二次引线连接件。

⑥回收的 SF_6 气体应进行含水量试验。

⑦检查一次引线连接，如有过热，应清除氧化层，涂导电膏或重新紧固。

⑧检查一次接线板，如有松动应紧固或更换。

⑨清除复合绝缘套管的硅胶伞裙外表积污。

⑩更换防爆片应在干燥、清洁的室内进行。

⑪必要时补漆。

(3)电容式电压互感器

①外部检查及清扫。

②瓷套检查。

③分压电容器本体密封检查。

④检查紧固一次和二次引线及电容器连接件。

⑤电磁单元渗漏油处理，必要时补油。

⑥必要时补漆。

2)大修项目

(1)油浸式互感器

①外部检查及修前试验。

②瓷套外部清扫。

③修补破损瓷裙。

④渗漏油检查包括储油柜、瓷套、油箱、底座有无渗漏，油位计、瓷套的两端面、一次引出线、二次接线板、末屏及监视屏引出小瓷套、压力释放阀及放油阀等部位有无渗漏。

⑤油位或盒式膨胀器的油温压力指示检查。

⑥二次接线板的绝缘、外壳接地端子是否可靠接地。

⑦检查接地端子是否松动。

⑧金属膨胀器的检修。

⑨排放绝缘油。

⑩一二次引线连线柱瓷套分解检修。

⑪吊起瓷套或吊起器身,检查瓷套及器身(内部)。

⑫小套管的检修。

⑬储油柜的检修。

⑭油箱、底座的检查。

⑮二次接线板检查。

⑯更换全部密封胶垫。

⑰油箱清扫和除锈。

⑱压力释放装置检修与试验。

⑲绝缘油处理或更换。

⑳吸湿器(如有)检修,更换干燥剂。

㉑必要时进行器身干燥。

㉒总装配。

㉓真空注油。

㉔密封试验。

㉕绝缘油试验及电气试验。

㉖喷漆。

(2)SF_6 气体绝缘互感器

①外部检查及修前试验。

②一二次引线连接紧固件检查。

③回收并处理 SF_6 气体。

④必要时更换防爆片及其密封圈。

⑤必要时更换二次端子板及其密封圈。

⑥更换吸附剂。

⑦必要时更换压力表、阀门或密度继电器。

⑧补充 SF_6 气体。

⑨电气试验。

⑩金属表面喷漆。

(3)电容式电压互感器

①外部检查及修前试验。

②检查电容器套管,测量电容值及介质损耗因数。

③电磁单元渗漏油检查。

④必要时进行电磁单元绝缘干燥。

⑤电磁单元绝缘油处理。

⑥中压变压器一、二次绕组检查。

⑦避雷器或放电间隙检查。

⑧补偿电抗器检查。

⑨二次接线板检查。

⑩油箱检查。

⑪更换密封胶垫。

⑫电磁单元装配。

⑬电磁单元注油或充氮。

⑭电气试验。

⑮喷漆。

5.3　互感器异常运行及故障处理

5.3.1　电压互感器的常见故障

①本体有过热现象。

②内部声音不正常或有放电声。

③互感器内或引线出口处有严重喷油、漏油或流胶现象(可能属于内部故障,由过热引起)。

④严重漏油至看不到油面(严重缺油使内部铁芯暴露在空气中,当雷击线路或有内部过电压时,会引起内部绝缘闪络烧坏互感器)。

⑤内部发出焦臭味、冒烟、着火(说明内部发热严重,绝缘已烧坏)。

⑥内部故障。

⑦套管严重破裂,套管、引线与外壳之间有火花放电。

⑧电压互感器二次小开关连续跳开(内部故障可能很大)。

⑨电压互感器铁磁谐振。

⑩电容式电压互感器二次输出电压低或高或波动。

⑪电压互感器二次短路。

⑫电压互感器二次回路断线。

⑬高压侧熔断器熔断。

⑭电容式电压互感器内部电容击穿。

⑮电容式电压互感器电容元件故障。

⑯电容式电压互感器内电磁元件故障。

⑰电容式电压互感器电容单元漏油。

⑱电压互感器预防性试验不合格。

⑲电容式电压互感器二次引线绝缘脱落。

⑳电容式电压互感器爆炸。

5.3.2 电压互感器的故障处理原则

①立即汇报调度，申请停电处理。

②隔离故障电压互感器，500 kV 侧可立即用相应出线断路器停电，220 kV 侧将故障电压互感器母线空出，用母联断路器、分段断路器停电串断（禁止用隔离开关就地拉合故障电压互感器），故障侧隔离开关可遥控时，可遥控拉开高压隔离开关进行隔离、35 kV 电压互感器，停电按主变压器 35 kV 总断路器的方法停电。

③二次回路禁止同故障电压互感器二次回路并列。

④电压互感器故障时，应将可能误动的保护停用。

⑤不得将故障电压互感器所在母线的差动保护停用。

⑥电压互感器着火，切断电源后，用干粉、1211 灭火器灭火。

⑦需要特别注意的是，当电压互感器出现以下情况时应立即停用：

a. 电压互感器高压侧熔断器连续熔断两三次；

b. 电压互感器发热，温度过高（当电压互感器发生层间短路或接地时，熔断器可能不熔断，造成电压互感器过负荷而发热，甚至冒烟起火）；

c. 电压互感器内部有“噼啪”声或其他噪声（这是由于电压互感器内部短路，接地或夹紧螺钉未上紧所致）；

d. 电压互感器内部引线出口处有严重喷油、漏油现象；

e. 电压互感器内部发出焦臭味且冒烟；

f. 绕组与外壳之间或引线与外壳之间有火花放电，电压互感器本体有单相接地。

5.3.3 异常运行原因分析及处理办法

1）电磁式电压互感器电压不平衡

①三相电压指示不平衡，一相降低，另两相正常，线电压不正常，或伴有声、光信号，可能是互感器高压或低压熔断器熔断；若是新投运的互感器有可能变比不相等，应及时处理。

②在中性点不接地系统中，一相电压降低，另两相电压升高或指针摆动，可能是单相接地故障或基频谐振，或负荷较轻时三相对地电容电流不平衡引起的；如三相电压同时升高，

并超过线电压时，则可能是分频或高频谐振，应采取措施。

③在中性点直接接地系统中，当母线倒闸操作时，出现相电压升高并以低频摆动，一般是串联谐振现象；若无任何操作，突然出现相电压升高或降低，则可能是互感器内部绝缘故障；如串级式电压互感器可能是绝缘支架击穿或一次绕组间或匝间短路（上绕组故障，U_2 升高，最下绕组故障，U_2 降低），上述两种情况均应立即退出运行，并进行检查。

④在中性点直接接地系统中，电压互感器投运时出现电压指示不稳，可能是高压绕组端接触不良，应立即退出运行，并进行检查。

2）电容式电压互感器电压不平衡

①三相电压不平衡，开口三角有较高电压，设备异常响声并发热，可能是阻尼回路不良引起自身谐振现象，应立即停止运行。

②二次输出为零，可能是中压回路开路或短路，电容单元内部连接断开，或二次接线短路。

③二次输出电压高，可能是电容器 C_1 有元件损坏，或电容单元低压末端接地。

④二次电压输出低，可能是电容器 C_2 有元件损坏，二次过负荷或未接载波回路；如果是速饱和电抗器型阻尼器，有可能是参数配合不当。

3）互感器进水受潮

①主要表现：绕组绝缘电阻下降，介质损耗超标或绝缘油指标不合格。

②原因分析：产品密封不良，使得绝缘受潮，多伴有渗漏油或缺油现象。

③处理办法：应对互感器进行器身干燥处理，如判断为轻度受潮，可采用热油循环干燥，如判断为严重受潮，则需进行真空干燥。

4）绝缘油油质不良

①主要表现：绝缘油介质损耗超标，含水量大，简化分析项目不合格如酸值过高等。

②原因分析：制造厂对进货油样试验把关不严，劣质油进入系统，或运行维护中对互感器原油产地、牌号不明，未做混油试验，盲目混油。

③处理办法：如果是新产品质量问题，不论是否投运，一律返厂处理，通过有关试验确认；如果仅污染器身表面，可作换油处理，此时还应注意清除器身内部残油；如果严重污染器身，则应更换器身全部绝缘，必要时更换一次绕组导体。

5）油中溶解气体色谱数据超标

①主要表现：产品在运行中出现 H_2 或 CH_4 单项含量超标，或总烃含量超过注意值。

②原因分析：对气体组分含量超过注意值的产品要作具体分析，对于 H_2 单项超过注意值可能与金属膨胀器除 H_2 处理不够或油箱涂漆工艺不当有关。如果多次试验结果数值稳定，则不一定是故障的反映，但当 H_2 含量增长较快时，则应给予注意。甲烷单项过高，可能是绝缘干燥不彻底或老化所致；对于总烃含量高的互感器，应认真分析烃类气体的成分，对缺陷类型进行判断，并通过有关电气试验进一步确诊。当出现乙炔时应予以充分重视，因为它是反映放电故障的主要指标。

③处理办法：首先视情况补做有关电气试验，如一次绕组直流电阻测量、高压下介质损耗、局部放电测量等进一步判断故障性质和确定故障部位。如判断为非故障性质，可进行换油处理或对绝缘油脱气处理。如判断为悬浮放电或电气接触不良，常见原因则是电压互感器铁芯穿芯螺杆电位悬浮放电等，因此，可以进行相应处理。如确认为绝缘故障，则必须进行解体检修，必要时返厂处理。

6）局部放电量超标

局部放电量超标主要是产品制造工艺不良、绝缘处理不当等先天性缺陷引起的，也可能与运行中因承受过电压、过电流造成绝缘受损有关，一般应进行解体检修，必要时返厂处理。如注油工艺不良，油中存在大量气体，绝缘油中气泡在电场作用下发生局部放电则可采用现场脱气处理。

7）串级式电压互感器绝缘支架介质损耗超标

老型号串级式电压互感器，其绝缘支架材质差、介质损耗高，当时制造厂出厂时对电压互感器介质损耗没有要求，造成存在缺陷的产品不能及时发现，导致在产品投运后发生多台事故。处理办法是更换绝缘支架为高性能、低介质损耗的电木板或层压纸板支架。

8）电容式电压互感器介质损耗超标

当电容式电压互感器电容分压器的 10 kV 下的介质损耗超标时，可提高至额定电压下复试，当试验值符合规程要求时，可继续投运，否则应退出运行。

9）高压侧熔断器熔断

电压互感器一次侧熔断器熔断应立即向调度汇报，停用可能会误动的保护及自动装置；取下低压熔断器，拉开电压互感器隔离开关，做好安全措施，检查电压互感器外部有无故障，更换一次侧熔断器，恢复运行；如多次熔断则可判断为电压互感器内部故障，此时应申请停用该互感器。

造成电压互感器高压侧熔断器熔断的原因可能有以下几个方面：

①电压互感器内部绕组发生匝间、层间或相间短路及一相接地等现象。

②电压互感器一、二次绕组回路故障，可能造成电压互感器过流。若电压互感器二次侧熔断器容量选择不合理，也有可能造成一次侧熔断器熔断。

③当中性点不接地系统中发生一相接地时，其他两相对地电压升高 1.732 倍；或因间歇性电弧接地，可能产生数倍的过电压。过电压会使得互感器严重饱和，使电流急剧增加而造成熔断器熔断。

④系统发生铁磁谐振。

⑤由于电压互感器过负荷运行或长时期运行后，熔断器接触部位锈蚀造成接触不良。

10）充油式互感器渗漏油

①互感器本体渗漏油若不严重并且油位正常，应加强监视。

②互感器本体渗漏油严重，并且油位未低于下限，但一时又不能停电检修，应加强监视，增加巡视的次数；若低于下限，则应将电压互感器停运。

③互感器严重漏油应申请调度进行停电处理。

11)电压互感器二次小开关跳闸

①电压互感器小开关实际上是一种过流脱扣保护,当电压互感器二次回路出现短路故障或电压互感器本身二次绕组出现匝间及其他故障时,快速自动断开小开关。

②电压互感器小开关跳闸的原因:一是电压互感器二次回路有短路现象;二是电压互感器本身二次绕组出现匝间及其他故障;三是电压互感器小开关本身机械故障造成脱扣。

③电压互感器有多个二次小开关,当发出二次小开关跳闸信号时,应首先查明是哪个小开关跳闸,然后对照二次图纸查明该回路所带的负荷情况,其负荷主要有:继电保护和自动装置的电压测量回路、启动回路、测量和计量回路以及同步回路等。

④当电压互感器二次小开关跳闸或熔断器熔断时,应特别注意该回路的保护装置动作情况;必要时应立即停用有关保护,并查明二次回路是否短路或故障,经处理后再合上电压互感器二次小开关或更换熔断器,加用有关保护。

⑤若故障录波器回路频繁启动,可将录波器的电压启动回路暂时退出(屏蔽)。

⑥如果是测量和计量回路,运行人员应记录其故障的起止时间,以便于估算电量的漏计。

⑦同步回路二次小开关跳闸,不得进行该回路的并列操作。

⑧如经外观检查未发现短路点,在有关保护装置停用的条件下,允许将小开关试合一次。如试合成功,可加用保护;如试合不成功,应进一步查出短路点,予以排除。

⑨若属双母线(或双母线分段)电压互感器的小开关跳闸,值班人员必须立即将运行在该母线上各单元有关保护停用;然后向调度汇报,并申请调度试合一次电压互感器小开关;试合不成功应通知专业人员进行处理,必要时可申请倒母线。

12)电压互感器应退出运行的情况

①瓷套出现裂纹或破损。

②互感器有严重放电,已威胁安全运行时。

③互感器内部有异常响声,异味、冒烟或着火。

④金属膨胀器异常膨胀变形。

⑤压力释放装置(防爆片)被冲破。

⑥树脂浇注电压互感器出现表面严重裂纹、放电。

⑦互感器本体或引线端子严重过热。

⑧电压互感器接地端子N(X)开路,二次短路不能消除。

⑨充油式互感器严重漏油。

⑩电容式电压互感器电容单元出现渗漏油。

⑪SF_6气体绝缘互感器严重漏气,其压力低于规定值。

⑫经红外测温检查发现内部有过热现象。

电压互感器内部故障,电路导线受潮、腐蚀及损伤二次线圈和接地短路,发生一相接地短路及相间短路等,由于短路点在二次熔断器前,故障点在高压熔断器熔断之前不会自动隔离。电压互感器二次线圈及接线发生短路,二次阻抗变小,短路电流很大。此时,高压熔断器一般不一定熔断,内部会有异常声音,二次熔断器拔下也不消失,会很快被烧坏。

因为高压熔断器不是保护互感器过载的,而是保护内部短路故障的。所以内部发生匝间、层间短路等,高压熔断器不一定熔断。而高压熔断器未熔断时,一次线圈上流过大于额定电流很多的故障电流,时间稍长,就会过热、冒烟甚至起火,应尽快将其停用。

5.3.4 电压互感器故障处理程序

①退出可能误动的保护及自动装置,断开故障电压互感器二次开关(或拔掉二次熔断器)。

②电压互感器三相或故障相的高压熔断器已熔断时,可以拉开隔离开关隔离故障。

③高压熔断器未熔断,高压侧绝缘未损坏的故障(如漏油至看不到油面、内部发热等故障),可以拉开隔离开关,隔离故障。

④高压熔断器未熔断,所装高压熔断器上有合格的限流电阻时,可以根据现场规程规定,拉开隔离开关,隔离严重故障的电压互感器。

⑤高压熔断器未熔断,电压互感器故障严重,高压侧绝缘已损坏。高压熔断器无限流电阻的,只能用断路器切除故障。应尽量利用倒运行方式的方法隔离故障,否则只能在不带电的情况下拉开隔离开关,然后恢复供电。

⑥故障隔离后,可经倒闸操作,一次母线并列后,合上电压互感器二次联络,重新投入所退出的保护及自动装置。

5.3.5 电压互感器着火处理方法

①切断电源后,用干粉、1211 灭火器灭火,将故障电压互感器停电。应首先考虑的问题,是防止继电保护(如距离保护等)和自动装置(如自投装置)误动作;应退出可能误动的保护及自动装置,然后停用有故障的电压互感器。

②若发现电压互感器高压侧绝缘损坏,严重的内部故障(如着火、冒烟等),若高压侧未装熔断器,或者高压熔断器不带限流电阻的,不能用隔离开关直接拉开故障电压互感器,应用断路器切除故障。

③若用隔离开关隔离故障,可能在拉故障电流时,引起母线短路、设备损坏或人身事故。

④如果是故障高压熔断器已熔断,或是高压熔断器带有合格的限流电阻时,则可根据现场规程规定,利用隔离开关拉开有故障的电压互感器。

⑤对于不能用隔离开关隔离的故障电压互感器,应根据本站实际接线和运行方式,若时间允许,尽量不中断供电,用倒运行的方法,用断路器切除故障电压互感器。例如,双母线接

线，可经倒运行方式，用母联断路器切除故障。

5.3.6　电压互感器回路断线现象及故障处理方法

1）电压互感器回路断线的判断

“电压互感器回路断线”光字牌亮，警铃响，有功功率表指示失常，电压表指示为零或三相电压不一致，电能表停走或走慢，低电压继电器动作周期鉴定继电器发出响声等，这些现象都有可能由电压互感器一次、二次回路接头松动、断线，电压切换回路辅助触点及电压切换开关接触不良所引起，或者因电压互感器过负荷运行，二次回路发生短路，一次回路相间短路，铁磁谐振以及熔断器日久磨损等引起一次、二次熔断器熔断。除上述现象外，还可能发出“接地”信号，绝缘监视电压表指示值比正常值偏低，而正常相监视电压表上的指示是正常的，这时可判定一次侧熔断器熔断。

2）电压互感器回路断线的处理方法

①将该电压互感器所带的保护与自动装置停用，停用的目的是防止保护误动作。

②在检查一次、二次侧熔断器时，应做好安全措施，以保证人身安全。如果是一次侧熔断器熔断时，应拉开电压互感器出口隔离开关，取下二次侧熔断器，在验放电后戴上绝缘手套，更换一次侧熔断器。同时检查在一次侧熔断器熔断前是否有不正常现象出现，并测量电压互感器绝缘，确认良好后方可送电。如果是二次侧熔断器熔断，应立即更换，若数次熔断，则不可再调换，应查明原因，如一时处理不好，则应考虑调整有关设备的运行方式。

5.3.7　二次交流电压回路断线的处理方法

1）二次交流电压回路断线的原因

①电压互感器高、低压侧的熔断器熔断或小开关跳闸。

②电压切换回路松动或断线、接触不良。

③电压切换开关接触不良。

④双母线接线方式，出线靠母线侧隔离开关辅助触点接触不良（常发生在倒闸过程中）。

⑤电压切换继电器断线或触点接触不良、继电器损坏、端子排线头松动、保护装置本身问题等。

2）二次交流电压回路断线的处理

①电压切换回路辅助接触点和电压切换开关接触不良所造成的电压回路断线现象主要发生在操作后，母线电压互感器隔离开关辅助触点切换不良涉及该母线上所有回路的二次电压回路，线路的母线隔离开关辅助触点切换不良只涉及影响本线路取用电压量的保护。

这些问题在操作后即可发现。检查隔离开关辅助触点切换是否到位,若属隔离开关辅助触点切换不到位,可在现场处理隔离开关的限位触点;若属隔离开关本身辅助触点行程问题,应请专业人员对辅助触点进行调整或更换。在倒母线的过程中,若发现“交流电压断线”信号,在未查明原因之前,不应继续操作,应停止操作并查明原因。

②若“交流电压断线”、保护“直流回路断线”和“控制回路断线”同时报警,则说明直流操作电源有问题,操作熔断器熔断或接触不良。此时,线路的有功、无功表计误指示(或监控系统显示不正确)。处理方法:退出失压后会误动的保护,更换直流回路熔断器(或试合小开关),若无问题再加用保护。

③对于其他原因引起的交流电压回路断线,运行人员未查出明显的故障点,则按以下方法处理:向调度汇报;停用失压后会误动的保护(启动失灵)及自动装置;通知专业人员进行处理;故障处理完毕后,申请加用已停用的保护及自动装置。

④处理时应注意防止交流电压回路短路,若发现端子线头、辅助触点接触有问题,可自行处理,不可打开保护继电器,防止保护误动作;若属隔离开关辅助触点接触不良,不可采用晃动隔离开关操作机构的方法使其接触良好,以防带负荷拉隔离开关,造成母线短路或人身事故。

3)某一段母线电压回路断线

(1)原因分析

①电压互感器二次熔断器熔断或接触不良(或二次开关跳闸)。

②电压互感器一次(高压)熔断器熔断。

③电压互感器一次隔离开关辅助触点未接通、接触不良(多在操作后发生),回路端子线头有接触不良之处,若高压熔断器熔断一相或两相时,二次开口三角出电压,母线接地信号可能报警。

④电压互感器一次侧隔离开关因机构箱内受潮使隔离开关分闸回路接通,造成一次侧隔离开关自分(在500 kV变电站曾经出现过电压互感器隔离开关自分,造成电压互感器失压、保护误动的事故)。

(2)处理方法

①先将可能误动的保护和自动装置退出,根据出现的现象判断故障。

②在二次熔断器或二次小开关两端,分别测量相电压和线电压判别故障,互感器二次串有一次隔离开关的辅助触点,还应在触点两端分别测量电压。

③若二次熔断器或端子线头接触不良,可拨动底座夹片使熔断器接触良好,或上紧端子螺钉,装上熔断器后投入所退出的保护及自动装置。

④二次熔断器熔断(或二次小开关跳闸),更换同规格熔断器,重新投入试送一次,成功后投入所退出的保护及自动装置,若再次熔断(或再次跳闸),应检查二次回路中有无短路、接地故障点,不得加大熔断器容量或二次开关的动作电流值,不易查找时,汇报调度和有关上级,由专业人员协助查找。

⑤若属一次隔离开关辅助触点问题,可汇报调度,先使一次母线并列后,合上电压互感

器二次联络连接片，投入所退出的保护及自动装置再处理问题，无上述条件，可先将一次隔离开关辅助触点临时短接，若不能自行处理，应汇报上级派人处理。

⑥若属一次隔离开关自分（此时失压后误动的保护已动作，有关断路器已跳闸），应立即将电压互感器一次隔离开关电动操作交流电源熔断器取下（或小开关断开），将失压后可能误动的保护（启动失灵）及自动装置退出，手动合上电压互感器一次侧隔离开关，经检查正常后，再加用已停用的保护及自动装置。

⑦若高压熔断器熔断，应退出可能误动的保护（启动失灵）及自动装置，拔掉二次熔断器（或断开二次小开关），拉开一次隔离开关，更换同规格熔断器；检查电压互感器外部有无异常，若无异常可试送一次，试送正常，投入所退出的保护及自动装置；若再次熔断，说明互感器内部故障，可使一次母线并列后，合上电压互感器二次联络连接片，投入所退出的保护及自动装置，故障互感器停电检修。

⑧与电压互感器二次联络时，必须先断开故障电压互感器二次开关，防止向故障点反充电。

⑨必须注意，电压互感器高压熔断器熔断，若同时系统中有接地故障，不能拉开电压互感器一次隔离开关。接地故障消失后，再停用故障电压互感器。

5.3.8　电压互感器一二次侧熔丝熔断后的现象及处理方法

1) 电压互感器一二次侧一相熔丝熔断后电压表指示值的反映

运行中的电压互感器发生一相熔丝熔断后，电压表指示值的具体变化与互感器的接线方式以及二次回路所接的设备状况有关，不能一概用定量的方法来说明，而只能概况地定性为当一相熔丝熔断后，与熔断相有关的相电压表及线电压表的指示值接近正常。在 10 kV 中性点不接地系统中，采用有绝缘监视的三相五柱电压互感器时，当高压侧发生一相熔丝熔断时，由于其他未熔断的两相正常相电压相位相差 120°，合成结果出现零序电压。在铁芯中产生零序磁通，在零序磁通的作用下，二次开口三角接法绕组的端头间会出现一个 33 V 左右的零序电压。而接在开口三角端头的电压继电器一般规定整定值为 25 ~ 40 V，因此有可能启动，而发出“接地”警报信号。在这里应当说明，当电压互感器高压侧某相熔丝熔断后，其余未熔断的两相电压相量，为什么还能保持 120°相位差（即中性点不发生位移）。当电压互感器高压侧一相熔丝熔断后，熔断相电压为零，其余未熔断两相绕组的端电压是线电压，每个线圈的端电压应为 1/2 线电压值。该结论在不考虑系统电网对地电容的前提下可以认为是正确的。但实际上，在高压配电系统中，各相对地电容及其所通过的电容电流是客观存在和不容忽视的。

各相的对地电容是与电压互感器的一次绕组并联。由于电压互感器的感抗相当大，故对地电容所构成的 X_c 远小于感抗。那么负载中性点电位的变化，即加在电压互感器一次绕组的电压对称度，主要取决于容抗。因为容抗三相基本是对称的，所以电压互感器绕组的端电压也是对称的。因此熔断器未熔断两相的相电压，仍基本保持正常相电压，且两相电压保持120°的相位差（中性点不发生位移）。此外，当电压互感器一次侧（高压侧）一相熔丝熔断后，由于熔断相与非熔断相之间的磁路还是畅通的，非熔断两相的合成磁通可以通过熔断相的铁芯和边柱铁芯构成磁路。结果在熔断相的二次绕组中，感应出一定量的电动势（通常在0～60%的相电压之间），这就是为什么当一次侧一相熔丝熔断后，二次侧电压表的指示值不为零的原因。

2）运行中电压互感器熔丝熔断后的处理方法

①运行中的电压互感器当熔丝熔断时，应先用仪表（如万用表）检查二次侧（低压侧）熔丝是否熔断。通常可将万用表档位开关置于交流电压挡（量程置于0～250 V），测量每个熔丝管的两端有无电压以判断熔丝是否完好。如果二次侧熔丝无熔断现象，那么故障一般是发生在一次高压侧。

②低压二次侧熔丝熔断后，应更换符合规格的熔丝试送电。如果再次发生熔断，说明二次回路有短路故障，应进一步查找和排除短路故障。

③高压熔丝熔断的处理及安全注意事项，10 kV及以下的电压互感器运行中发生高压熔丝熔断故障，应先拉开电压互感器高压侧隔离开关，为防止互感器反送电，应取下二次侧低压熔丝管，经验电证明无电后，仔细查看一次引线及瓷套管部位有无明显故障点（如短路、瓷套管破裂、漏油等），注油塞处有无喷油现象以及有无异常气味等，必要时应摇测绝缘电阻。在确认无异常情况时，可戴高压绝缘手套或使用高压绝缘夹钳进行更换高压熔丝的工作。更换合格熔丝后，再试送电，如再次熔断则应考虑互感器内部有故障，要进一步检查试验。更换高压熔丝应注意的安全事项如下：

a. 应有专人监护，工作中注意保持与带电部位的安全距离，防止发生人身触电事故。

b. 停用电压互感器应事先取得有关负责人的许可，应考虑对继电保护、自动装置和电度计量的影响，必要时将有关保护装置与自动装置暂时停用，以防止误动作。

c. 更换熔丝必须采用符合标准的熔断器，不能用普通熔丝代替。否则电压互感器一旦发生故障，由于普通熔丝不能限制短路电流和熄灭电弧，很可能烧毁设备和造成大面积停电事故。

5.3.9　互感器 SF_6 气体含水量超标处理的方法

运行中 SF_6 互感器气体含水量超标时，应进行脱水处理，其方法如下：

①准备好干燥的 SF_6 气体和回收气体的容器。

②将气体回收处理装置接入互感器本体上的自密封充气接头，回收互感器内的 SF_6 气体。

③启动气体回收处理装置，对回收 SF_6 气体进行处理。直至含水量等指标合格为止，准备重新使用。

④对互感器内部残存气体的清理，将真空泵连接到互感器本体上的自密封充气接头，抽真空至残压 133 Pa，持续 0.5 h，然后用干燥氮气多次冲洗，残余气体应经过吸附剂处理后排放到不影响人员安全的地方。

⑤将互感器内吸附剂取出，送入干燥炉内进行干燥处理。在 450 ~ 550 ℃下干燥 2 h 以上，为防止吸潮，应在 15 min 内尽快将干燥好的吸附剂装入互感器内。

⑥对互感器进行真空检漏，抽真空到残压约 133 Pa，立即关闭气体入口阀门，保持 4 h 再测量互感器残压，起始压力与最终压力差不得超过 133 Pa。如不符合要求，则互感器存在泄露，应予以处理。

⑦向互感器充 SF_6 气体，逐渐打开气体回收处理装置的阀门，缓慢地充入经处理合格的 SF_6 气体至互感器内。因 SF_6 气体在回收处理过程中有气体损耗，应再用符合标准要求的新 SF_6 气体补充至互感器内，直至达到额定压力。在当时气温下的实际压力可以按照互感器上的 SF_6 压力一定温度特性标牌查找。静置 24 h 后进行 SF_6 气体含水量测试，如达不到标准要求，则应检查处理工艺，再回收处理，直至合格。

5.3.10　互感器 SF_6 气体含水量超标处理方法

运行中 SF_6 互感器气体含水量超标时，应进行脱水处理，其方法如下：

①准备好干燥的 SF_6 气体和回收气体的容器。

②将气体回收处理装置接入互感器本体上的自密封充气接头，回收互感器内的 SF_6 气体。

③启动气体回收处理装置，对回收 SF_6 气体进行处理，直至含水量等指标合格为止，准备重新使用。

④对互感器内部残存的气体进行清理，将真空泵连接到互感器本体上自密封充气接头，抽真空至残压 133 Pa，持续 0.5 h，然后用干燥氮气多次冲洗，残余气体应经过吸附剂处理后排放到不影响人员安全的地方。

⑤将互感器内吸附剂取出，送入干燥炉内进行干燥处理，在 450 ~ 550 ℃下干燥 2 h 以上，为防止吸潮，应在 15 min 内尽快将干燥好的吸附剂装入互感器内。

⑥对互感器进行真空检漏，抽真空到残压约 133 Pa 时立即关闭气体入口阀门，保持 4 h 再测量互感器残压，起始压力与最终压力差不得超过 133 Pa。若不符合要求，则互感器存在泄露，应予以处理。

⑦向互感器充 SF_6 气体，逐渐打开气体回收处理装置的阀门，缓慢充入经处理合格的 SF_6 气体至互感器内。因 SF_6 气体在回收处理过程中有气体损耗，应再用符合标准要求的新 SF_6 气体补充至互感器内，直至达到额定压力。在当时气温下的实际压力可按互感器上的 SF_6 压力-温度特性标牌查找。静置 24 h 后进行 SF_6 气体含水量测量，如达不到标准要求，则应检查处理工艺，再回收处理，直至合格。

5.4 电压互感器铁磁谐振及虚幻接地

5.4.1 电压互感器铁磁谐振

1)铁磁谐振的原因

电压互感器一次侧接成星形且中性点直接接地时,各相绕组的电感 L 与对地分布电容 C_0 并联组成一个独立的 LC 振荡回路,可视为电源的三相对称负载。当电网遭受突然冲击时,会造成三相对地负载不平衡。当 L 与 C 的数值恰好达到电感和电容并联谐振条件,而三相回路的谐振频率等于电网的电源频率时,则电网中性点位移电压急剧上升,发生过电压,幅值可达 1.5 ~2.5 倍的最高运行电压,过电压可持续几百毫秒。

2)铁磁谐振的危害

电压互感器铁磁谐振常发生在中性点不接地的系统中,电压互感器铁磁谐振将引起电压互感器铁芯饱和,产生电压互感器饱和过电压。任何一种铁磁谐振过电压的产生都对系统电感、电容的参数有一定的要求,而且需要有一定的“激发”。电压互感器铁磁谐振通常受到的“激发”有两种:第一种是电源对只带电压互感器的空母线突然合闸;第二种是发生单相接地。在这两种情况下,电压互感器都会出现很大的励磁涌流,使电压互感器一次电流增大十几倍,诱发电压互感器过电压。

电压互感器铁磁谐振可能是基波(工频)的,也可能是分频的,甚至可能是高频的。经常发生的是基波和分频谐振。根据运行经验,当电源向只带有电压互感器的空母线突然合闸时易产生基波谐振,其现象是两相对地电压升高,一相降低,或是两相对地电压降低,一相升高;当发生单相接地时易产生分频谐振,其现象是三相电压同时升高或依次轮流升高,电压表指针在同范围内低频(每秒一次左右)摆动。

电压互感器发生谐振时其线电压指示不变,电压互感器发生铁磁谐振的直接危害是:由于谐振时电压互感器一次绕组通过相当大的电流,在一次熔断器尚未熔断时可能使电压互感器绕组烧坏;造成电压互感器一次熔断器熔断。

电压互感器发生铁磁谐振的间接危害是:当电压互感器一次熔断器熔断后,将造成部分继电保护和自动装置误动作,从而扩大事故。

3)铁磁谐振的处理

①当只带电压互感器的空载母线上产生电压互感器基波谐振时,应立即投入一个备用设备,改变电网参数,消除谐振。

②当发生单相接地产生电压互感器分频谐振时,应立即投入一个单相负荷。由于分频谐振具有零序分量性质,故此时投三相对称负荷不起作用。

③谐振造成电压互感器一次熔断器熔断，谐振可自行消除。但可能带来继电保护和自动装置的误动作，此时应迅速处理误动作的后果；如检查备用电源开关的联投情况，若没有联投应立即手动投入，然后迅速更换一次熔断器，恢复电压互感器的正常运行。

④发生谐振尚未造成一次熔断器熔断时，应立即停用有关失压容易误动的继电保护和自动装置。母线有备用电源时，应切换到备用电源，以改变系统参数消除谐振；如果使用备用电源后谐振仍不消除，应拉开备用电源开关，将母线停电或等电压互感器一次熔断器熔断后谐振便会消除。

⑤由于谐振时电压互感器一次绕组电流很大，应禁止用拉开电压互感器隔离开关或直接取下一次侧熔断器的方法来消除谐振。

5.4.2 电压互感器铁磁谐振处理

1）电压互感器铁磁谐振的现象及处理

铁磁谐振的产生都是在一定的电感、电容参数下，并在一定的"激发"下发生的，因此电压互感器的铁磁谐振也不例外。一般电压互感器铁磁谐振常常发生在中性点不接地的电网中（如35，10，6 kV电网）。电压互感器谐振时，会出现很大的励磁涌流，使得电压互感器一次电流增大几十倍，引起电压互感器铁芯饱和，诱发电压互感器产生饱和过电压。

电压互感器的铁磁谐振既可能是基波（工频），也可能是分频，甚至可能是高频，一般经常发生的是基波和分频谐振。根据运行经验，当电源向带有电压互感器的空母线突然合闸时易产生基波谐振，当发生单相接地时易产生分频谐振。

2）发生基波谐振的现象

两相对地电压升高，一相降低，或是两相对地电压降低，一相升高。电压互感器发生分频谐振的现象是：三相电压同时或依次轮流升高，电压表指针在同范围内低频（每秒一次左右）摆动。电压互感器发生铁磁谐振时其线电压指示不变。

3）电压互感器发生铁磁谐振的主要危害

①谐振时，电压互感器一次绕组通过相当大的电流，在一次熔断器尚未熔断时可能使电压互感器烧毁。

②造成电压互感器一次熔断器熔断，结果使得部分继电保护和自动装置误动作，从而扩大事故，有时甚至可能造成被迫停机事故。

4）电压互感器发生铁磁谐振时的处理

①当只带电压互感器的空载母线产生电压互感器基波谐振时，应立即投入一个备用设备，改变网络参数，消除谐振。

②当发生单相接地产生电压互感器的分频谐振时，应立即投入一个单相负荷。

5.4.3 电磁式电压互感器励磁特性不同引起的异常现象及防止方法

当采用3台单相电压互感器构成绝缘监察装置时，通常选用3台同一厂家、同一时期、同一类铁芯、励磁特性相同的单相电压互感器。若选用不当，会出现下述现象。

1）输出电压不平衡的处理

如某3台JDZJ-6单相三绕组电压互感器组成三相绕组作测量和保护用。当合闸时发现三相输出电压不一致，相差约20%。但是，当用一台单相电压互感器分别接到U，V，W三相电源上时，所测量的电压却非常一致。可以认为是产品本身的问题，现场验证性试验表明这个看法是正确的。

2）虚幻接地现象

某单位曾用3个厂家生产的励磁特性不同的电压互感器构成绝缘监察装置，然而投入运行后出现“虚幻接地”现象。上述异常现象产生的原因是3台电压互感器的励磁阻抗不等，相当于三相不对称负载，这样会中性点位移。零序电压叠加在正序的电源电压上，造成各相负载电压不平衡；零序电压也会在辅助二次绕组中出现。当励磁阻抗差别不太大时，只能导致输出电压不平衡；当励磁阻抗差别较大，并使开口三角绕组两端的零序电压大于绝缘监察装置电压整定值时，就会使得电压继电器动作，发出接地信号，从而造成“虚幻接地”现象。

3）防止的方法

①制造厂首先从材料检验入手，使得配套使用的电压互感器所采用的电工硅钢片的性能保持一致；其次在工艺上，使铁芯的加工方法保持一致，以确保配套使用的电压互感器励磁特性一致。

②运行单位应选用励磁特性相同的电压互感器。一般来说，同一厂家、同一时期生产的电压互感器，其励磁特性基本是相同的。

5.4.4 虚幻接地现象及虚实接地判别方法

1）虚幻接地现象

中性点不接地或经消弧线圈接地的电网属于小电流接地系统。在这种系统中，由于历史原因，绝大多数的电网实现有选择性的灵敏接地保护至今尚未很好解决，所以绝大多数电网是采用交流绝缘监视装置对接地故障进行监测的。只要电网三相对地电压不对称而使中性点发生位移，且位移电压达到动作整定值，装置就会无选择地显示及反映。运行经验表明，除单相接地外，造成中性点发生位移的原因很多，如铁磁谐振、负荷严重不对称等。这种非接地原因，导致绝缘监视装置发出“接地”信号的现象，通常称为虚幻接地现象。

2）虚实接地现象的判别

（1）单相接地

表 5.1 列出了判断接地故障相的主要方法。

表 5.1　判断接地故障相的主要方法

运行条件	接地故障相
中性点不接地	按正序，对地电压最高相的下一相
中性点经消弧线圈接地（欠补偿）	
中性点经消弧线圈接地（过补偿）	按正序，对地电压最高相的上一相

如某中性点不接地的 10 kV 电网，单相接地时 3 只相电压表的指示为 U 相 5.58 kV，V 相 4.83 kV，W 相 7.23 kV。此时，对地电压最高相为 W 相，因此可以判断接地故障相为下一相，即 U 相。

判断接地故障相的辅助方法，见表 5.2。

表 5.2　判断接地故障相的辅助方法

判断条件		接地故障相
$U_{min}<0.823U_{ph}$		指示 U_{min} 表所在相
$U_{min}\geq 0.823U_{ph}$	$\frac{U_{max}}{U_{min}}>1.732$ $\frac{U_{med}}{U_{min}}=1.732$ $\frac{U_{max}}{U_{med}}<1.732$	指示 U_{min} 表所在相无法判断 指示 U_{med} 表所在相

注：以上两种方法同时采用，可更准确迅速地判断出故障相。

（2）电压互感器高压熔丝熔断

致使接地保护动作，发出“虚幻接地”信号。若电压互感器高压熔丝熔断两相时，非熔断相电压表指示不变，熔断的两相相电压很小或接近于零，在开口三角上的电压也可能使得接地保护动作发出“虚幻接地”信号。利用非熔断相对地电压不变的特点就可与上述其他故障区别。

（3）耦合电容传递零序电压

如果消弧线圈 L_1 调节不当或因线路中发生断线、单相接地等故障，将出现较高的位移电压 U_c，并通常称为耦合电容传递零序电压。当零序位移电压大于接地保护动作整定值时，低压侧电压互感器就会发出“虚幻接地”信号。上述位移电压通过变压器绕组间的电容传递外，也可通过平行线路间的电容传递。严重时还可能产生传递过电压。防止对策主要是避免高压侧断路器的不对称开断或较长时间的三相不同期，避免在高压侧采用熔断器。

(4)电网三相对地电容不对称

当电网三相电源电压不平衡，而绝缘又未被破坏的情况下，由于 C_a，C_b，C_c 不相等也可产生零序电压，而在三相对地电容不平衡到某一程度时，就会引起接地保护动作，即出现“虚幻接地”现象。常见情况如下：

①架空导线不对称排列所致。

②使用 RW 型跌落式熔断器控制长线路时，由于熔断器的不同时性，造成三相对地电容短时间内极度不平衡，导致装置短时出现虚幻接地信号，这一情况与断线类似。

③变电站空载充电，由于 10 kV 母线对地电容不对称，致使装置发出“虚幻接地”信号。

④在中性点经消弧线圈接地的电网中，由于线路换位不好或线路某一相绝缘下降，引起中性点位移，导致接地保护动作发出“虚幻接地”信号。

(5)雷电感应过电压

由于中性点不接地电网中的雷电感应过电压三相基本相同，将使电压互感器开口三角绕组出现含有低频分量的电压或过电压，使得接地保护动作，发出短暂的“虚幻接地”信号。

表 5.3 列出了各种主要故障的特点，供比较时参考。

表 5.3　各种故障的特点比较

故障类型	各相对电压特点	故障相判别	开口三角绕组电压值及现象
单相完全接地	一相电压为零，两相升高为线电压	电压为零的相为接地相	100 V 电压指示稳定
单相不完全接地	一相电压降低但不到零，两相升高但不相等，其中一相可略高于线电压	电压降低的相为接地相	<100 V 电压指示不稳定
	一相电压升高不超过线电压，两相电压降低但不相等	中性点不接地电网，升高相的下一相为接地相	
单相断线	一相电压升高不超过 $1.5U_{ph}$，两相电压降低且相等，不低于 $0.866U_{ph}$	电压升高相为断线相	<100 V
两相断线	一相电压降低但大于零，两相电压升高相等，不超过线电压	电压升高的两相为断线相	<100 V
基频谐振	一相电压降低，两相电压升高超过线电压		<100 V

续表

故障类型	各相对电压特点	故障相判别	开口三角绕组电压值及现象
分频谐振	三相电压升高,过电压不高,电压表指针有抖动现象		>100 V 或<100 V
高频谐振	三相电压同时升高,过电压较大		>100 V
电压互感器一相高压熔丝熔断	两相电压表指示为相电压,一相电压表降低	电压降低的相为熔断相	33.3 V 电压指示稳定
电压互感器两相高压熔丝熔断	一相电压表指示为相电压,两相电压表降低	电压降低的两相为熔断相	
电网对地电容不对称	三相电压常常各不相同,最低相大于零		<100 V 电压指示稳定
耦合传递零序电压	三相电压不同		<100 V
雷电感应过电压			短暂信号

5.5　电压互感器典型故障处理举例

5.5.1　某 110 kV 母线电压互感器回路二次快速下开关跳闸处理

1)故障现象

①母线电压表、有功功率表、无功功率表(包括母线上的主变压器及馈线有功功率、无功功率表)指示到零,电流表有读数。

②"主变压器 220 kV 电压回路断线""220 kV 母差交流电压回路断线""振荡闭锁电压失却"等光示牌亮。

③故障录波仪器动作。

2)故障处理

①向调度汇报。

②停用该母线上失去电压后或恢复电压时容易造成误动作的保护装置出口连接片,如

距离保护等。

③停用录波仪(可能造成又启动)。

④了解是否有可能是继电保护人员或其他人员在电压互感器二次回路上工作误碰造成短路。

⑤不准用220 kV母线电压互感器二次并列开关将Ⅰ、Ⅱ母线上的电压互感器二次回路并列,防止引起事故扩大。试送二次快速小开关,若不成功应汇报主管部门派继电保护人员处理。

3)处理故障注意事项

①220 kVⅠ、Ⅱ母线上的电压互感器的二次并列开关应经常断开。如为双母线接线时,只有当母联断路器合上改为非自动后,才能并列电压互感器二次回路。拉开电压互感器二次并列小开关,应在220 kV母联断路器改自动以前。

②操作过程还应注意防止因电压互感器二次并列时对另一冷备用母线的倒充电,而使正常运行电压互感器小开关跳闸。

③电能表专用快速小开关一相跳闸,将会使得电能表转慢,但不易发现,只有当月底结算电量平衡时才会发现。

④操作母线隔离开关后还应注意隔离开关副触点的切换情况。1 kV和2 kV的线圈是依靠副触电切换来完成Ⅰ或Ⅱ母线电压回路的。

5.5.2 某35 kV母线电压互感器高压熔丝熔断处理

1)故障现象

①熔断相相电压降低或接近于零,完好相相电压不变或稍有降低,断路相切换至完好相时线电压可能下降(实际运行在似断非断时),电压互感器有功、无功功率表指示降低,电能表走慢。

②主变压器35 kV"电压回路断线"。电容器"电压回路断线"(保护接母线电压互感器)、"母线接地"及35 kV"掉牌未复归"告警。

③检查高压熔丝时,可能有"吱吱"声。

2)故障处理方法

①向调度汇报。可用电压切换开关切换相电压或线电压,以判别哪一相故障。

②停用该母线上可能误动保护(距离、低频)的跳闸连接片。

③拉开电压互感器隔离开关,做好安全措施后,更换相同规格的高压熔丝。试运不成功,连续发生熔断时,可能为互感器内部故障。应汇报调度,并查明原因。

④检查是否为电压互感器内部故障时,可在停用后手摸高压熔丝外壳绝缘子部分以查明是否为内部过热,也可以用绝缘电阻表遥测绝缘电阻加以判断。确认为互感器内部故障时,应汇报工区及调度。

5.5.3　某电磁式电压互感器铁磁谐振引起的事故处理

1)事故情况

在某变电站与系统并网运行中,曾 3 次发生电压互感器一次侧熔断器(RN-10/0.5)熔断事件,其中两次为 U 相熔断,一次为 V 相熔断。熔断器熔断使得电压互感器开口三角形绝缘监察继电器 KI 动作,接地光字牌、断线光字牌亮,同时引起低电压减载保护,低频率保护动作,使得两台变压器断路器和母联断路器跳闸。在退出保护拉出电压互感器柜小车之后换上熔断器,一切恢复正常。由于这是发生在发电机运行初期,当时推测为电压互感器励磁特性不良,并未引起足够的重视,之后有一次上级送电单位 110 kV 变电站停电,停电约3 h 后恢复送电,送电时又发生电笛、电铃报警,同时中央控制屏系统接地、系统断线光字牌亮,以及公共设备继电器屏低压减载保护、低频率保护动作发信号。立即到高压室进行检查,开门即闻到胶木、绝缘漆焦煳味,同时从进线电压互感器柜发出"呲呲"燃烧声和间断电弧光。立即用 CO_2 灭火器灭火,随即联系 110 kV 变电站停电。检查后发现进线电源电压互感器 U 相严重烧毁,骨架爆裂。

2)事故原因分析

四次事故情况类似,说明存在共性问题,发生第四次事故后,分析有以下几种可能:

①电磁式电压互感器励磁特性不良。

②室内潮湿引起电压互感器绝缘击穿、匝间短路。

③电压互感器二次侧负荷过大或短路。

④电磁式电压互感器引起铁磁过电压。

经过一系列认真试验,电压互感器本身不存在质量问题。经计算,电压互感器二次侧负荷并未超过额定容量,同时也能判断二次回路无短路点。由此推测前三种可能性较小,最大的可能是铁磁谐振引起的。但是铁磁谐振存在很大随机性,很难明确判断。于是先恢复生产,进一步观察、分析。

此后一段时间操作人员时常反映拉出电压互感器柜检查时,发现某一相或两相一次侧熔断器很烫手(一次侧熔断器阻值为 100 Ω 左右,电流大时发热严重),推测电压互感器一次电流较大,仍存在隐患。值班人员监视系统电压和绝缘监察装置。后来又反映发电机频率曾在短时间内(约持续 5 min)达到表盘最大值(55 Hz),绝缘监视三相相电压均达到 8 500 V,远远高于正常值 6 060 V。在此期间,发电机与系统并网运行,转速稳定,励磁电流稳定。即与上级供电单位 110 kV 变电站联系,得知大系统未出现异常。

根据上述一系列情况,经仔细分析推断是电磁式电压互感器引起铁磁谐振过电压所致。由于该变电站进线电源、Ⅰ段和Ⅱ段母线 4 个电压互感器柜,与 110 kV 变电站所有电压互感器相并联,其并联电感与导线对地电容组成一个接近谐振回路。当系统突然送电或避雷器对地放电时,有可能满足谐振条件而出现谐振过电压。如果谐振时间较短,会使得电压互感器一次侧熔断器发热甚至熔断；如果谐振自保持时间较长，则可能使得电压互感器燃烧爆炸。

3）事故处理

①选用电容式电压互感器。

②在电压互感器零序回路加入阻尼电阻。

③增加对地电容（在母线上装设中性点接地电容器组）。

④在电压互感器零序回路装设专用消谐器。

该站在主控室装设了两台微电脑多功能消谐装置。该装置能在电网谐振时使零序回路短接而向电网施加阻尼达到消谐目的。谐振消除后自动复位。装设消谐器后，该站未再次出现类似故障。

5.5.4 某电压互感器烧毁故障处理

1）事故现象

某新建的 35 kV 变电站有两段 10 kV 母线，每段都装有由 3 台 JNZJ-10 型电压互感器组成的电压互感器组。把 10 kV 母线分段投入试运行时，遇到一些奇怪的现象：第Ⅰ段母线送电后，该段母线上的电压互感器二次侧电压值很不平衡，而且开口三角处也出现了很高的电压。立即停电对 10 kV 母线及电压互感器等作了全面的检查和试验，结果没有发现任何问题。再次投入运行时，三相电压仍然很不平衡，而且使该组互感器中的两相很快烧损。怀疑是电压互感器的质量问题。于是换上不同厂家生产的、经全面试验合格的互感器进行几次试投，但二次侧电压值有时正常，有时又不正常，而且每次投入的电压数值也不相同，并伴有接地信号。连续 5 次投入后的测试结果见表 5.4。

表 5.4　测试数据

测试顺序	各相电压			开口三角电压 U_Δ	线电压 U_l
	U_u	U_v	U_w		
第一次	79	66	60	147	100
第二次	60	40	82	170	100
第三次	60	60	60	0	100
第四次	31	68	80	165	100
第五次	64	66	50	48	100

2）事故原因分析

经过反复测试和分析后认为，这种奇怪现象实际上就是供电系统中偶然发生的铁磁谐振。当供电系统各相对地电容形成的容抗与线路上所接入的电压互感器各相的综合感抗数值相近或相等时,就会发生铁磁谐振现象。因为在 10 kV 母线段试送电时并冒烟投入其他供电回路,母线本身约 10 m 长,所以每相对地电容 C_0 值很小,即各相容抗 X_c 较大。单组电压互感器的各相感抗 X_L 值也较大,二者数值接近。

出现各相电压不平衡,而且每次投入时电压数值又不断变化的原因是:由于各相母线对地的相对位置不同,故各相对地电容的大小有差异;另外每次投入电压互感器时各相的接触电阻以及同期性都随着手车推入的速度、力量大小的变化而变化,所以引起的各相谐振程度就不一样。由于各相电压在铁磁谐振时的严重不平衡,使电压互感器组二次侧开口三角处感应出很高的电压。铁磁谐振对供电系统的危害是很大的,它可引起供电系统中供电线路三相、两相或单相对地电压升高,使得电气设备或线路中的绝缘薄弱点被击穿,造成接地或短路从而引起大面积停电事故。它也可能使得变压器、断路器的套管发生闪络和损坏,或避雷器爆炸等。

3)事故处理

可采取改变供电系统中一些电气参数,以破坏产生谐振条件的办法。如可在电压互感器的开口三角处并接 50～60 Ω、500 W 左右的阻尼电阻;或在电压互感器高压侧的中性点到地之间串接一只 9 kΩ、150 W 的电阻,用以削弱或消除引起系统谐振的高次谐波。当系统中只有一组电压互感器投入时,可以投入部分备用线路,以增加分布电容值来防止谐振的发生。

5.5.5　某电压互感器缺接地线造成事故处理

1)故障现象

某 2 号发电机投入运行后,曾多次出现非金属性接地故障,接地信号有时持续一段时间,有时一瞬间就消除了。值班人员对 2 号发电机一次设备进行检查,并检查电压互感器一二次熔断器,经查找,未发现接地点和出现接地信号的原因。只好给运行人员交代发电机定子可能存在故障隐患,要加强监视。

这种现象随机出现,原因不明,因在小接地短路电流系统中发生单相接地时,相间电压保持不变,因此规程规定可以允许短时(2 h)运行不切除故障设备。但是非故障相的对地电压将升高 3 倍;特别是当发生间歇性电弧接地时,未接地相的对地电压可能升高到相电压的 2.5～3.0 倍。这种过电压对系统安全威胁很大,可在绝缘薄弱处引起另一相对地击穿,发展成为两相接地短路,甚至烧坏发电机定子铁芯。因此,一旦接地故障发生后,必须在 2 h 以内将故障隔离,否则将扩大事故。

2)故障原因分析

为了尽快查明原因,将绝缘监视用电压互感器高压侧熔断器断开两相,在只有一相熔断器的情况下投入,用万用表测二次开口三角形绕组两端电压是否与接地电压表指示相符。当测试人员表笔靠近电压互感器的铁芯时,在还有一定距离的情况下就被电击,幸运的是未造成伤亡。这说明互感器铁芯带有高电压，已将铁芯与表笔间的空气间隙击穿。接地的铁芯怎么会带电呢？为此，对电压互感器作停电检查。发现生产厂家将电压互感器高压侧中性点接地改为接至铁芯后再经铁芯接地，而实际上铁芯对地又是绝缘的即中性点未接地。当电压互感器高压一相投入时，铁芯对地带有一相电压，在万用表表笔靠近时，会使一定距离的空气隙击穿，使得测量人员被电击。

电压互感器高压中性点未接地的发现，也就弄清了以往随时出现接地故障的原因。其实这种接地是假象，是由于系统电压或负荷不对称，造成中性点位移，产生较大的零序电压致使继电器动作，发出接地信号。

3）事故处理

①按照常规，电压互感器铁芯是接地的，高压侧中性点经铁芯再接地也是允许的，而进行测量前分析时常会忽视铁芯不接地的可能，因而造成"少根接地线，险些电死人"的事故。

②当厂家生产的电气设备运到现场后，安装单位应认真检查；使用单位在投运前应认真组织验收。严格把好这两道关，类似事故是可以避免的。

③对电压互感器的铁芯增加两根接地线，其导线截面应符合《交流电气装置的接地设计规范》（GB/T 50065—2011）的规定，并满足热稳定的要求。

第6章　电压互感器典型故障案例分析

6.1　制造安装工艺不良造成的故障

6.1.1　故障案例1

1)故障简述

某CVT型号为WVB220-10H,额定电压为$220/\sqrt{3}$ kV。投运前试验合格后投入运行(投运前试验数据与交接数据基本一致),运行约10 min,该CVT二次电压由原58 V降至49 V,开口三角电压为31 V。

2)试验分析

对该电压互感器进行绝缘电阻试验检查,一次绕组对地绝缘为0.7 MΩ,二次绕组(0.2/0.5/3P)对地绝缘分别为10 000,2,40 MΩ,初步判断CVT中间变压器存在故障。表6.1列出了投运前交接试验、出厂试验数据比较。

表6.1　投运前交接试验、出厂试验数据比较(温度26 ℃,湿度65%)

电容单元	C_{11}	C_{13}	C_2
出厂电容量(C_n)/pF	19 973.9	28 326.2	67 461.3
测试电容量(C_x)/pF	19 941	28 449	67 838
介质损耗(tan δ)/%	0.053	0.077	0.096
电容量误差(ΔC)/%	0.16	0.43	0.56
极间绝缘电阻/MΩ	10 000	11 000	10 000
二次对地绝缘电阻/MΩ	1a-1n	2a-2n	da-dn
	10 000	10 000	10 000
备注	相关介损试验均用AI-6 000电桥测量,自激法;阻尼电阻测试值为3.4/5.1 Ω,N点绝缘电阻为3 000 MΩ,E点绝缘电阻为3 000 MΩ		

根据规程相关规定:110 kV 及以上电容式电压互感器例行试验时,分压电容器极间绝缘电阻≥5 000 MΩ,二次绝缘电阻≥10 MΩ,电容量初值差≤ ±2%,膜纸复合绝缘电容单元介质损耗值 tan $\delta \leqslant 0.25\%$。由此可以判断试验结果为合格。

表 6.2　异常后检查性试验(温度 28 ℃,湿度 68%)

电容单元	C_{11}	C_{13}	C_2
出厂电容量(C_n)/pF	19 973.9	28 326.2	67 461.3
测试电容量(C_x)/pF	19 951	28 552	67 586
介质损耗(tan δ)/%	0.059	5.115	2.652
电容量误差(ΔC)/%	0.11	0.8	0.18
极间绝缘电阻/MΩ	10 000	11 000	10 000
二次对地绝缘电阻/MΩ	1a-1n	2a-2n	da-dn
	10 000	2	40
备注	相关介损试验均用 AI-6 000 电桥测量,自激法;阻尼电阻测试值为 3.4/5.1 Ω,*N* 点绝缘电阻为 2 000 MΩ,*E* 点对地绝缘电阻为 0.7 MΩ		

从表 6.2 试验数据来看,二次绕组 2a-2n 的绝缘基本为零,da-dn 的绝缘只有 40 MΩ,由此可以推测中间电压互感器一、二次回路均出现了绝缘事故。CVT 依然能够采用自激法进行测量,说明铁芯的磁路没有异常,一次绕组、二次绕组均能承受较低的电压,测试过程中电流数值明显变高,比设备正常时测量提高约 30%,说明故障 CVT 存在匝间短路的可能性更大。CVT 中两节电容的电容量测试值前后变化不大,并与出厂值之间的误差也在规程规定的 ±2% 以内,由此可推测电容单元本身无电容屏击穿或者短路缺陷,一、二次电压降低的原因并不是电容单元电容量的变化使 C_2 两端电压降低造成的。至于 CVT 内电容单元介损远远超过规程规定的 0.5%,可能是由于中间变压器损坏,其油缸中的绝缘油发生劣化,累加在电桥的测量中,体现为电容单元的介质损耗因数增大,这需要解体后通过拆开中间变压器一次接线,进行电容单元的正接法测试进行确定。

表 6.3　油色谱检查数据试验结果

气体组合	CH_4	C_2H_4	C_2H_6	C_2H_2	H_2	CO	CO_2	总烃
含量/($\mu L \cdot L^{-1}$)	620.79	597.35	264.31	1 911.52	298.91	4 250.39	10 236.36	3 393.97

由表 6.3 可知,$C_2H_2/C_2H_4>3$,$2<CH_4/H_2<3$,$2<C_2H_4/C_2H_6<3$,按照三比值法故障编码为[221],其故障类型为电弧放电兼过热,故障 CVT 中的绝缘油已发生严重劣化。

为了验证 CVT 二次电压降低是否因二次绕组匝间短路引起的缺陷,对故障 CVT 二次绕组又进行了直流电阻的测试。

表 6.4　二次绕组绝缘电阻

绕组	1a-1n	2a-2n	da-dn
出厂试验(20 ℃)/Ω	0.017 49	0.026 72	0.083 69
此次试验(28 ℃)/Ω	0.018 20	0.025 93	0.075 87
此次试验(20 ℃)/Ω	0.017 65	0.025 15	0.073 59
20 ℃下误差/%	0.91	-5.87	-12.06

由表6.4可知,2a-2n和da-dn两个二次绕组直流电阻明显变小,可以判断二次绕组确实存在匝间短路的现象,可以推断二次电压降低跟二次匝间短路存在一定关联。故障后对 E 点进行绝缘电阻测量时为0.7 MΩ,几乎为零,因此推测中间电压互感器一次线圈(包括调压线圈及补偿电抗器绕组线圈)存在绝缘缺陷,由于此型号CVT中间变压器封装在本体油缸内部无法直接查找,因此对该设备进行返厂解体。

3)解体检查

在对该电压互感器进行解体检查后,如图6.1—图6.3所示。

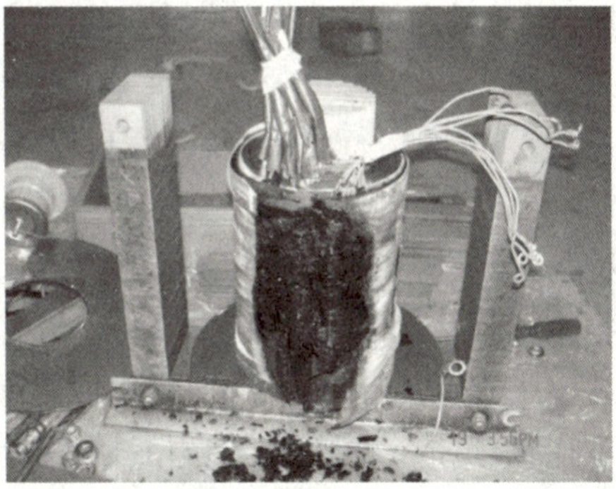

图6.1　导线破损处与接线桩头

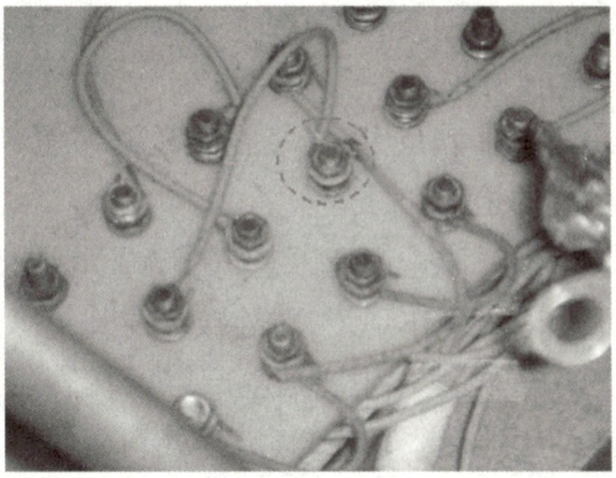

图6.2　调节线圈现状

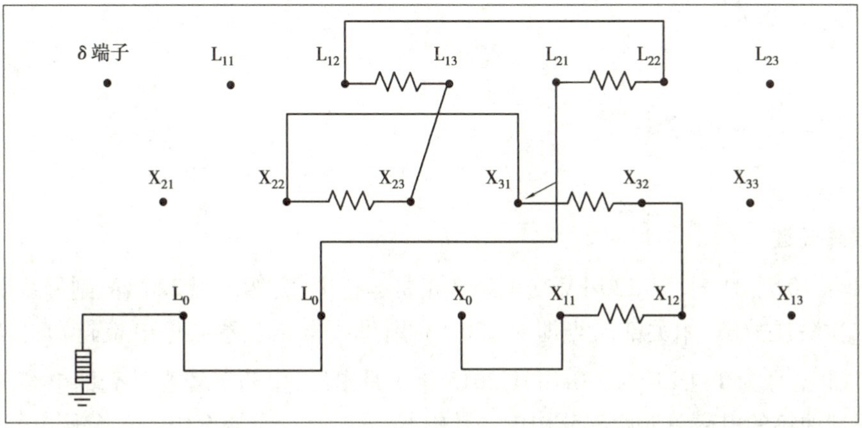

图6.3　中间变压器调节板

对故障 CVT 进行解剖，结果发现：

①CVT 的中间变压器调节板上 L_{21} 到 L_0 之间的连接线的绝缘护套有破损情况，且破损处靠近 X_{31} 桩头（图 6.1），破损处有放电形成的发黑痕迹。

②CVT 的一次调节线圈烧损严重（图 6.2），并且波及邻近的二次线圈。

③对 CVT 电容单元进行正接法测量，其介质损耗因数为 0.082%/0.093%，说明电容单元未出现明显异常。

返厂解体后检查结果同试验分析结果基本一致。

4）故障结论及防范措施

（1）故障结论

CVT 故障是由于连接调节绕组接线桩头 L_{21} 与 L_0 的导线外绝缘护套存在破损缺陷，在 CVT 投运时，由于受到操作过电压的冲击，导线破损处对邻近的 X_{31} 桩头放电，致使调节线圈 $X_{23}X_{22}$—$L_{13}L_{12}$—$L_{22}L_{21}$ 之间形成短路，使一次绕组部分线匝及补偿电抗器部分线匝被短接，致使一次绕组交流阻抗减小，一次电流超过额定值，造成一次绕组短路烧损并且波及邻近的二次线圈，引起 CVT 故障。

（2）防范措施

①加强 CVT 的运行维护工作，加强红外测温的开展和对 CVT 二次输出电压参数的监测。

②如条件满足，应安装在线监测装置，实时监测 CVT 的运行状况，及时发现设备异常，作出必要的检查和处理。

③加强或改进制造工艺，在 CVT 调压板桩头处采用硬连接的方式，防止在安装过程中由于工作人员操作不当，对连接导线外绝缘造成损伤。

该 CVT 的故障主要是生产厂家在安装过程中，因安装工艺不到位，使用表面绝缘破损的一次调压连接线，导致其破损处与相邻桩头放电连接，造成中间变压器调压线圈部分匝间短路并烧损，甚至波及相关二次绕组，使相关二次绕组也发生匝间短路，造成故障扩大。因此，对于新设备应加强出厂验收环节，有条件时应进厂验收，严格监督厂家的制造及安装工艺，严把出厂验收关。

6.1.2 故障案例 2

1）故障简述

2018 年 10 月 31 日，某 220 kV 变电站在正常运行中，突然出现 220 kV 副母线电压互感器 B 相二次失压故障，相关部门当即对 220 kV 副母线电压互感器停电检查和更换故障设备。该 CVT 型号为 TYD220/$\sqrt{3}$-0.01H，2015 年 3 月出厂，由两节瓷套外壳的电容分压器和安装在下部油箱的电磁单元两部分构成。其中 C_{11} 安装在上节瓷套内，C_{12} 分压电容和 C_2 共装在下节瓷套内。其电容量分别为：C_{11} = 19 615 pF，C_{14} 和 C_2 串联后的电容量为 19 705 pF。

2）试验分析

故障发生后，在运行状态下，电气试验人员分别直接对 3 个二次电压线圈进行输出电压测量，确认电压输出为零，现场检查电容式电压互感器外观正常，无异响现象。并分别测量该 CVT 上下节分压电容的绝缘电阻、介质损耗因数、电容量和中间变压器的二次绕组直流电阻、绝缘电阻以及绝缘油化验分析。

通过试验，分析该 CVT 上节绝缘电阻、介质损耗和电容量均在合格范围内，因此可排除上节电容分压器的因素。但在对下节和电磁单元试验时发现了较多异常的试验数据，下节整体绝缘电阻只有 4 000 MΩ，小于合格标准的 5 000 MΩ，在采用自激法测量 C_{12} 和 C_2 的介质损和电容量时，仪器显示高压无信号，初步判断一二次之间的电压关联已经被破坏，但二次绕组绝缘和直流电阻合格，故可排除二次绕组因素。异常试验数据见表 6.5。

表 6.5　异常试验数据

试验项目	试验数据	合格标准
下节绝缘电阻（含电磁单元）/MΩ	4 000	>5 000
介质损和电容量测量（自激法）	高压无信号	与初值差≤2%，同相两节电容量相差≤5%

异常试验数据反映出该 CVT 下节和电磁单元绝缘状况较差，一二次之间的电压关联已经被破坏，其二次失压故障可能是电磁单元一次引线、绕组断线或接地原因造成的。

通过对该台 CVT 绝缘油化验分析发现，氢气和总烃产量均超标，且油中含有 C_2H_2，表明中间变压器内部有电弧放电现象，具体数据见表 6.6。

表 6.6　油化试验数据

设备名称	H_2	CH_4	C_2H_6	C_2H_4	C_2H_2	总烃	CO	CO_2
副母 CVT（B 相）/（$\mu L \cdot L^{-1}$）	292	960	375	6 895.4	86.6	8 317.9	6 946	120 029
检测结论：副母电压互感器 B 相，三比值编码为 022，高于 700 ℃高温范围的热故障								

根据油化验数据，分析该故障可能是电磁单元一次引线、绕组断线造成的。

3）解体检查

根据试验分析，有针对性地对该 CVT 进行解体检查。工作人员打开电磁单元油箱法兰后，发现有刺鼻和刺眼的油气散出，随后将电容器单元吊离下节油箱，发现电磁单元变压器至分压电容器之间的连接线因过长而与箱壳碰接，并有明显的烧伤放电痕迹，连接引线已经断裂，如图 6.4 所示。

图 6.4 电磁单元变压器至分压电容器之间的引线已断裂

4）故障结论及控制措施

此次 CVT 故障原因主要是电磁单元变压器至分压电容器之间的连接线因过长而与箱壳碰接，过热后导致短路接地引起的。控制措施如下：

①运维人员应加强 CVT 设备巡视，当设备出现异常苗头时能作出正确的判断和处理。

②制造厂加强最下节瓷套和油箱电磁单元电气联结部分的绝缘强度，严格遵照设计工艺，保持各连接线对地及器件之间的距离，严把出厂试验、外购器件的质量关。

6.1.3 故障案例 3

1）故障简述

某 220 kV 变电站线路送电后，检查线路带电情况，发现 220 kV 线路 C 相电压为 126 kV，A 相、B 相均为 136 kV，现场检查保护测控装置二次采样电压为：A 相 61 V、B 相 61 V、C 相 57 V，但未达到保护报警条件，对侧三相电压均正常。进一步检查 CVT 端子箱，发现无端子松动等其他异常，在端子排及 CVT 的二次端子处用万用表测量电压，均与二次采样电压一致，初步判断为 CVT 异常，当即申请停电检查。

2）故障检查及原因分析

采用直流电阻测试仪测量极间二次绕组直流电阻，测量结果见表 6.7。采用 2 500 V 兆欧表测量极间绝缘电阻。采用自激法测量电容量和介损，试验电压为 2 kV，测量结果见表 6.8、表 6.9。

表 6.7　二次引线直流电阻测量值

绕组	1a-1n	2a-2n	3a-3n	da-dn
A/Ω	0.25	0.24	0.24	0.29
B/Ω	0.23	0.24	0.23	0.25
C/Ω	0.26	0.23	0.23	0.28

注:温度为 6 ℃,湿度为 22%。

分析表 6.7 中的数据可知,二次引线不存在短路问题,由此可判断该 CVT 二次电压降低不是中间变压器二次引线部分匝间短路造成的。

表 6.8　三相介质损耗及电容量试验结果

C_2	铭牌值/pF	测量值/pF	tan δ/%	绝缘/MΩ
A	65 775	66 970	0.090	>5 000
B	65 191	67 060	0.094	>5 000
C	65 501	72 750	0.093	>5 000

注:温度为 7 ℃,湿度为 24%。

表 6.9　C 相介质损耗及电容量试验结果

C 相	测量值/pF	tan δ/%	绝缘/MΩ
C_{11}	20 050	0.080	>5 000
C_{12}	28 740	0.083	>5 000
C_2	72 750	0.099	>5 000

注:温度为 7 ℃,湿度为 23%。

分析表 6.8 中的数据可知,C 相电容量的测量值超出铭牌值 11%,电容量分压计算得出二次电压减少 5 V 左右,与实际测量结果相符,因此可以判断 C 相电压降低是其 C_2 电容量增加造成的。对比分析表 6.8 中的试验数据与历年的试验数据可知,C 相 C_{11},C_{12} 的电容量和介损未见明显异常;C_2 的电容值显著增加,介损变化较小。根据 CVT 的工作原理,二次电压的大小与中间变压器的变比和分压电容的电容大小有关,C 相二次电压仅是降低并未完全失压,因此不可能是电磁单元变压器一次引线断线或接地、二次匝间短路等故障所致,需进一步解体检查,诊断故障原因。

经对 C 相 CVT 进行了解体检查发现:当电容器单元稍微吊离下节油箱时,发现固定 δ 端子的 4 只螺栓少了 1 只。将油箱中的油抽出,发现油呈黑褐色,并泛起黑褐色的泡沫,并有气体逸出。当油被全部抽完后,发现有螺栓落在中间变压器一次绕组抽头的接线柱间,并在螺栓与接线柱接触的地方,发现有短路放电痕迹;中间变压器绕组上缠绕的白布带已被烧成黑炭质,铁芯中间鼓起,最外层的硅钢片变形严重;油箱内壁沾满了含有炭质的油渍。拆开出线端子盒上方的盖板,发现盖板因内部压力太大已经鼓肚。由此,可诊断出 CVT 的故障原因是中间变压器一次线圈烧损。

3)故障结论及控制措施

进一步分析造成一次线圈烧损的原因是:固定 δ 端子的一只螺栓松动,在交变电磁场的作用下不断振动、转动和向下移位,最后脱落掉入中间变压器一次绕组的接线柱中,使一次绕组部分线匝被短接,导致一次绕组交流阻抗减小;一次电流超过额定值,造成一次绕组短路烧损。

电容式电压互感器故障大多发生在耦合电容或分压电容部分,而此类故障往往导致二次电压异常,影响保护装置正常运行,或进一步诱发贯穿性击穿故障,威胁到一次设备安全。反事故措施应从运行维护、设备故障查找、缺陷快速处理等方面着手,加强设备出厂时的中间验收。

6.1.4 故障案例 4

1)故障简述

2016 年 3 月 6 日 4 时 40 分,某 220 kV 变电站在电网正常运行的条件下,运维人员发现 110 kV 2 号母线保护断续发出“PT 断线”异常信号,经仔细检查测量发现 110 kV 2 号母线电压互感器 C 相二次电压偏低,母线电压互感器外部检查未发现异常。3 月 7 日 6 时左右,值班人员再次检查 2 号母线电压互感器时听到 C 相内部有放电声响,当即决定对 2 号母线电压互感器进行停电检查。检修人员在现场对 2 号母线电压互感器 C 相进行检查与试验,分别测量了分压电容的绝缘电阻、介质损耗因数、电容量和中间变压器的直流电阻、绝缘电阻,并与 A,B 相数据进行对比,结果均无异常。14 时 20 分,2 号母线电压互感器恢复运行正常。22 时 32 分,110 kV 母线保护断续发出“PT 断线”异常信号。经检查发现,110 kV 2 号母线电压互感器 C 相二次电压偏低,使用万用表测量 C 相二次电压约为 54 V,外部检查发现 2 号母线电压互感器 C 相有间隙放电声。当即汇报地调,将 110 kV 2 号母线电压互感器由运行改为冷备用,并合上母联断路器。对 2 号母线 C 相电压互感器进行取油样分析,结果显示为 H_2 超标(表 6.10),需更换电压互感器,于是紧急从其他变电站内抽调 1 台母线电压互感器,安装完毕后运行正常,变电站 110 kV 系统恢复原运行方式。

表 6.10 试验结果

设备名称	H_2	CH_4	C_2H_6	C_2H_4	C_2H_2	总烃	CO	CO_2
2 号 CVT C 相 /($\mu L \cdot L^{-1}$)	12 637	5 376.5	4 329.6	15 066.2	48 024.3	72 796.6	4 765	5 127
检测结论:2 号 CVT C 相,三比值编码:202 低能放电,氢气产气量超过 150,乙炔产气量超出 3,总烃产气量超出 100。								

2)原因分析

由 CVT 工作原理可知,在正常状态下,分压电容和油箱电磁单元所承受的电压为 13 kV,而 CVT 承受的电压为 110/3 kV,如电磁单元部分对地短接,将不承受 13 kV 的电压,二次将失去电压输出,对设备整相承受电压的能力影响较小。因此,在 CVT 能够承受系统正常电压的前提下,结合其结构特点,可能会引起 CVT 二次失压故障的原因如下:

①电磁单元一次引线、绕组断线或接地。

②分压电容 C_2 短路。

③与电磁单元中变压器并联的氧化锌避雷器击穿导通。

④各分压电容之间的连接断线。

⑤油箱电磁单元烧坏、进水受潮等其他故障。

⑥接地端连接不牢固;N,P 连接不牢固或放电。

(1)电气试验

该 CVT 型号为 WVB110-20H,2014 年 5 月 10 日投入运行时,电气试验人员首先采用自激法测试了 CVT 的高压电容 C_1、中压电容 C_2 以及总电容量,并对其介质损耗再次进行了测量,与设备出厂时和投运前的试验数据相比变化欠明显,说明电容分压器单元无异常。为查验 CVT 电磁单元是否正常,在 CVT 的一次侧加交流电压,测试二次电压值。根据试验情况和数据,初步判断电磁单元内部可能存在一次绕组接头松动、一次绕组或引线烧断后所形成的电阻性连接,或绕组存在轻微匝间绝缘不良。

(2)油样分析

通过对该台 CVT 取样分析发现,其 C 相油样异常,各种特征气体含量均严重超标,且油中含大量乙炔,表明内部有严重的电弧放电现象。由于 CO 和 CO_2 含量相对数值不大,可判断故障部位不在绕组和铁芯部位,而在接头或引线处。

3)解体检查和故障处理

2016 年 5 月,该电力公司会同厂家工作人员对故障 CVT 进行解体检查。当工作人员用扳手拧松电磁单元油箱法兰的几只螺栓后,刺鼻和刺眼的油气从法兰缝隙朝外散发出。在将电容器单元吊离下节油箱的过程中,发现电磁单元中间变压器至分压电容器之间的连接引线由于过长,在装配过程中发生了断裂现象,造成其对箱体的绝缘降低,运行一段时间后,变压器油绝缘的降低造成对地放电,放电没有造成一次引线的彻底断开,炭化的绝缘连接烧断的引线(图 6.5)在电路中有分压作用,所以该台 CVT 在运行时出现电压偏低而不是完全失电。随后将该段引线缩短,并用绝缘材料重新包扎固定,安装完毕后,再次测量其电容和介质损耗因数,测量结果与相邻非故障相及理论值基本一致。该台 CVT 检修后用在其他变电站,运行正常,该故障消除。

4)故障结论及控制措施

CVT 某些故障不能依靠单一的电气试验数据来作出准确的分析和判断。仅通过设备停电试验很难检测出其在运行中的缺陷,通过对该 CVT 的解体分析充分证明了这一点。由于 CVT 电磁单元一次绕组引线制造工艺不良,结构不合理,最终造成一次引线对地距离不足,

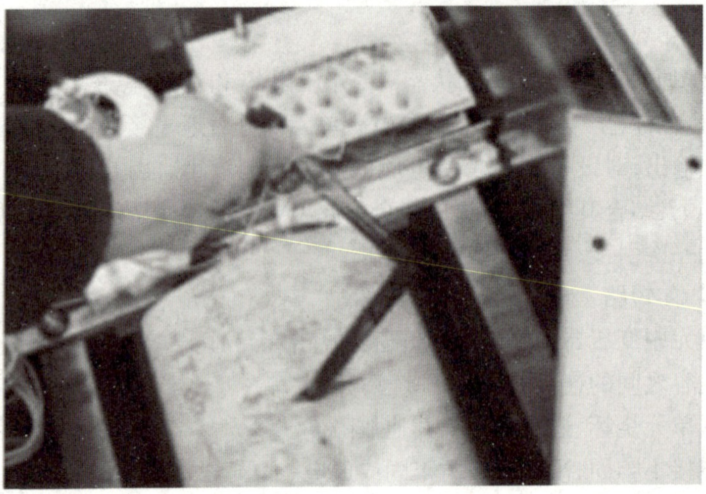

图 6.5　烧断的引线

产生极具破坏力的内部放电现象,致使 CVT 内部绝缘损坏。控制措施如下:

①可从改进设备的结构上入手,将电磁单元变压器的一次连接点通过小套管引出,便于用户直接测量电磁单元的绝缘电阻、介质损耗因数和电容量等参数。

②提高生产工艺和产品质量,严把设备出厂试验关。

③提高检修人员综合技能水平,改进试验方法,确保试验方法的正确性。

6.1.5　故障案例 5

1)故障简述

2018 年 1 月 25 日,某 220 kV 线路两侧保护动作跳闸,并重合复跳。故障录波显示为 A 相接地短路,该站故障测距为 0.04 km,最大故障电流为 18.8 kA。因此,初步判断故障点在该站端。经线路巡线和变电站现场检查,发现该站线路电压互感器(A 相)防爆膜破裂,电压互感器下方地面散落有细小分子筛颗粒,据该站运行人员描述,事故发生时能明显听到较大的响声,同时可见闪光。

2)电压互感器投运后的基本情况

该电压互感器属于 220 kV 变电站 GIS 设备,主要实现 GIS 电气参数的测量和保护。电压互感器额定一次电压为 $220/\sqrt{3}$ kV,SF_6 额定气压(20 ℃)为 0.40 MPa,最低运行压力(20 ℃)为 0.35 MPa,2016 年 8 月投运,运行期间工况良好。2018 年 12 月 19 日,该线路电压互感器压力下降报警,检修人员进行了带电补气,随后每两天赴现场对 SF_6 气体压力进行巡视检查。2019 年 1 月 11 日,该线路电压互感器再次报压力下降,并再次进行带电补气,仍然按照两天一次进行巡视检查。在巡视过程中,未发现气体压力有明显下降现象。2017 年 1 月 25 日,该设备再次出现低气体压力报警,检修人员在接到通知前往现场准备进行处理时,发生线路跳闸，线路电压互感器 A 相出现防爆膜破裂，如图 6.6 所示。

图 6.6　事故后的互感器防爆膜损坏情况

3）故障原因调查及分析

事故发生后，对电压互感器更换了新的防爆膜，再对电压互感器开展密封性试验。试验结果表明该互感器年漏气率为 38%，远大于 0.5% 的国标值。试验过程中发现该电压互感器主要有两处漏气点：一处为绝缘子与电压互感器壳体法兰相连的螺栓处；另一处为电压互感器壳体与底部法兰连接处，如图 6.7 所示。

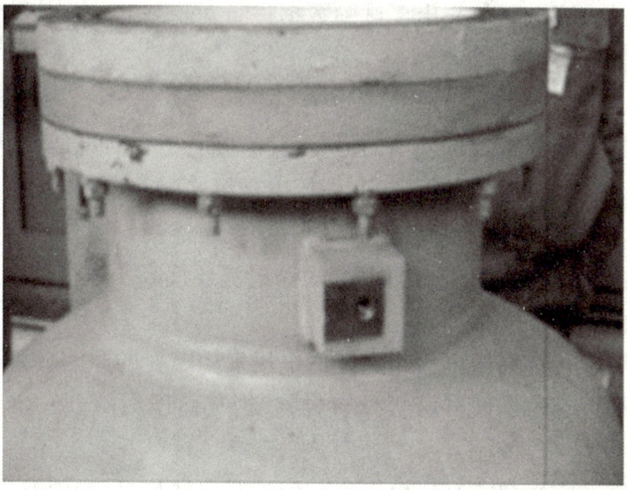

图 6.7　绝缘子与互感器壳体法兰相连的螺栓存在气体泄漏

（1）解体检查情况

对故障电压互感器进行解体检查，发现电压互感器内部存在高压电极组烧损、连接导线熔断等情况，如图 6.8、图 6.9 所示。

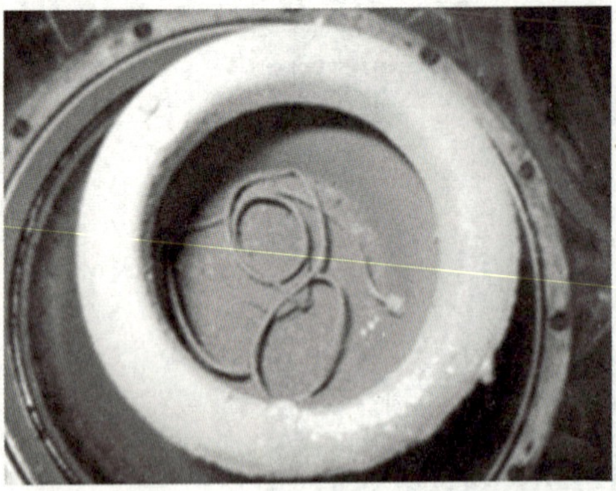

图 6.8　一次连接导线熔断

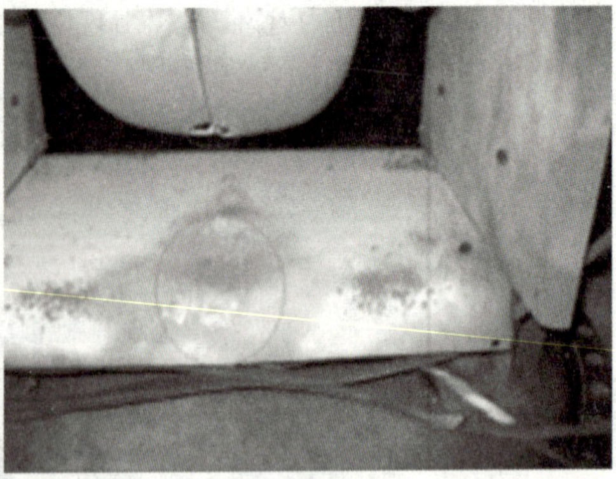

图 6.9　互感器下屏蔽板击穿痕迹

(2)直流电阻试验

对电压互感器的一二次线圈直流电阻进行测量,结果见表 6.11。

表 6.11　一二次线圈直流电阻测试结果

直流电阻	A-N/kΩ	1a-1n /mΩ	2a-2n/mΩ	3a-3n/mΩ	da-dn/mΩ
出厂直流电阻(20 ℃)	24.16	28.4	28.4	28.4	58.5
事故后直流电阻	24.20	28.5	28.5	28.5	58.8

注:事故后的直流电阻是折算至与出厂直流电阻在同一温度下的值。

通过对事故后的直流电阻值与出厂试验数据进行对比发现,其偏差在 1% 以内,初步判断一二次线圈没有损坏迹象。

(3)故障过程分析

根据电压互感器解体分析及事故前的运行情况判断:运行时电压互感器因气体泄漏,内部主绝缘强度降低,加之该设备下屏蔽板和高压电极组之间的电场畸变,在气压降低时发生对地放电,产生较大的短路电流,熔断了互感器一次绕组连接导线,形成一次导线、高压电极屏蔽罩、互感器下屏蔽板(接地)的放电回路,短路电流还使高压电极组上下部分别灼烧形成面积为 3 ~ 5 cm^2 的孔洞。

电压互感器底屏蔽板和高压电极组之间的电场发生畸变的原因分析如下:

①高压电极组靠近互感器底屏蔽板处有异物,当气体压力降到一定程度时就发生对屏蔽板放电。

②高压电极组制造有缺陷或高压电极组装配工艺有缺陷,如表面有尖端等。

③高压电极组有 3 个螺栓,导致电场分布不均匀或发生畸变。

4)故障结论与预防措施

(1)故障结论

①互感器密封不良。在气体压力降低时,导致互感器内绝缘强度下降而发生放电。

②互感器制造质量存在问题。其底屏蔽板和高压电极组之间的电场发生畸变而导致高压电极组对地放电引起短路故障,大电流烧断一次导线,内部巨大能量导致互感器防爆膜

开裂。

(2)预防措施

①严格开展 SF_6 气体微水含量测试。水分可在设备内绝缘件表面产生凝结水，并附着在绝缘件表面，从而造成沿面闪络，大大降低了设备的绝缘水平。

②加强气体密度继电器的检查与校验。对同厂同型号的密度继电器严格按周期开展校验，发现问题及时更换。

③加强部门之间的协调与联动。气体密度继电器报警后要求站内技术人员迅速向上级汇报，检修人员迅速到场进行检查、补气。在气体压力降低速度较快的情况下，应及时上报调度部门并迅速采取拉闸措施，防止事故发生。

6.1.6　故障案例 6

1)故障简述

2014 年 5 月 27 日，某 110 kV 变电站 10kV Ⅰ母线 B 相测量电压出现异常，检修、试验人员当即赶赴现场对 10 kV Ⅰ母线 3X14 电压互感器进行检查试验，通过现场初步诊断，发现 3X14 B 相电压互感器励磁特性试验数据出现异常，判定 10 kV Ⅰ母线 3X14 B 电压互感器存在故障缺陷，随即将该设备退出运行。

2)试验分析

2014 年 6 月，为进一步查明设备缺陷原因，在对该变电站 10 kV Ⅰ母线 3X14 电压互感器进行完整组更换后，试验人员在室内试验大厅对退出运行的原电压互感器进行了全面诊断试验分析，试验内容及数据结果(表 6.12)如下：

该设备型号为 JDZXF71-12，一次额定电压为 $12/\sqrt{3}$ kV，二次绕组分别为 1a-1n，2a-2n 和 da-dn。试验环境温度为 22 ℃，相对湿度为 67%。

(1)绝缘电阻测量

表 6.12　3X14 电压互感器绝缘试验结果

相别	A			B			C		
一次绕组	AX			BX			CX		
绝缘电阻/MΩ	47 600			39 800			41 900		
二次绕组	a1-x1	a2-x2	da-dn	a1-x1	a2-x2	da-dn	a1-x1	a2-x2	da-dn
绝缘电阻/MΩ	8 500	8 200	9 300	8 100	9 100	9 000	9 200	9 500	9 300
试验仪器	电子兆欧表 3455-20								

通过该组电压互感器一、二次绕组绝缘电阻测试结果可知，A，B，C 三相绝缘电阻试验数据均合格。

（2）直流电阻及变比测量

直流电阻现场试验接线如图 6.10 所示，直流电阻及变比试验结果见表 6.13。

图 6.10　现场试验接线

表 6.13　3X14 电压互感器直流电阻及变比试验结果

相别	A			B			C		
一次绕组	AX			BX			CX		
直流电阻/Ω	710			441			709		
二次绕组	a1-x1	a2-x2	da-dn	a1-x1	a2-x2	da-dn	a1-x1	a2-x2	da-dn
直流电阻/Ω	0.085 6	0.093 6	0.171 9	0.087 3	0.094 0	0.175 6	0.084 0	0.092 9	0.172 9
实测变比	100.1	100.0	173.1	99.5	99.6	172.4	100.0	100.0	173.0
试验仪器	互感器综合测试仪 CTP-100P								

从直流电阻及变比测试数据可知，互感器 B 相一次绕组直流电阻值明显小于非故障相 A，C 相；二次绕组直流电阻值 ABC 三相之间无明显差异；B 相互感器实测变比稍小于非故障相 A，C 两相。由于 B 相二次绕组直流电阻值正常，一次绕组直流电阻值明显变小，通过直流电阻试验判定该电压互感器 B 相二次绕组正常，一次绕组可能存在层间或匝间短路。

（3）励磁特性试验

选取二次绕组 da-dn（额定电压 $100/\sqrt{3}$ V）作为试验绕组，A，C 两相励磁特性试验数据见表 6.14。

表 6.14　3X14 电压互感器励磁特性试验结果

电压/V	电流/A		
	A	B	C
16	0.550 2	—	0.355 6
24	0.802 7		0.488 9
32	1.096 8		0.663 5
40	1.457 7		1.002 3
48	1.945 9		1.561 9
试验仪器	互感器综合测试仪 CTP-100P(CPPDC23228)		

B 相选取二次绕组 a1-x1 和 da-dn 进行励磁特性试验，当对互感器施加电压很小(0.4 000 V)时，二次绕组电流测量很大(1.483 1 A)，已超出二次绕组额定电流值。综合互感器励磁特性试验数据结果可知，B 相各二次绕组励磁电流很大，励磁电压无法升高。A，C 两相励磁特性拐点电压约为 $1.0U_m/1.732$ 远不满足 $1.9U_m/1.732$(中性点非有效接地系统)的要求。通过对互感器 B 相的励磁特性试验结果分析可知，当一次绕组短路时，将在一次绕组内部形成绕组闭环，对二次绕组施加励磁电压将在一次绕组内部形成的绕组闭环中产生环流，一次侧无法感应出高压，致使出现二次绕组励磁电压很小，励磁电流却很大的情况。进一步证明该电压互感器 B 相一次绕组存在层间或匝间短路故障。

3)故障结论及防范措施

(1)故障综合诊断

从励磁特性、直流电阻数据可以看出，故障后的 B 相一次绕组直流电阻值明显小于非故障相及交接试验值；故障后的 B 相二次绕组励磁电流很大，励磁电压无法升高，在额定励磁电压 1% 左右时，励磁电流已达到 1.29A。综合试验分析结果，可以诊断该互感器 B 相一次绕组存在层间或匝间短路故障。为进一步确认诊断的正确性，对故障电压互感器进行解体，发现该电压互感器一次绕组的固体绝缘介质(绝缘纸、漆包线等)有明显的发热烧损现象，如图 6.11 所示。

通过解体发现：一次绕组的外层部分绝缘介质状况良好，中层部分的一次绕组短路烧损区域明显，并出现绝缘介质烧损粉化现象，而更靠近互感器铁芯部分的一次绕组内层部分绝缘介质状况依然良好。

(2)故障产生的原因

综合解体情况及运行实际，电压互感器一次绕组出现短路故障的原因如下：

①一次绕组绝缘材料存在质量不良或工艺缺陷(如绕组绝缘漆内存在微小气泡或间隙)，在一次绕组中层部位出现绝缘薄弱点，导致绝缘材料老化加剧，绝缘强度降低，最终发生层间、匝间局部短路。此原因为该互感器一次绕组短路故障的主要原因。

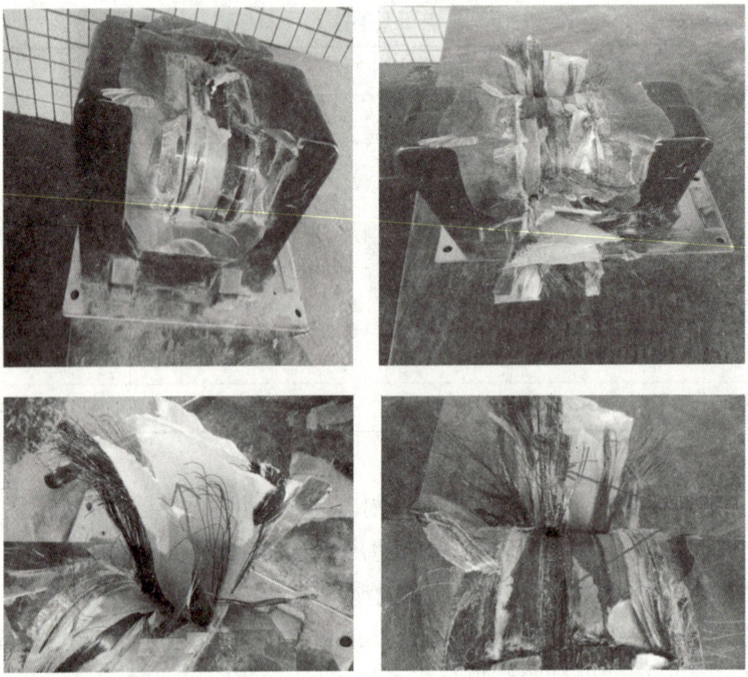

图 6.11　故障互感器解体

②通过非故障相 A,C 两相的励磁特性试验数据可知,该组电压互感器的拐点电压为 $1.0U_m/1.732$,远不满足 $1.9U_m/1.732$(中性点非有效接地系统)的要求。在额定运行电压下,互感器铁芯就已趋向于饱和,致使铁芯长期过载发热,通过热传递至一次绕组,使得一次绕组的绝缘薄弱点绝缘热老化加剧,加速导致了一次绕组的层间、匝间短路。

③可能出现互感器与一次侧熔断器配合不当的情况,熔断器的熔断电流值过大,造成互感器在遭遇系统谐振过电流冲击时,熔断器不能有效熔断保护互感器,一次电流过大造成一次绕组层间及匝间短路。

(3)预防措施

①在条件允许下,选用 F 级绝缘的电压互感器产品。

②对 35 kV 及以下电压互感器开展集中排查,对拐点电压不满足 $1.9U_m/1.732$(中性点非有效接地系统)的电压互感器进行及时更换或加装一次消谐装置。

③对电压互感器与一次侧熔断器配合出现问题的设备,应重新进行校核,并降低一次熔断器的额定电流。

6.1.7　故障案例 7

1)故障简述

2014 年 2 月 14 日,某 220 kV 变电站运行人员发现,东母 A 相电容式电压互感器二次输出电压为 0。该电压互感器型号为 TYD-220/$\sqrt{3}$-0.01H，现场对该设备外观进行检查，外表面清洁，未见闪络、渗油及其他异常，对其二次电缆进行绝缘测试无问题。由于暂无同型号的备品，从厂家调拨 1 台电容式电压互感器对其进行更换，对退出运行的 A 相电容式电压互感器返厂进行解体检查。

2）返厂试验情况

返厂后要对该电压互感器进行电容量和介损测试，测试结果见表 6.15。测试电压为 10 kV，上节和下节标准电容量为 20 000 pF，上节电容偏差 +1.47%，下节电容偏差 -0.58%。上下节电容量在国家标准规定的不超过其额定电容的 -5% ~ +10% 内，且电容器的介损值合格（标准 ≤0.25%），说明电压互感器的耦合电容器与电容分压器均未发生击穿。

表 6.15　电容量与介损试验结果

测试项目	A-N	1a-1n	2a-2n
电容量/pF	20 000	19 706	20 116
介损（tan σ）/%	小于 0.25	0.14	0.03

为进一步分析故障原因，对该互感器进行油色谱试验，试验结果见表 6.16。油中乙炔为 2 463 μL/L，总烃严重超标，说明互感器本体已发生高能放电。误差试验时，试验电压升到 50 kV 试验电压，电磁单元内部有放电声，不能继续进行误差试验。电磁单元耐压试验中，该 CVT 的电磁单元耐压升到 48 kV 后电压无法继续上升，但未发生击穿，怀疑为绝缘油性能不良所致。

表 6.16　油色谱试验结果

成分	CO	CO_2	H_2	CH_4	C_2H_6	C_2H_4	C_2H_2	总烃
含量/（$\mu L \cdot L^{-1}$）	107	469	7 925	232.05	334.07	303.8	2 463	3 059.5

3）查找故障点

①首先对电压互感器外观进行检查，再对外表面进行清洁，检查各螺栓连接是否可靠，外表面未见闪络、渗油及其他异常现象。

②拆下电容器的下法兰与油箱固定螺栓，将电容器部分吊起后发现：油箱内部的绝缘油已满，下节电容器的电容器油已进入油箱内，部分绝缘油溢出油箱，电容分压器内绝缘油不停地顺着中压套管往下流，油箱内绝缘油较浑浊、发黑。

③电磁单元检查发现中压套管已碎裂，下端只有一小部分瓷体还挂在中压套管的导电杆上（图 6.12、图 6.13）。

④拆下电容器的下法兰，分别对中压套管和电容分压器下法兰进行检查。中压套管由中压瓷套和铜导电杆两部分组成，导电杆上包裹着几层电缆纸作为中压瓷套和铜导电杆之间的辅助绝缘（图 6.14）。发现中压瓷套根部有明显的放电被炭化痕迹，该中压套管固定

在电容分压器下法兰上的固定金属小方板的压接处（图 6.15），且电缆纸与下法兰固定板处也有明显的放电点。

图 6.12　中压套管碎裂

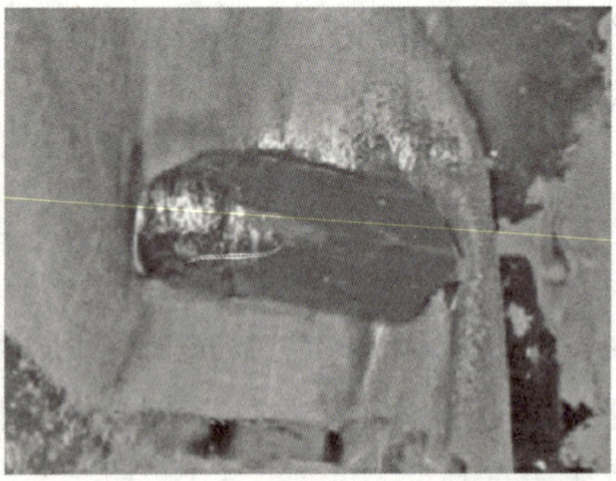

图 6.13　中压套管碎片

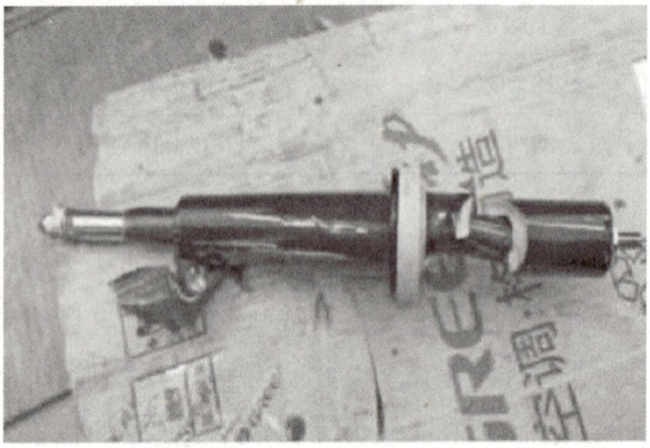

图 6.14　中压套管已破碎

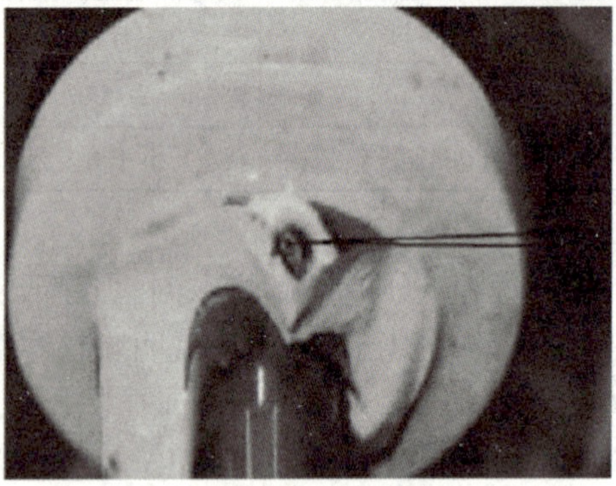

图 6.15　套管根部放电点

4）原因分析

通过检查发现，中压套管的瓷套已碎裂，中压铜导电杆、瓷柱根部和中压套管的固定方板上均有多处放电被炭化的痕迹。中压套管的电缆纸和绝缘瓷柱被击穿，中压铜导电杆对固定中压套管的金属方板放电是这次故障的主要原因。

正常情况下，$33/\sqrt{3}$ kV 的电压击穿中压瓷柱的概率很小，只有以下情况有可能出现放电击穿：

①套管本身存在缺陷或安装制造工艺不良，导致 CVT 内绝缘存在薄弱点。

②电场分布不均匀，长期承受系统电压导致放电击穿。

5）防控措施

①严格控制产品质量，在原材料选用和制造工艺上严格把关，杜绝缺陷产品进入电网运行。

②运行单位应加强对 CVT 的监视跟踪与预防性试验，在有条件的情况下可进行定期色谱分析和红外热像检测，及时发现异常情况，避免电网事故发生。

6.2　铁磁谐振故障

6.2.1　故障案例1

1)故障简述

某110 kV变电站10 kV Ⅲ段母线电压互感器型号:JDZX9-10G1,熔丝配置0.5 A。2009年6月14日,该电压互感器发生损坏事故,事发当天为雷暴日。事故排查过程中,试验人员发现三相电压互感器中性点短接接地,详见图6.16所示。

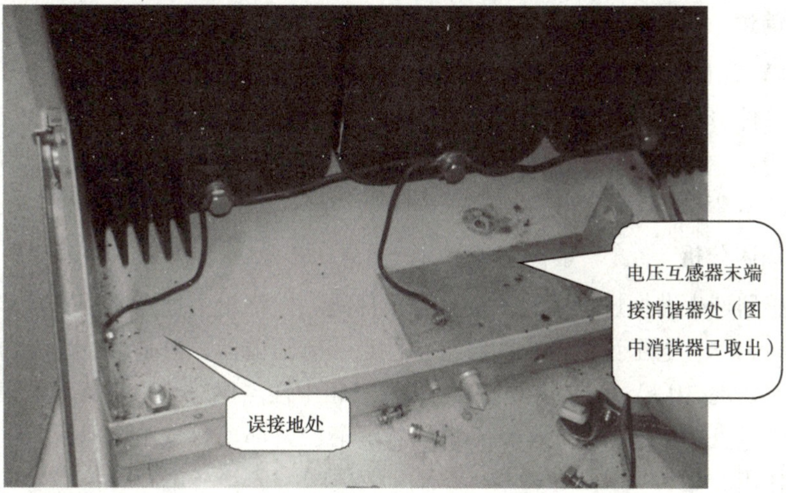

图6.16　110 kV Ⅲ段母线电压互感器中性点接线图

三相电压互感器尾应短接后接消谐器,而此三相电压互感器中性点尾部接地导致消谐器不起作用。正常运行时对系统无影响,雷雨天时会使电压互感器出现过电压导致熔丝熔断。

2)故障原因分析

雷击时,变电站10 kV中性点不接地系统电压互感器一次侧高压熔丝熔断有多种原因,要根据不同情况分析处理,在正确接线时一次绕组的接地端串接性能良好的消谐器通常能有效防止这一现象的发生。但是当发生雷云闪电时,在空旷的架空线路上,感应雷形成侵入波,当侵入波的波头陡时,通过入口电容的冲击电流幅值高,有可能将电压互感器高压熔丝熔断(概率事件),而安装在电压互感器尾部的消谐器不能限制入口电容的冲击电流,只能依靠熔丝本身的抗冲击电流的通流能力。

3）故障结论与防控措施

该变电站重复出现电压互感器三相熔丝同时熔断，外因是天气恶劣，事发时有雷电活动；内因是电压互感器中性点消谐器被短接无法发挥抑制谐振、抑制低频饱和电流的作用，同时电压互感器励磁特性较差，在上述因素的共同作用下，电压互感器一次侧熔丝出现重复性熔断并非偶然。

应加强电压互感器励磁特性试验管理，对于不符合相关要求的必须加装一次消谐器；电压互感器出现三相熔丝同时熔断，条件允许时应立即进行相关诊断试验，试验合格后方可投运；不具备条件时，外观检查无异常后，可先行更换熔丝，但应尽快安排停电检查。

6.2.2 故障案例2

1）故障简述

某110 kV变电站地处城南郊区，周边是空旷的农田，属易遭受雷击地区，2014年共发生雷击重合闸事件18起。该站10 kV为双母线并列运行方式：Ⅰ段母线出线8回，Ⅱ段母线出线7回。10 kV Ⅰ、Ⅱ段母线电压互感器三相熔丝3次重复熔断，发生熔丝熔断的这3天（6月21日、7月21日、8月26日）均为雷暴日。

2）故障原因分析

电压互感器产生谐振过电压的一个必要条件是一次绕组中性点必须直接接地，而该变压器在设计时10 kV电压互感器一次绕组中性点装有消谐器。但是，试验人员在进行消谐器诊断试验时发现，10 kV Ⅱ段母线电压互感器三相中性点尾对绝缘板有放电痕迹，相当于一次绕组中性点直接接地（详见图6.17），虽然消谐器全部项目试验合格，但是实际上已被短接并未起作用。

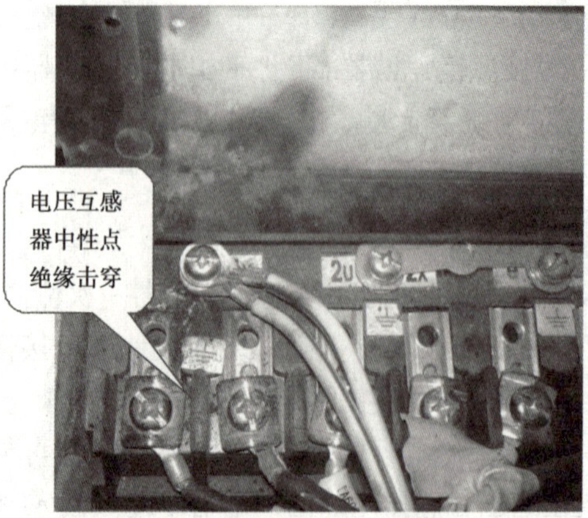

图6.17 母线电压互感器中性点接线

引起一次熔丝熔断的几种原因如下：

①低频饱和电流可引起电压互感器一次熔丝熔断。在中性点不接地电网中，当电网对地电容较大，而电网间歇弧光接地或接地消失时，健全相对地电容中储存的电荷将重新分配，它将通过中性点接地的电压互感器一次绕组形成电回路，构成低频振荡电压分量，促使电压互感器处于饱和状态，形成低频饱和电流。一般在单相接地消失后 1/4 ~ 1/2 工频周期内出现，电流幅值可远大于分频谐振电流（分频谐振电流约为额定励磁电流的百倍以上），频率为 2 ~ 5 Hz。由于具有幅值高、作用时间短的特点，在单相接地消失后的半个周期即可熔断熔丝。实际上，由于接地电弧熄灭的时刻不同，即初始相位角不同，故障的切除不一定都在非接地相电压达最大值这一严重情况下发生。因此，不一定每次单相接地故障消失时，都会在高压绕组中产生大的涌流。而且低频饱和电流的大小，还与电压互感器伏安特性有很大关系，铁芯越容易饱和，该饱和电流就越大，高压熔丝就越易熔断。抑制低频饱和电流的方法就是采用电压互感器中性点装设非线性电阻或消谐器的方法。同上分析，由于 10 kV Ⅱ段母线电压互感器消谐器并未起到相应作用，且电压互感器熔断当天发生过雷击重合闸事件，低频饱和电流也是电压互感器一次熔丝熔断的可能原因。

②电压互感器的一二次和消谐器绝缘下降会引起一次熔丝熔断。显而易见，当电压互感器一次绝缘降低时，熔丝中流过的电流会增大，尤其在电网出现位移过电压、单相接地等情况时会加速熔丝熔断；另外，电压互感器的辅助绕组开口三角存在两点接地的错误接线时，电压互感器一次侧电流增大易引起一次熔丝熔断。经过现场试验检查，该变电站 10 kV 母线电压互感器一次绝缘良好（耐压试验通过），电压互感器开口三角电压正常，可排除上述两种可能性。

对 X 端为弱绝缘的中性点消谐器的选择，必须能在电网正常运行和受到大的干扰后，均使 X 端电压限制在其绝缘允许的范围内，否则 X 端子就有可能对地放电，造成一次绕组电流增大，熔丝熔断。

现场消谐器经过检查，试验数据正常，符合出厂要求。其数据见表 6.17。

表 6.17　消谐器试验数据

消谐器	电流 1 mA（峰值/1.414）下电压/V	电流 10 mA（峰值/1.414）下电压/V
10 kV Ⅰ段	295	872
10 kV Ⅱ段	283	851

③电压互感器入口电容的冲击电流可引起熔丝熔断。因 10 kV 线路均采用无架空地线的架设方式，该变电站位于城南郊区，周边为空旷的农田，三相导线暴露在空中，在雷云电荷的作用下，三相导线易感应相同数量的束缚电荷。当雷云放电（实际上这种闪电并未击中导线，而是云间或云对地闪击），三相导线上的束缚电荷向线路两侧运动，对变电站形成侵入波。此侵入波的电压并不高，熔丝熔断是发热的结果，只有电流的幅值高且持续时间又长的侵入波，才会使高压熔丝熔断，而大部分侵入波都不同时具备这两种条件。故在大多数雷暴天气里，雷击引起电压互感器高压熔丝熔断仍是概率事件且高压熔丝熔断时避雷器并不一

定动作。从上述分析可知，安装在电压互感器尾端的消谐器，不能限制雷击时通过入口电容的冲击电流，因此只能依靠提高熔丝本身的抗冲击电流的通流能力来避免或减少熔丝熔断。

电压互感器空载励磁特性检查，按试验规程要求1.9倍相电压下空载电流应不大于额定电压下的空载电流的10倍；在进行电压互感器励磁特性试验时，试验人员反映在电压较高时电压互感器有异常震动声，说明励磁回路严重饱和，励磁电流急剧加大，电流大大超过额定值，导致铁芯剧烈振动。该电压互感器变比为10 000/($100\sqrt{3}$)二次电压58 V时，一次侧电压为10 kV，取80% ~190%额定电压进行测试。励磁电流试验数据见表6.18。

表6.18　励磁电流试验数据

电压/V	电流/A		
	A相	B相	C相
46	0.220	0.218	0.221
58	0.319	0.312	0.325
69	0.590	0.537	0.601
87	1.710	1.650	1.912
110	4.876	4.867	5.770

3)故障结论及控制措施

从表6.18试验数据中可以明显看出1.9倍相电压下空载电流为4.876 ~5.770 A，远大于58 V下0.218 ~0.221 A的10倍要求值，不符合规程要求。在雷电过电压时励磁回路会严重饱和易使电压互感器发生熔丝熔断或损坏。应换装励磁特性曲线在1.9倍相电压下不发生饱和的电压互感器，或使用匹配的一次消谐装置。

6.2.3　故障案例3

1)事故简述

35 kV某变电站10 kV侧采用封闭式开关柜，电缆出线，接线方式为单母分段接线，属于中性点不接地系统。2018年9月21日，该站10 kV Ⅰ段母线电压互感器出现故障告警。检修人员到现场后发现，10 kV Ⅰ段母线电压互感器C相绝缘外壳开裂(图6.18)，C相电压互感器高压熔丝管爆裂，母线避雷器上桩头搭接部位熔化(图6.19)，避雷器计数器玻璃外罩均炸裂(图6.20)，1015闸刀手车动触头及绝缘筒均有不同程度的烧灼痕迹(图6.21)。

图6.18 Ⅰ段母线电压互感器

图6.19 母线避雷器搭接部位

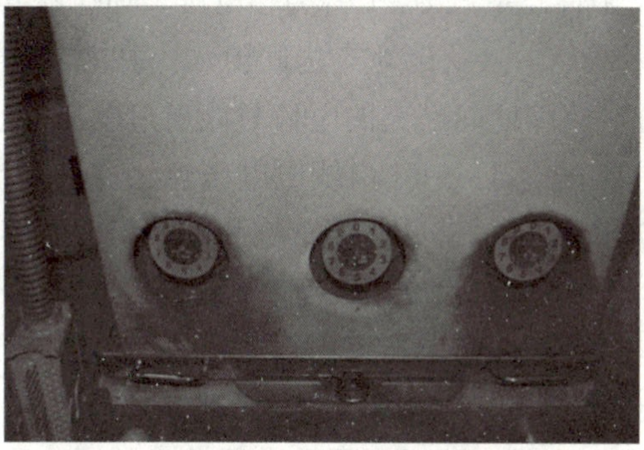

图6.20 避雷器计数器

图6.21 1015闸刀手车触头

监控后台数据显示:9月21日21时18分52秒,10 kV 223线路A相接地;21时28分45秒,10 kV 223线路A相接地消失;21时28分56秒,1号主变低后备复压过流Ⅰ段保护动作,101开关跳闸。由此推测,21时18分,当223线路A相接地时,B,C两相相电压升高为线电压(系统绝缘按线电压所设计,正常情况下电气设备应能承受,允许运行1~2 h);21时28分45秒,223线路A相接地故障点消除;过了大约11 s即21时28分56秒,Ⅰ段母线电压互感器C相被击穿烧毁。接地故障发生在A相,而C相电压互感器被击穿,推测在A相接地故障消除的瞬间很可能发生了铁磁谐振。

2)故障原因分析及结论

从本质上讲,铁磁谐振是电磁式电压互感器的非线性特性引发的。在正常运行条件下,电压互感器的激磁阻抗很大,即$\omega_L \gg 1/\omega_C$,激磁电流很小,三相基本平衡,电网中性点电压U_0很小。但当系统出现某种扰动时,将导致激磁电流增大,从而使得电压互感器铁芯逐渐饱和,激磁阻抗减小。当满足$\omega_L = 1/\omega_C$时,就可能激发串联谐振。典型中性点不接地系统同时含有电压互感器的简单三相电路等值电路,如图6.22所示,图中E_a,E_b,E_c为三相对称电势,C_0为相对地电容,L_a,L_b,L_c为电压互感器励磁电感,U_0为中性点对地电压。从图上可以明显看出线路对地电容C_0与电压互感器励磁电感构成了LC串联谐振回路。

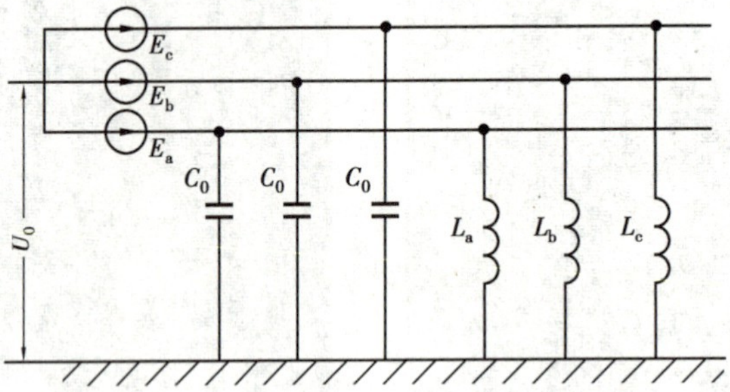

图 6.22　等值电路图

在本次事故中，当线路 A 相发生单相接地时，中性点电压 U_0 上升为相电压，非故障相电压 U_b，U_c 上升为线电压。接地短路电流在三相系统、C_0 以及接地点之间流动，对非故障相 C_0 充电。当接地故障消失后，非接地相（B，C 相）在故障期间已充的电荷只能通过电压互感器高压线圈经其自身的接地点流入大地。在这一瞬间电压突变（由线电电压互感器恢复为相电压）过程中，流过电压互感器的激磁电流急剧增大，使铁芯处于严重饱和状态，其励磁阻抗下降。此时 C 相参数恰好匹配（感抗等于容抗），由此构成铁磁谐振，C 相电压互感器高压侧产生谐振过电压，并在线圈中产生很大的激磁电流，而此时电压互感器高压侧熔丝未能及时熔断，短时间内极大的热效应积累使 C 相电压互感器烧毁。由于大电流的作用，避雷器桩头搭接部位发热以致熔化。在此过程中，产生的高温还带来了避雷器计数器玻璃外罩炸裂、动触头及绝缘筒氧化发黑等现象。

3）控制措施

①加强对电磁式电压互感器的验收和交接试验工作，尤其要保证励磁特性试验的准确可靠，确保三相电压互感器励磁特性的一致性。

②对需要加装消谐器的电压互感器，使用全绝缘式电压互感器替代半绝缘电压互感器，以提高中性点的绝缘水平。

③对电磁式电压互感器损坏较为频繁的变电站，使用消弧线圈取代消谐器作为主要的消谐措施。

6.2.4　故障案例 4

1）故障简述

①某 220 kV 变电站 10 kV Ⅰ段母线电压互感器型号为 JSJW-10 型，该设备自投运未发生大的缺陷，历年预试试验数据无明显变化，2018 年 2 月 19 日，B 相首端第一、二层间击穿，多股断线。

②某 110 kV 变电站 10 kV Ⅰ段母线电压互感器型号为 JDZX-100，该设备自投运以来，电压互感器三相高压熔断器频繁熔断。

(2)故障原因初探

根据故障现象及高压试验数据,对故障原因进行如下判断。

2)原因分析

首先,该站内10 kV系统分四段运行,其中10 kV Ⅰ段、Ⅱ段为负载输出段,Ⅲ段、Ⅳ段带电容器及所变,当Ⅰ段、Ⅱ段并列运行时,该两段母线带大量的高耗能企业,电感类设备多,造成感抗大于容抗;其次,由于高耗能企业含大量电弧炉,交流电中就会出现高次谐波,易发生谐振,使系统电流和电压发生突变,导致电压互感器铁芯迅速饱和、感抗减小,产生铁磁谐振,使电压互感器激磁电流增大几十倍,而过电压幅值将达到近$2.5U_e$,甚至达到$3.5U_e$以上,而且持续时间较长,电压互感器在这样的大电压、大电流下运行,使得本身的温度迅速升高,导致损坏。站内10 kV系统多为城市供电,家用电器使用多,这类设备的电流谐波含量高,易引发系统谐振,易产生谐振过电压,其次该电压互感器在1.5倍额定电压下出现饱和情况、饱和点较低,造成三相保险频繁熔断。因此,以上两起电压互感器故障应为电磁谐振所致。

(1)铁磁谐振的特点

电压互感器饱和时,铁磁谐振的发生与否和互感器感抗XL及系统对地的零序容抗XC_0有关,当$XC_0/XL<0.01$时,不发生谐振;随着XC_0/XL的增大,依次发生1/2分频、基频和三倍频谐振。铁磁谐振产生的过电压较低,一般为运行电压的2.5~3.5倍,励磁电流剧增数十甚至100倍,导致电压互感器烧毁或高压熔断器熔断。电压互感器铁磁谐振持续时间较长,需要一定的激发条件。

(2)影响互感器铁磁谐振的因素

①电压互感器的伏安特性。电压互感器铁芯饱和的快慢是产生铁磁谐振的主要原因,电压互感器铁芯电感的伏安特性越好,即铁芯饱和得越慢,互感器感抗与对地容抗的比值越大越不容易产生谐振;越小越易产生谐振。

②"激发"。如互感器突然合闸、单相接地突然消失、外界对系统的干扰或系统操作产生的电压冲击、涌流大小及合闸相角等。

③回路的阻尼作用。当激发起中性点不稳定过电压后,无论是基波、三次谐波还是1/2分次谐波谐振,总是由电源供给谐振所需的能量。如果输入和输出的能量得以平衡,诸波将维持下去;能量平衡关系一旦被破坏,谐振便会自动消除。

④电网的频率。维持谐振荡和抵偿回路电阻损耗的能量均由工频电源供给。为使工频能量转化为其他谐振频率的能量,其转化过程必须是周期性且有节律的,即1/2(1,2,3,…)倍频率的谐振。电网频率的变化,使谐振现象突然发生、突然消失;也可能使谐振由一种状态转变成另一种状态。

3)防范措施

①选用励磁性能好的电压互感器,产生互感器谐振参数的范围就越小。

②减少并联的互感器台数。

③投运一组电容器组,这样可降低对地容抗。

④在零序回路中加阻尼电阻。即在互感器开口三角形绕组处接分频消谐装置,电压互

感器的开口三角形绕组并联多功能微机消谐器。电网正常运行时，开口三角形两端的不平衡电压很小，而当谐振发生时，中性点出现位移，开口三角形两端将出现较高的电压，如果在开口三角形两端接上电阻，电阻将消耗能量，对谐振起到阻尼的作用电阻减小，消耗的能量越多，对谐振起到的阻尼作用越强。微机型消谐装置就是通过对单相接地和铁磁谐振的判别，选择性地在铁磁谐振时，将开口三角形短时短接，阻尼铁磁谐振的发展，而在单相接地故障和其他不平衡电压发生时不动作。

⑤电压互感器高压侧绕组中性点通过电阻接地。即在电压互感器的开口三角形绕组开口端加装非线性阻尼电阻 R，R 值一般为 10～100 Ω。

⑥在互感器一次侧的中性点与地之间串接 RXQ 型、L 型消谐器。中性点串入消谐器，起到消耗能量、阻尼和抑制谐波的作用。采用 RXQ 型消谐器，其内部由 SiC 非线性电阻片与线性电阻(6～7 kΩ)串接，在低电压时呈高阻值，使谐振在初始阶段不易发展起来。在线路出现较长时间单相接地时，消谐器上将出现千余伏电压，电阻下降至稍大于 6～7 kΩ，使其不至于影响接地指示装置的灵敏度，同时非线性电阻片的热容量相当大，可满足放电电流的要求。

6.2.5 故障案例 5

1)故障简述

2017 年 7 月 27 日 4:50，天气状况：雷雨。某 35 kV 变电站监控机通信中断，35 kV 母线电压 A，C 相为 0，B 相为 21.87 kV。6:20，值班人员赶赴现场检查设备发现：35 kV 线路 CVT 发出断线信号，测量该 CVT 二次电压 A，C 相对地电压均为 0，B 相为 62.2 V，分析判断为该 CVT 高压熔断器 A，C 相熔断。于是申请线路停电更换熔丝后系统恢复正常运行。35kV 线路避雷器 B 相有动作记录。2017 年 8 月 6 日 13:32，天气状况：雷雨。某变电站通信再次中断，现场检查 35 kV PT 三相一次电压为 0，测量该 CVT 二次电压 A，B，C 三相对地电压均为 0。线路停电更换该 CVT 三相高压熔断器熔丝后系统恢复正常运行。35 kV 线路避雷器 A，B 相有动作记录。2017 年 9 月 25 日，该熔断器同样在雷雨天气条件下再次熔断，根据 CVT 厂家意见，将该熔断器撤除，CVT 直接与系统硬连接。该变电站于 2017 年 6 月投入运行，属末端无人值班变电站。35 kV 朝木线一回架空进线，长度不足 20 km。1.5 km 进线段加氧化锌避雷器作为变电站入侵波防雷保护方式。

2)原因分析

CVT 高压熔断器熔断必然源自 CVT 一次侧发生了足够长时间的过电流或者出现了较强的瞬间冲击电流。从以上连续几次故障情况可以看出，CVT 高压熔断器频繁熔断故障是在特定条件下发生的，雷雨天气是导致该次故障发生的外因。从故障现象分析，线路上有雷电波侵入，避雷器动作，其 134 kV 残压加到 CVT 上，产生较大的冲击电流，但只有 μs 级的时间，不足以使熔丝熔断；而 35 kV 一回架空线路长度不足 20 km，线路对地电容很小，由系统三相对地电容在单相接地故障过程中的充放电引起熔断器熔断也不大可能。

CVT 含有电容元件及多个非线性电感元件，如补偿电抗器和中压互感器，当线路发生单相接地故障时，非故障相对地电压上升为线电压，在系统过渡过程中，CVT 中压互感器非线性元件产生磁饱和，激磁电感 L_0 下降，激发持续的分次谐波铁磁谐振，使得在补偿电抗及中压互感器上产生过电压，由此导致一次侧熔断器熔断，严重时将使补偿电抗器和中压互感器绕组击穿损坏。该案例中因 CVT 自身的铁磁谐振产生过电流导致高压熔断器熔断的可能性最大。因此，在 CVT 产品设计制造时应改善 CVT 中压互感器的励磁特性，尽可能地降低中压互感器铁芯的磁通密度，提高中压互感器的磁饱和点，选择伏安特性优越的中压互感器。为避免设备事故发生，仍需采取消除谐振的措施。最容易实现的方法是在 CVT 中压互感器的二次侧剩余绕组并联低值阻尼电阻。由于阻尼电阻与励磁电抗并联，且相对于励磁电抗很小，并联回路中阻尼电阻起主要作用，从而改变了电路结构，破坏了谐振条件，能有效阻尼、抑制或消除铁磁谐振的发生。且中压互感器伏安特性曲线拐点应高于 CVT 二次侧阻尼器伏安特性曲线的拐点，避免在过电压下，中压互感器先于阻尼器饱和形成谐振条件，失去了阻尼器的阻尼作用。对于 35 kV 电容式电压互感器，由于电容分压器的高压电容 C_1 很小，相应的容抗很大，从而限制了短路电流的增加，避免了 35 kV 输电系统发生相对地短路事故。因此，在 35 kV CVT 现行的电气设计安装中有逐步取消在一次侧串接高压熔断器的趋势。然而，为了避免由于 CVT 自身激发铁磁谐振而导致设备损坏事故的发生，从保护 CVT 设备本身的角度出发，仍应在一次侧加装高压熔断器。

3）防范措施

①由于 CVT 中压互感器在系统过渡过程中铁芯深度饱和，励磁电感显著下降并激发铁磁谐振产生过电流导致高压熔断器熔断。

②在 CVT 中压互感器二次剩余绕组并联阻尼器是抑制铁磁谐振的有效措施。在产品设计制造时，应着力改善 CVT 中压互感器的空载励磁特性，选择伏安特性优越的中压互感器。

③为了避免由于 CVT 铁磁谐振而导致设备损坏事故的发生，从保护 CVT 设备本身的角度出发，应当在一次侧加装高压熔断器。

6.2.6　故障案例 6

1）故障简述

某 110 kV 变电站仅有 1 台主变压器。某日，综自监控后台机报出："35 kV Ⅰ段母线接地"信号，接地选线装置显示为 35 kV 某出线故障，母线各相对地电压显示很不稳定，三相电压轮换升、降（最高达到 37.4 kV），B 相最低达到 0.7 kV。运行人员将故障情况向调度汇报，检查站内设备无异常，按调度命令选线查明接地故障线路，用户转移负荷以后，将接地故障线路断路器断开。与此同时，报出"35 kV 计量电压断线"、#1 主变压器"35 kV 电压回路断线"信号。检查 35 kV 母线各相电压显示为零，现场检查发现 35 kV Ⅰ段 TV 柜内冒出浓烟，经确认高压熔断器均已熔断后，将 35 kV Ⅰ段 TV 手车拉到试验位置。拉出手车以后，检查 35 kV Ⅰ段 B,C 相 TV 壳体开裂并流出黑色黏液。

2)原因分析

35 kV Ⅰ段母线 TV 由 4 只 TV 组成抗谐振接线,三相 TV 高压侧“N′”端子相互连接组成星形接线,再接零相 TV 的 A 端子。现场检查发现由“N′”端至零相 TV 的铝排对地有放电痕迹(图 6.23),A,B 相 TV 的二次接线盒内二次接线烧断 3 根,二次接线外绝缘烧熔(图 6.24)。

图 6.23　由“N”端子至零相 TV 的铝排对地有放电痕迹

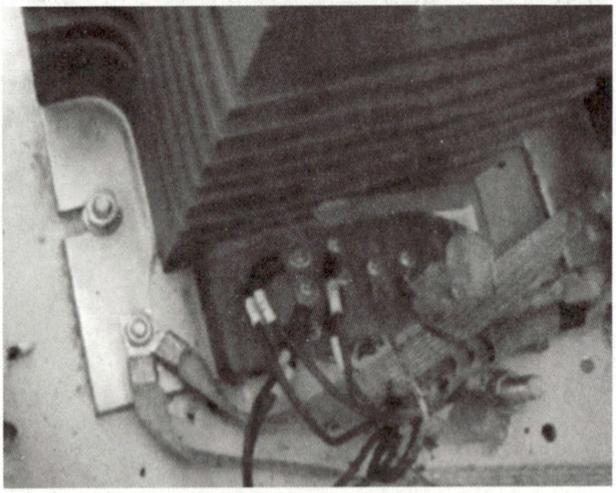

图 6.24　A 相 TV 的二次接线盒内二次接线烧断,外绝缘烧熔

上述情况证明在发生单相接地故障的同时,有过电压产生。过电压则可能是间歇性弧光接地故障产生的,也可能是接地故障产生了谐振过电压。由“N′”端子至零相 TV 的铝排对地有放电痕迹,说明在 TV 中性点产生的过电压,可能高出相电压很多。专业人员对 A 相 TV 进行试验,绝缘试验数据无异常,但其伏安特性较差。TV 的伏安特性不好,是中性点不接地系统引发谐振过电压的主要因素之一。

根据系统发生单相接地故障时的象征分析,三相对地电压轮换升高、降低,说明系统可能有弧光接地过电压或谐振过电压。B 相对地电压最低为 0.7 kV，各相电压升高时仅达到 37.4 kV，虽然与发生弧光接地过电压、谐振过电压的特征不十分相符（过电压时的电压指示超过相电压的 1.5 倍以上）。变电站综合自动化系统的遥测数据，当测量数值超过额定值的 120% 时会“溢出”而不能显示；因此，仍然可以分析判断为系统有弧光接地过电压或谐振过电压。弧光接地过电压或谐振过电压持续时间较长，TV 励磁电流剧增，绕组绝缘击穿后短路，导致内部过热损坏。手车式开关柜内的 TV，其一次中性点（N′）接地及二次绕组的接地电阻可能较大（经手车的轮子接地），是过电压烧坏 TV 的因素之一。

35 kV Ⅰ段母线 TV 由 4 只 TV 组成抗谐振接线，由“N′”端连接零相 TV 的铝排，穿过铁板与零相 TV 连接。该铝排与穿孔直接相碰，铝排上虽然有绝缘护套，但该护套仅属于辅助性绝缘作用。在发生单相接地故障时，在“N′”端有 21 kV 左右的高电压，高电压将绝缘护套击穿，铝排即对铁板（地）放电，零相 TV 被电弧短接而不能起到消除谐振过电压的作用。因此，过电压造成 B，C 相 TV 绝缘损坏。

3）预防和改进措施

①造成该 4 只电压互感器烧坏的主要原因有：

a. TV 伏安特性不好，引发谐振过电压。

b. 手车式开关柜内的 TV，其一次中性点（N′）接地及二次绕组接地的电阻较大（经手车的轮子接地），使接地时对地电压高。

c. “N′”端子对地绝缘水平不够，不能承受谐振时产生的过电压，零相 TV 被电弧短接而不能起到消除谐振过电压的作用。

② 4 只电压互感器不能防止谐振的根本原因是：“N′”端子对地绝缘水平不够，不能承受谐振时产生的过电压，零相 TV 被电弧短接不能起到消除谐振过电压的作用。电力系统中，电压互感器“N′”端子经消谐器或其他方式接地的接线方式，如果不能保证“N′”端子对地绝缘水平，在发生单相弧光接地时，中性点产生的位移过电压同样会击穿其绝缘，使“N′”端子直接接地，不能起到消谐作用。因此，根据国家电网公司反事故措施要求：为保证 4 只电压互感器能够有效防止谐振过电压损坏，可采取以下措施：

a. 选用励磁特性饱和点较高的，在 $1.9U_m$ 电压下，铁芯磁通不饱和的 TV。

b. 减小手车式开关柜内 TV 一次中性点（N′）接地及二次绕组接地的接地电阻。在手车的接地部位装软铜辫，与接地体连接（螺栓压接）；停电检修时，需要将手车拉出柜外，可以先拆开接地铜辫，再拉手车。

c. “N′”端到零序 TV 间连接导体的对地绝缘水平必须按照能承受电网线电压的能力设计。制造厂应规范“N”端连接零相 TV 的铝排接线工艺，加大铁板穿孔的孔径或加强穿孔处的绝缘强度，防止发生单相接地故障时使其击穿。

d. TV 绝缘水平应全部采用全绝缘设计。

6.2.7 故障案例 7

1) 故障简述

某 220 kV 变电站 35 kV 侧接线方式为单母线分段,正常运行时 35 kV Ⅰ、Ⅱ段母线分列运行。2014-07-07,35 kV Ⅰ段母线报警失压,合上母线分段开关后,35 kV 母线以单母线方式运行,Ⅰ段母线电压互感器退出运行。抢修人员将电压互感器小车式开关柜拉出,检查Ⅰ段母线电压互感器及开关柜,没有发现放电、绝缘龟裂等现象,将电压互感器相连的高压熔断器取下后进行导通测试,发现 B 相熔断器不通,其他两相熔断器测试正常。

(1)现场检查试验

该电压互感器出厂日期为 2012 年 5 月,型号为 JDZX9-35,单相半绝缘结构,二次侧有 3 个绕组。对三相电压互感器进行绝缘电阻、直流电阻及变比测试,结果见表 6.19。根据表 6.19,B 相互感器一次绕组绝缘电阻明显小于其他两相,并小于其出厂值 100 000 MΩ。根据《输变电设备状态检修试验规程》(Q/GDW 168—2008)要求,电磁式电压互感器一次绕组绝缘电阻应满足"初值差不超过 -50%(注意值)",B 相一次绕组绝缘电阻初值差为 -60%,说明互感器内部发生了绝缘损坏故障。

表 6.19 互感器绝缘电阻及直流电阻测试结果

相别	绝缘电阻/MΩ	直流电阻/Ω				变比		
		一次侧	二次侧 1 号绕组	二次侧 2 号绕组	二次侧 3 号绕组	变比 1	变比 2	变比 3
A	100 000	14 170	0.110 5	0.170 7	0.167 9	349.6	350.3	600.3
B	40 000	3 350	0.110 9	0.171 0	0.170 3	445.6	442.1	766.7
C	100 000	14 250	0.109 0	0.170 9	0.170 0	347.9	352.1	599.2

B 相一次绕组直流电阻明显偏小,其中 A,B 相直流电阻互差达 123.6%,B,C 相直流电阻互差达 123.9%,三相电压互感器的二次绕组的直流电阻值平衡,三相互差依次为0.57%,0.18%,0.14%。根据铭牌,电压互感器一次绕组与二次绕组额定电压比依次为 350,350,600。根据表 6.20 中的数据,B 相电压互感器一次绕组与二次侧 3 个绕组的电压比均明显大于额定变比。结合直流电阻测试结果,可判断故障位置在一次绕组。对 B 相电压互感器进行励磁特性试验,记录试验电压下二次绕组电流,结果见表 6.20。

表 6.20 B 相电压互感器励磁特性测试结果

励磁电压/V	励磁电流/A		
	1b-1n	2b-2n	db-dn
8	20	20.3	20.49

进行励磁特性试验时，当励磁电压超过 8 V 时，二次绕组励磁电流已超过 20 A，此时试验输出容量超过试验仪器额定值，电压无法继续升高。出厂试验报告显示励磁试验电压为 110 V 时，电流仅为 0.31 A。显然，B 相电压互感器励磁特性发生变化，励磁电压较小时铁芯即处于过饱和状态，这是绕组匝间短路的典型特征。结合前述一次绕组直流电阻减小的情况，可确定 B 相电压互感器一次绕组内存在匝间短路，铁芯处于过饱和状态，导致励磁电流增大从而使熔断器熔断，最终母线失压报警。

(2)故障分析

故障发生时天气晴好，外部无雷击情况，故障前 1 号接地变压器、Ⅲ组电容器组 35C3 及架空出线 314 线挂Ⅰ段母线运行，Ⅰ、Ⅱ段母线并列运行后合入Ⅲ组电容器后未跳闸，说明电容器组没有接地故障。根据调度相关记录，314 线路 B 相曾有瞬时单相接地信号，但随即消失，巡线检查没有发现接地故障。因此，推断此次故障起因于架空出线单相接地。B 相单相接地后，非故障相 A，C 相电压升高，向对地电容 C_0 充电。接地故障消失后，对地电容 C_0 经电压互感器的一次绕组放电，造成互感器励磁电流突然增大，使铁芯处于过饱和状态，励磁阻抗下降。随着电压互感器阻抗的改变，当系统的等效容抗与感抗相等时，产生铁磁谐振，谐振产生的过电压会损坏互感器一次绕组的匝间绝缘，铁芯的励磁特性发生改变而处于过饱和状态，使一次绕组电流畸变增大，电流瞬时增大超过熔断器额定电流后使熔断器动作。

2)防范措施

由上述分析可知，铁芯的非线性铁磁特性是产生铁磁谐振的根本原因。目前，消除谐振主要集中在以下几个方面：改变系统电感、电容元件参数，使它们不具备谐振条件；快速消耗谐振能量，降低谐振过电压、过电流的倍数；合理分配有功负荷，一般在轻载或空载条件下易发生谐振。具体到本次故障中的半绝缘电压互感器，可采用以下方法：

①选用励磁特性优良的电压互感器。励磁特性不好的电压互感器，其励磁特性曲线饱和点较低，在单相接地故障时会引起铁芯饱和，励磁电流突然增大，电抗降低，容易导致铁磁谐振。电压互感器励磁特性的好坏，主要取决于磁路设计、铁芯材质、制造工艺等因素，选用励磁特性优良的电压互感器，是防治铁磁谐振的治本之策。

②电压互感器一次绕组经消谐电阻接地消谐。消谐电阻可以在单相接地故障消失后，限制一次绕组中的电流，避免铁芯过饱和使电抗下降，从而避免谐振的形成。消谐电阻的大小应适当选取，消谐电阻越大，消谐效果越好，但消谐电阻太大会使电阻压降增大，容易使电阻发热被烧毁，同时消谐电阻的分压效果会降低电压互感器开口三角形绕组输出电压，可能影响继电保护装置动作的灵敏度。

③互感器法消谐。三相互感器一次绕组通过一台单相互感器接地，相当于在三相电压互感器中性点接入一个高阻抗，使电磁式电压互感器等值阻抗增加。发生单相接地时，零序电压大部分降落在单相电压互感器上，使电磁式电压互感器不易饱和。但这种方法增大了电压互感器的等效电感，使谐振产生的过电流存在长时间延长，对中性点的单相电压互感器质量要求较高。

④电力系统中性点经消弧线圈接地。发生单相接地故障时，消弧线圈中的电感电流补偿接地电容电流，从而减小接地电流，由于消弧线圈的电感远小于电压互感器的励磁电感，电压互感器分流较小，避免了电压互感器铁芯饱和现象的发生。

⑤在电压互感器的开口三角形绕组并联阻尼电阻消谐。并联阻尼电阻一般为压敏电阻。系统正常运行时，开口三角形绕组输出电压为零，电阻呈高阻值。发生谐振时，开口三角形绕组有零序电压，电阻呈低值，快速消耗谐振能量。

6.2.8 故障案例 8

1）故障简述

2018 年，某设备制造企业为某冶金企业制造 1 组 10 kV 中置式开关柜，其供电系统采用单母线分段接线方式。每段母线各配了 1 组 JDZX9-10 电压互感器和 2 700 kV · A 电容成套补偿装置。其中Ⅰ段母线有 7 条电缆馈线，Ⅱ段母线有 8 条电缆馈线，负载均为动力变压器。2019 年 3 月投运，3 个月后Ⅱ段母线电压互感器烧毁，由于运行时间短，当时认为可能是 TV 质量不好，并未引起重视，更换了 TV。2019 年 8 月的一天，Ⅰ，Ⅱ段母线正分列运行，在投母联断路器合网运行，两段 TV 并列运行不久，Ⅱ段母线 TV 再次被烧毁，B，C 相损坏严重，A 相略轻。烧损表面流出黑色胶状物，是环氧树脂高温熔融后炭化形成的。TV 手车电弧灼伤严重，电压互感器室触头盒安装板及左右侧防护板有明显电弧烧伤痕迹，高压熔断器熔丝熔断，Ⅱ段进线断路器和母联断路器跳闸。

2）原因分析

从 TV 损坏的情况看，TV 线圈流过大电流引起发热是造成其烧毁的直接原因。理论分析表明造成 TV 绕组产生大电流的可能原因如下：

①质量问题。由于 TV 制造过程中存在气泡等绝缘薄弱环节、绕制工艺欠佳等，使绝缘易老化，进而发生匝间短路，电流剧增，致本体烧毁。与 TV 厂家一起对烧毁的 TV 进行现场解剖，发现绕制工艺良好，树脂浇注内部未发现气孔和杂质缺陷，因此质量问题可以排除。

②TV 二次侧负荷过大或短路。二次侧负荷过载超出 TV 额定输出，使 TV 热容量加大，如果超负荷时间较长，TV 也会因电流大而烧毁。但实际上 TV 的二次负荷仅为三相四线电压表和微机综合保护装置 DCAP-3000A，其功耗远小于 TV 额定值，这个原因也可以排除。

③室内潮湿。室内潮湿引起 TV 绝缘击穿，造成匝间短路。但安装地点空气干燥，且开关柜配置了温湿度控制器，因而由潮湿造成 TV 损坏的可能性不大。

④电磁式电压互感器引起铁磁谐振过电压。在系统电压受到某些扰动时，而 TV 励磁特性又不是很好，铁芯易饱和，在特定条件下激发铁磁谐振。产生过电压和过电流，轻则烧坏高压熔丝，重则引起 TV 爆炸和停电事故。由于上述能引起 TV 烧毁的 3 种原因都已被排除，故铁磁谐振成为分析重点。

据现场操作人员介绍，事发时 10 kV 母线三相电压不平衡且升高，电压表指示有抖动现象(A 相电压6.5 kV,B 相电压10.6 kV,C 相电压9.3 kV),微机综合保护装置 DCAP-3000 A 发出零序过压告警信号,Ⅱ段 TV"嗡嗡"声变大,随后 TV 冒烟烧毁伴随着弧光,断路器跳闸。从 TV 烧毁前,B,C 相电压升高,而 A 相电压又没有下降,开口三角形零序电压发出告警信号来看,说明 10 kV 系统处于铁磁谐振状态,Ⅱ段 TV 声音变大也佐证了 TV 可能处于饱和状态。谐振产生的原因分析如下:在中性点不接地系统中,网络除了对地电容 C_o,还有 Y_n 接线的 TV 励磁电感 L。正常运行时,三相电压基本平衡,中性点位移很小。X_L 与 X_C 并联后等值阻抗为容性,事发前投母联开关可能诱使 B,C 相电压升高,而Ⅰ,Ⅱ段 TV 由分列变为并列运行,总体等值感抗必然减小,可能加速 TV 的铁芯饱和,X_L 下降,使 $X_L < X_C$,则 X_L 和 X_C 并联后等值为一个电感 L',而 A 相对地仍为一个等值电容 C',三相对地不平衡,使得电源中性点出现了一个零序电 U_0,此时三相导线对地电压等于各相电源电动势和零序电压的相量和,导致 TV 非线性电感饱和。零序性质的串联谐振回路就得以形成,激发铁磁谐振而产生过电压和过电流,造成 TV 烧毁。

3)防范措施

消谐应从两个方面着手,即改变电感电容参数以破坏谐振条件或使其受阻尼而消失,下面介绍开关柜成套设计中采用的几种消谐措施。

①选用励磁特性较好的电压互感器。要彻底解决铁磁谐振问题,最根本的是选用励磁伏安特性非常好的 TV(如起始饱和电压为 $1.5U_n$),使电压互感器在一般过电压水平下不足以进入深度饱和区,因而不易构成参数匹配而出现谐振。从某种意义上说,这是治本的措施。

②在 TV 一次侧中性点与地之间串接消谐器。在 TV 一次绕组中性点与地之间串接消谐器,当电网正常运行时,消谐器上电压不高,呈高阻值(LXQ 型消谐器阻值≥80 kΩ),可使谐振在"萌芽"初期便受到较大的阻尼作用;当电网单相接地时,TV 中性点(N)呈高电位,消谐器上电压约为 1.7 kV,电阻呈低阻值,同时可满足开口三角形处电压不小于 80 V 的要求,使接地保护不受影响。消谐器在大电流通过时,把 TV 回路的谐振电能转换成热能散发出去,基本能满足弧光接地对 R_0 热容量的要求,最大限度地保护电压互感器。

③在 TV 开口三角形绕组接消谐装置。传统消谐是在三角形开口处接入阻尼电阻 R_0,这必然导致一次侧电流增大,也就是说 TV 的容量相应增大。从抑制谐波效果考虑,R_0 越小,效果越显著,但 TV 的过载现象越严重。变电站一般采用微机消谐,该装置可区分过压、铁磁谐振(高频、工频或分频)及单相接地。当判断为存在工频位移过电压或铁磁谐振过电压后,启动消谐电路,开口三角形绕组短接(若系统发生单相接地,则不启动消谐装置),铁磁谐振在强烈的阻尼作用下迅速消失。消谐电路自动回复。由于短接时间短,故不会给 TV 带来负担。

④减少同一网络并联电压互感器台数。同一电网中,并联运行的电压互感器台数越多,总的伏安特性就变得越差,总体等值感抗也减少,如电网中电容电流较大,则容易发生铁磁谐振。所以变电所母线并联运行时,只需投入 1 段 TV 作绝缘监视,其余退出。若不能退出时,可将其高压侧接地的中性点断开,只作为测量仪表和保护用。

6.2.9 故障案例9

1)故障简述

某变电站3X14电压互感器(以下简称“TV”)是某厂家2009年9月出厂的产品,于2009年9月29日投入运行,该站未配备消弧装置。6月10日23点25分之后,10 kV系统A相电压失去信号,B,C两相电压信号正常,检修人员随后赶赴现场,检查发现3X14 TV A相一次接线端子处已经烧坏,诊断试验表明整组TV励磁特性均不合格;对3X14 TV A相解体,发现绕组已经烧焦,硅钢片出现生锈的现象。结合设备损坏前的运行情况和设备状况分析了造成TV烧毁的原因,下一步将针对TV励磁特性进行排查,不符合要求的产品将按计划更换。

2)检查性试验及原因分析

检修人员在现场对TV进行了外观检查,并依次测量了特高频信号、整组TV的绝缘电阻、直流电阻、变比和励磁特性,发现了A相TV一次绕组绝缘已经损坏,整组TV励磁特性达不到要求。试验时,环境温度为21 ℃,相对湿度为60%。某变电站3X14 TV的铭牌参数见表6.21。

表6.21 某变电站3X14 TV的铭牌参数

设备型号	JDZX9-10	出厂日期	2009.09
出厂编号	A:0909006　B:0909005　C:0909004		
绕组名称	AN/1a-1n/2a-2n/da-dn	二次额定输出/VA	30/30/100
额定电压/V	$10\ 000/\sqrt{3}/100/\sqrt{3}/100/\sqrt{3}/100/3$	准确级	0.2/0.5/6P
生产厂家	某厂家		

(1)现场检查

某变电站3X14 TV安装在隔离小车上,将3X14 TV小车拖出,仔细地检查了TV外观,发现A相TV一次接线端子向外凸起,外壳开裂,接线端子附近存在烧焦的痕迹,具体如图6.25所示。

为了判断TV绝缘损坏的严重程度,对A相TV采用外施工频电压(因无法从二次侧感应)以及未损坏的B,C相进行感应加压的方式,测量其特高频信号。B,C相在一次电压升至15 kV时开始出现放电信号;而A相电压加至3 kV时,即能检测到特高频信号,特高频放电信号随着电压的升高呈现加剧的趋势,至12 kV时,PRPD和PRPS图谱布满放电信号。根据《气体绝缘金属封闭开关设备局部放电带电测试技术现场应用导则　第2部分　特高频法》(Q/GDW11059.2—2013),4 kV时的放电图谱,表现出悬浮放电的特征;12 kV时的放电图谱,已无法分辨放电类型。

图 6.25　某变电站 3X14 TV A 相外观

(2)绝缘电阻试验

测量了三相 TV 一次绕组与二次绕组的绝缘电阻值,测量数据见表 6.22。

表 6.22　3X14 TV 绝缘电阻值

相别	A-N/MΩ	1a-1n/MΩ	2a-2n/MΩ	da-dn/MΩ
A	0	7 200	6 900	7 300
B	50 000	7 600	8 000	7 800
C	48 000	7 500	7 700	7 900
试验仪器	MODEL3125 数显式兆欧表 #1448245			

A 相 TV 的一次绕组对二次绕组及外壳的绝缘电阻值为 0,而二次绕组间及其外壳绝缘良好,表明 A 相 TV 的一次绕组与二次绕组间的绝缘已经损坏。

(3)直流电阻试验

三相 TV 直流电阻测试数据见表 6.23,A 相一次绕组的直流电阻值超出直流电阻测试仪的测量范围,表 6.23 中 A 相一次绕组直流电阻是用万用表所测的。

表 6.23　直流电阻测量数据

相别	A	B	C
一次绕组 A-N/Ω	185 000	878.5	876.1
1a-1n/Ω	0.164 5	0.165 4	0.164 6
2a-2n/Ω	0.177 8	0.178 5	0.177 6
da-dn/Ω	0.227 6	0.226 8	0.226 5
使用仪器	FLUKE 17B + 数字式万用表 HS310A + 变压器直流电阻测试仪 #1214094A +		

从表6.23可知,A相一次绕组直流电阻远大于B,C相,若一次绕组内部存在短路现象,那么A相直流电阻应变得更小,而此时出现了与之相反的结果。仔细观察发现是由于A相TV一次绕组接线端子处已出现开裂现象,导致接线端子与一次绕组间接触不良,因此测量的直流电阻明显偏大。

(4)变比测量

A相TV的变比无法测出,测量A相TV的变比时仪器始终显示过流保护。B,C相的变比数据正常,变比试验数据见表6.24。

表6.24　变比试验数据　　单位:Ω

相别	A-N/1a-1n	A-N/2a-2n	A-N/da-dn
A	—	—	—
B	100.1	100.0	173.0
C	99.9	100.1	173.1
试验仪器	BB-3A型全自动变比测试仪#008		

(5)励磁特性试验

在TV的1a-1n端子处施加电压,测量三相TV的励磁特性,B,C相拐点电压分别为30.8 V和28.7 V,而A相TV施加电压很小时,电流上升迅速,励磁特性测量数据见表6.25。

表6.25　励磁特性测量数据

电压/V	电流/A		电压/V	电流/A
	B相	C相		A相
3.5	0.05	0.02	0.5	1.25
8.9	0.10	0.07	1.0	2.48
7.7	0.16	0.13	1.5	3.64
4.6	0.23	0.26	2.0	4.68
0.2	0.35	0.41	2.5	5.73
3.4	0.63	0.76	3.5	7.96
6.7	0.96	1.15	4.2	9.72
2.6	2.39	2.74	6.7	15.86
拐点电压/V	30.8	28.7	—	
试验仪器	DT2200多倍频感应耐压测试仪 #225112			

B,C相TV未损坏,绝缘电阻、直流电阻和变比试验均已通过,但是励磁特性拐点电压不到$0.45U_m/\sqrt{3}$(对应一次电压3.08 kV),远低于《十八项电网重大反事故措施》条款11.1.2.3"励磁特性的拐点电压应大于$1.9U_m/\sqrt{3}$(中性点非有效接地系统)"的要求,于是

决定将整组 TV 进行更换。

(6)解体检查

为分析 TV 损坏的情况,将 A 相 TV 解体检查,解体后的照片如图 6.26 所示。

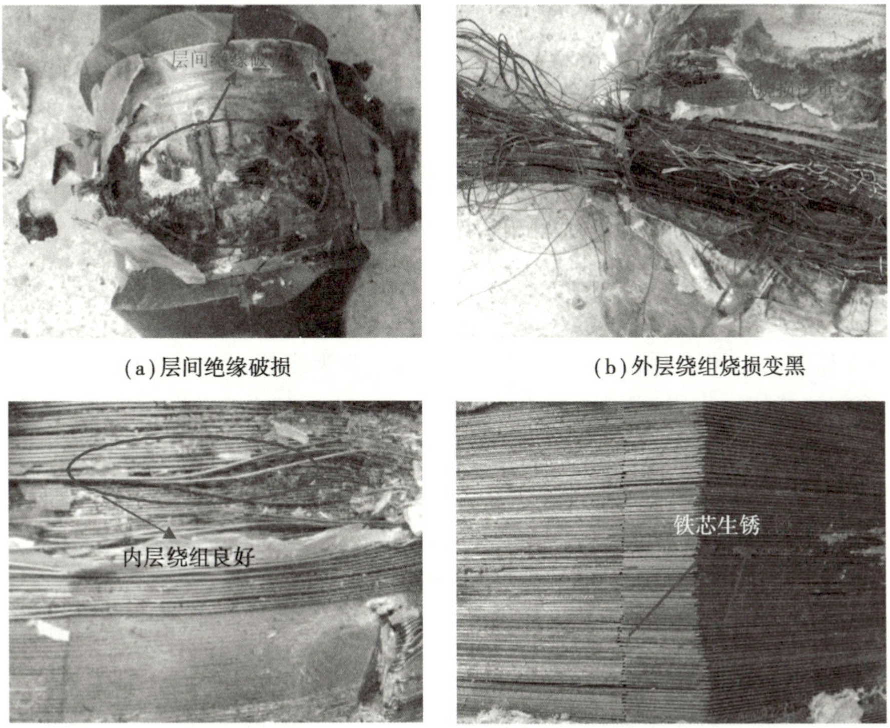

(a)层间绝缘破损　(b)外层绕组烧损变黑

(c)内层绕组完好　(d)铁芯外层生锈

图 6.26　A 相 TV 解体绕组和铁芯照片

从图 6.26(a)可知,层间绝缘物出现了炭化现象,图 6.26(b)反映了一次绕组线圈烧损严重,绝缘物损坏;图 6.26(c)可以看出内层绕组的线圈完好,但绝缘层已经脆化,图 6.26(d)表明铁芯已经生锈。通过对设备的解体分析,可知互感器内部发生了过热现象,一次绕组处绝缘已经严重损坏,存在短路现象,而内层绕组完好无损;另外,该 TV 采用的硅钢片存在明显的锈蚀情况。解体分析与诊断试验表明 3X14 A 相 TV 一次绕组绝缘已经损坏,内部存在短路现象,厂家选用了劣质的原材料,造成整组 TV 的励磁特性不满足要求,导致 TV 内部发生过热而损坏。

(7)原因分析

结合该 TV 损坏前的运行情况,对其损坏原因进行分析。从上述诊断试验结果已知该组 TV 的励磁特性达不到标准要求。TV 损坏前存在不稳定的接地现象,A 相和 C 相交替出现单相接地故障。A 相首先发生接地故障,持续时间约 3 min,恢复正常后,C 相发生接地故障,持续时间约为 20 min,随后 C 相恢复正常,A 相再一次发生接地故障,持续时间约为 2 min,A 相接地故障解除之后,三相电压维持正常,之后 A 相 TV 无法采集到电压数据,B,C 相电压正常,推测此时 A 相 TV 已经损坏。当系统发生单相接地故障时,等效电路如图 6.27

所示，E_A，E_B，E_C 分别为三相电源电动势，L_A，L_B，L_C 分别为三相 TV 等效电感，C_A，C_B，C_C 分别为三相线路对地电容。

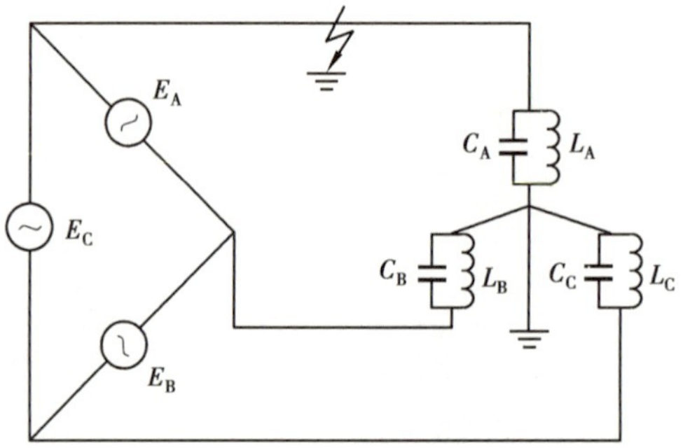

图 6.27　发生单相接地故障时的示意图

当出现稳定的单相接地故障时，非故障相电压上升为线电压，若此时互感器铁芯即进入饱和区，电压互感器一次绕组将产生较大的电流，造成互感器发热烧毁。当出现不稳定接地故障时，由于该站未配备消弧装置，接地产生的电容电流得不到有效补偿，不能自行熄弧，将出现重燃现象。熄弧与重燃交替出现，在非故障相产生暂态过电压（可达 6 ~ 8 倍相电压），将使铁芯进入深度饱和区域，破坏 TV 热稳固性造成损坏。

单相接地故障恢复时，此时非故障线路的对地电容已充上了线电压下的电荷，非故障相的线电压恢复为相电压的过程中，此时线路对地电容上多余的电荷将在非故障相的 TV 上流通，通过一次绕组流向大地，如果剩余电荷较多，持续时间长，同样会造成铁芯饱和，在工频电压作用下，甚至产生冲击电流，导致互感器发热损坏。查阅该 TV 的出厂试验报告，其励磁特性试验数据见表 6.26。在 $1.25U_m/\sqrt{3}$ 时（对应的一次电压为 8.66 kV），电流即达到了 1.5 A，可知此 TV 在出厂时，励磁特性为不合格。

表 6.26　励磁特性出厂试验数据

出线端子	1a-1n	施加电压/V	28.9	46.2	57.7	69.2	86.6	109.6
		电流/A	0.09	0.14	0.2	0.33	1.5	—

该 TV 在线电压的作用下，铁芯即会出现饱和，考虑 C 相发生接地故障时间较长，非故障的 A，B 相 TV 经历了较为严厉的考验，同时 A，B 相线路对地电容经历了足够长的充电时间，在故障解除时，大量电荷沿着非故障相 TV 流通，A 相的热稳固性较差，所以最终导致了 A 相 TV 被烧损。

3）防范措施

对于新安装的 TV，拐点电压要求大于 $1.9U_m/\sqrt{3}$，拐点电压下的励磁电流应小于 1 A，同一组 TV 的励磁电流差不超过 30%。对已投运的 TV，应按计划复测励磁特性，对拐点电压低于 $1.5U_m/\sqrt{3}$ 的 TV，应及时进行更换。结合 TV 运行情况，对 TV 损坏原因分析可知，在发生线路单相接地故障后和在接地故障恢复过程中，非故障相 TV 是最容易损坏的。为了减少

TV 损坏事故的发生，生产厂家在制造环节应严格把控，采用质量合格的铁磁材料，增大铁芯截面，同时提高绝缘材料的耐热强度；在交接试验和入厂验收时，应加强对 TV 励磁特性的检测，不符合要求的产品不准投运。

6.3　电压互感器炸裂故障

6.3.1　故障案例 1

1）故障简述

某供电公司 220 kV 变电站 35 kV 光般线互感器在进行交接试验时，由于试验条件不满足，无法进行 1.9 倍额定电压下的空载电流测试，投运 10 天后发生炸裂事故。

（1）事件过程

8 月 18 日17:23:45　35 kV　Ⅰ段母线 VQC 系统自动调节切除甲组电容器时

35 kV　Ⅰ母线 $3U_0$ 电压报警，开口电压为 86 V

17:24:00　35 kV　光般 645 接地报警、动作

17:34:08　35 kV　光般 645 过流Ⅰ段动作、重合闸动作

17:52　进入 35 kV 高压室检查发现光般 645 出线互感器　B，C 相炸裂，其中 C 相互感器环氧树脂浇注外绝缘炸裂，一次绕组已全部散股并裸露

（2）系统状态

①三相电压互感器中性点直接接地，没有一次消谐器。

②电压互感器一次桩头在成套开关柜内没有高压熔丝。

③电压互感器开口三角没有消谐装置。

④电容器组中性点不接地。

⑤由于电容电流不大消弧线圈未投运。

2）故障原因分析

根据以上条件，可以这样认为：当系统切除电容器时，由于断路器三相状态不一致，使电容器回路中的残余电荷通过系统中的设备释放，如图 6.28 所示。

假设断路器 A 相已灭弧，B，C 相还未灭弧为初始状态，根据电路叠加原理一方面对电源来说相当于在 B，C 相上接了一个不对称负载，要对其充电；另一方面 B，C 相电容要释放残余电荷。虽然电容器上有并联放电线圈，但是当 A 相灭弧时，B，C 相电压不等，那么不可否认电压互感器一次侧也要参与放电，特别是当电压互感器铁芯接近饱和时回路阻抗就很小

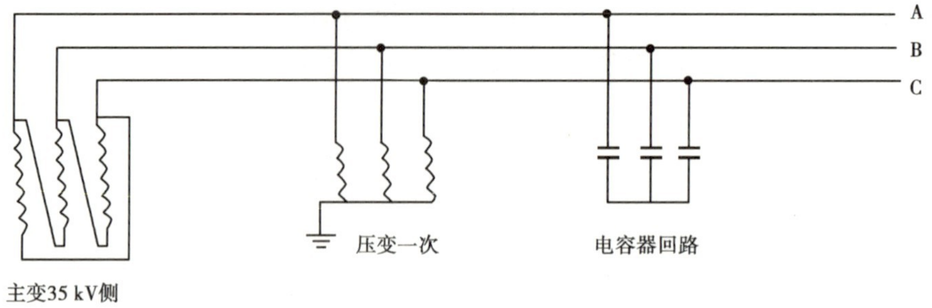

图 6.28　等值电路

了;另外,如果初始状态时两相电压相差越大,则放电电流越大。同样如果是两相已灭弧一相还未灭弧,则电容器回路中的电缆等对地容性设备将通过地网与电压互感器构成放电回路。

如果流经某电压互感器的该电流对电压互感器铁芯产生的扰动使其从正常工作点 a 跳跃到 b,即铁芯饱和后产生了铁磁谐振,如图 6.29 所示,由于铁磁谐振的自保特性,使得电容器回路完全断开后仍然存在。

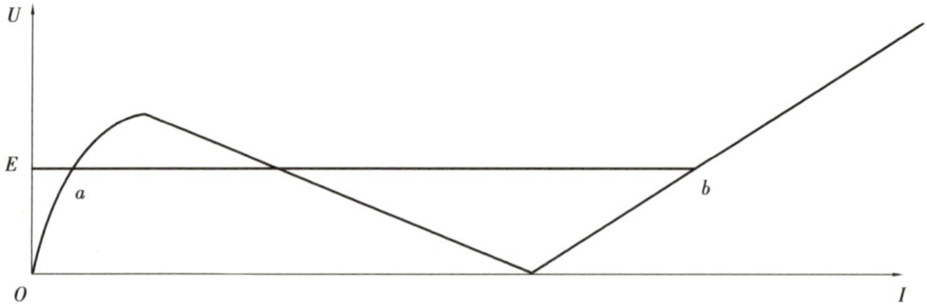

图 6.29　伏安特性

铁芯饱和的另一个后果就是会产生工频位移过电压从而引起虚幻接地现象,以及使网络中出现零序电压。工频位移电压产生后,将使两相电压大幅升高,也会形成铁芯饱和。当铁芯饱和后又持续运行 10 min,绕组和铁芯在大电流的作用下发热严重终于崩溃,于是过流动作。

3)故障结论及控制措施

通过以上分析可以看出这是一起典型的主要由于互感器励磁特性不满足运行条件,再加上系统中没有有效抑制互感器饱和电流措施引起的故障。一般来说,引起电压互感器饱和的原因主要是单相接地,因此很多限制措施是针对这一原因设置的,下面分析这些措施对本次故障的限制作用。

①如果在一次侧有高压熔丝,那么电压互感器在 b 点工作无论是单相过流还是两相过流引起的,当一次绕组通过较大电流时必然会使熔丝熔断,从而保护电压互感器;由于引起铁芯饱和的电流以及饱和运行时的大电流均应通过高压熔丝,因此加装高压熔丝可以有效防止故障。

②如果中性点有消谐装置，那么当单相过流时扰动电流将在该装置上产生压降，从而抑制铁芯饱和；但如果是两相过流即扰动电流不通过接地装置而直接在两相间形成回路，那么该措施将无法有效抑制铁芯饱和。

③如果电压互感器二次开口三角侧有消谐设备，那么当铁芯饱和时由于会有零序电压，将使消谐设备起作用，也能达到一定的消谐效果；因为此次故障中产生了明显的零序电压，因此加装二次消谐装置也应能起作用。

④如果消弧线圈投入使用，那么“幻地”产生后中性点的电压将使消弧线圈动作，在一定程度上抑制铁芯饱和。

由此可见，熔丝对电压互感器来说是最重要的过流保护，但由于涉及充气柜，内部用户一般无法自行加装，以及维护的因素，因此必须要与厂方协商解决。对于第二点，因在中性点加装消谐装置可以抑制工频位移过电压和饱和电流，而现场电压互感器一次末端是有条件引出的，但是每组电压互感器都需要加装，就必须考虑安全距离和场地的限制。

反事故措施如下：

①选用励磁特性好的设备，同时试验时按照规程规定严格把关。

②研究系统各参数，尽量避免谐振条件的产生。

③一定要做好设备的保护工作，防止设备在保护不健全的情况下运行。

④加强对新设备的研究，及早发现隐患，及时整改。

6.3.2　故障案例 2

1）故障简述

2014 年 7 月 12 日 17:33，某 220 kV 变电站 4633 XX Ⅰ线 A 相跳闸，901，602 高频保护动作，901 距离Ⅰ段动作，重合闸成功。测距为 22.01 km。同时，值班人员发现 4633 XX Ⅰ线光字牌发出“线路无电压”告警，立即巡视设备。巡视中发现该相电容式电压互感器的电容分压器上节瓷套三四片部位炸裂出一个洞（图 6.30），地上有碎瓷片。

图 6.30　电容分压器上节瓷套三四片部位炸裂

值班员汇报上级后，于 18:45 将线路改冷备用，后改检修。2014 年 7 月 13 日中午 12:00，某厂家紧急调运同型号电容式电压互感器到达现场，相关部门立即组织进行交接试验和设备安装，15:30 海中Ⅰ线恢复运行。

2)故障原因分析

事故发生时，该 220 kV 变电站所在地区有雷电活动，该事故设备在避雷器保护范围内，但变电所避雷器未动作。经高压试验，电容式电压互感器的上下节电容量测试合格，与出厂电容值相比，误差在 1.5% 以内，介质损耗值与出厂试验值基本一致，表明上下节电容元器件完好。上节瓷套内电容器油色谱分析发现，乙炔严重超标，表明在上节瓷套内发生了放电故障。电容式电压互感器的电容分压器上节瓷套在内部芯子上部固定夹板（金属）所在位置炸裂出一个洞，在长方形夹板尖角相对处的瓷套碎片上有明显的击穿痕迹，表面上出现炭化痕迹（图 6.31）。

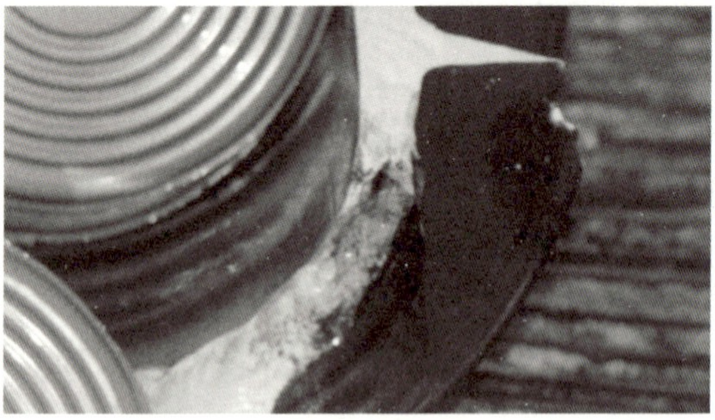

图 6.31　瓷套碎片表面上有炭化痕迹

图 6.32　中压瓷套爆裂、连线断路

电容器分压器上节瓷套内壁有 10 cm 长的划伤痕迹，可能为制造过程中安装不当导致。电容器分压器的芯子表面无爬电、击穿痕迹，即电容分压器芯子完好。电容器分压器下节的中压瓷套爆裂，与中间电压互感器高压绕组之间的连线断路（图 6.32）。下节分压器中的油通过炸裂的中压瓷套漏入电磁装置的油箱中。故障录波图显示，海中Ⅰ线跳闸后，电容式电压互感器二次仍有感应电压输出（幅值很小），但在随后的一个突然冒出的幅值较高的尖顶波后，示波图变成了一条平坦的直线。表明电容式电压互感器在线路跳闸后，并未立即发生爆炸。在开关跳闸失去避雷器保护后，可能再次遭受雷电冲击，发生爆炸。幅值较高的尖顶波即为雷电压冲击波。

造成电容式电压互感器分压器上节瓷套上部炸裂的原因是长方形金属夹板的尖角造成电场过于集中，平时尖角对瓷套发生电晕放电，可能对瓷套造成绝缘损伤；雷电时，过电压在电容分压器瓷套壁内、外电压分布不一致，造成瓷套壁内外表面出现很大的电位差，而电容分压器芯子上夹板尖角处的电场最集中，使得此处瓷套壁内电场强度超过击穿场强而发生击穿，击穿点处的内应力发生变化使得瓷套产生裂纹，雷电过电压的能量使裂开的瓷套被炸开。

虽然说电容式电压互感器能耐受标准规定的 950 kV，波形为 1.2/50 μs 的雷电冲击耐压试验，但是长方形夹板的尖角造成电场过于集中，使得此处抗雷击的能力下降。因此，夹板上的尖角造成电场局部集中是此次发生瓷套炸裂的内因，雷击则是外因。虽然瓷套壁在型式试验中承受住55 kV/5 min的工频耐压试验，但瓷套可能在厂家安装过程中受到损伤，故不能排除这只瓷套本身存在电弱点的可能，这也是瓷套炸裂的内因之一。在雷击时，分压器下节抽头处同样受到过电压的作用而使中压瓷套发生击穿炸裂。

3）故障结论及控制措施

由于长方形夹板的尖角与瓷套间距过小（约4 mm），在尖角处电场畸变、场强过于集中，可能对瓷套造成绝缘损伤；再加上线路侧无避雷器，防雷保护靠母线避雷器，当线路遭雷击跳闸，在重合前线路再次遭雷击，则导致线路侧电容式电压互感器因雷电波冲击损坏。

反事故措施如下：

①加强对设备的工艺处理，避免出厂设备存在隐患。该电容式电压互感器如长方形金属固定夹板尖角处理成圆弧形，在很大程度上能避免事故的发生。

②在制造过程应加强管理，加强质量检验。如此次爆炸的电容式电压互感器瓷套可能在安装过程中受到刮伤。

③对新入网运行、缺乏运行经验的厂家设备，安装单位和运行单位的有关人员应及时了解设备的结构和技术参数，应加强对设备的出厂验收和交接试验，确保设备安全。

6.3.3　故障案例3

1）故障简述

2016年4月12日，某供电公司110 kV变电站#1主变保护装置告警，采样不平衡。检修人员立即赶到现场进行检查，经认真分析检查，发现35 kV Ⅰ母线电压互感器C相油位计中油质发黑。初步判断为35 kV Ⅰ母线电压互感器故障，立即安排停电并进行油化试验。油色谱分析测试结果见表6.27，测试结果表明：C相TV油中溶解气体总烃含量663.42 μL/L、乙炔含量117.57 μL/L、氢气含量342 μL/L，含量均超过注意值，三比值编码为101，判断故障性质为电弧放电。

表6.27　油色谱分析数据

设备名称	Ⅰ母线TV	电压等级	35 kV	分析室温度	20 ℃	湿度	50%	
大气压力	101.3 kPa	取样时间		2016.4.12	试验时间		2016.4.13	
含量/(μL·L^{-1})	甲烷	乙烯	乙烷	乙炔	氢气	一氧化碳	二氧化碳	总烃
A	38.89	2.53	1.31	0	24.85	229.60	650.80	42.73
B	18.11	5.74	2.26	0	10.58	312.75	909.68	26.11

续表

C	180.40	244.51	120.94	117.57	342.00	758.78	8 441.28	663.42
三比值编码	C 相:101							
分析意见	C 相:总烃、乙炔、氢气含量均超过注意值。三比值编码:101,故障性质:电弧放电,建议更换							

该组 TV 为 2009 年保定市电力互感器厂生产的同一批产品，产品编号为 330358,330374,330366;产品型号为 JDX-35。

2)诊断试验与解体检查

2016 年 4 月 14 日,停电更换某变电站 35 kV Ⅰ母线电压互感器,并将退出 TV 运往试验大厅进行诊断试验与解体检查。

(1)外观检查

对 35 kV Ⅰ母线 TV 进行外观检查,发现油箱和油枕表面有严重锈蚀,油枕油位显示正常,C 相油位计中油质发黑,外表面无渗油、漏油痕迹,如图 6.33 所示。

(a) A相　(b) B相　(c) C相

图 6.33　TV 整体外观

(2)诊断试验情况(温度:23 ℃、湿度:50%)

①绝缘电阻测试。其测试数据见表 6.28,三相数据横向比较,C 相各部位绝缘电阻值明显较小,说明该相绝缘已严重劣化。

表6.28　绝缘电阻测试

相别	H-L. E/MΩ	L-H. E/MΩ	1a-1n-其他及地/MΩ	2a-2n-其他及地/MΩ	da-dn-其他及地/MΩ
A	11 000	4 200	9 000	5 100	5 200
B	17 000	4 200	9 200	6 000	7 000
C	1 500	300	280	350	300

②介质损耗测试。其测试结果见表6.29,根据《输变电设备状态检修试验规程》规定:非串级式电磁式电压互感器介质损耗因数≤0.5%。A,B相测试结果满足规程要求,C相介损(30.9%)远远大于规程值。

表6.29　介质损耗测试

使用方法	末端屏蔽法		
	A相	B相	C相
电容 C/pF	6.686	7.232	7.859
介质损耗 tan σ/%	0.492	0.292	30.90

③绕组直流电阻测试,其测试数据见表6.30,C相一次绕组与A,B相比较有略微减小,其余数据无明显异常。

表6.30　绕组直流电阻测试　　单位:Ω

相别	一次绕组	1a-1n	2a-2n	da-dn
A	5 100	0.125	0.148	0.134
B	5 100	0.117	0.137	0.127
C	4 980	0.126	0.133	0.138

④绕组变比测试,其结果见表6.31,三相对应绕组的变比测试数据一致,结果正常。

表6.31　绕组变比测试　　单位:Ω

相别	AX/1a-1n	AX/2a-2n	AX/da-dn
A	349.65	349.58	604.99
B	349.63	349.59	604.95
C	349.50	349.50	604.84

⑤铁芯励磁特性测试。从二次绕组1a-1n加压进行铁芯励磁特性测试,其中A相拐点电压约为64 V,B相拐点约为63 V,C相拐点约为75 V,拐点电压均低于131.6 V($1.9U_m/\sqrt{3}$),励磁特性不合格。

⑥解体检查。根据绝缘试验和油色谱分析结果，可以判断35 kV Ⅰ母线C相TV内部存在严重的绝缘缺陷，并已经产生了电弧放电，放电部位可能为铁芯烧损、夹件悬浮放电、绕组及绕组引线接头等位置。再结合该种电压互感器的绕组结构和变比、直流电阻试验结果，进一步怀疑绕组引线接头放电的可能性为最大。随后试验人员对该相TV立即进行解体检查，检查发现以下4种情况：

a. 油枕顶盖和放出的绝缘油中均含有大量锈迹，如图6.34所示。

图6.34　油枕顶盖内部

b. 高压引线接头位置发生放电，包裹的绝缘油纸已烧损炭化。

c. 铁芯硅钢片上存在大量锈迹，如图6.35所示。

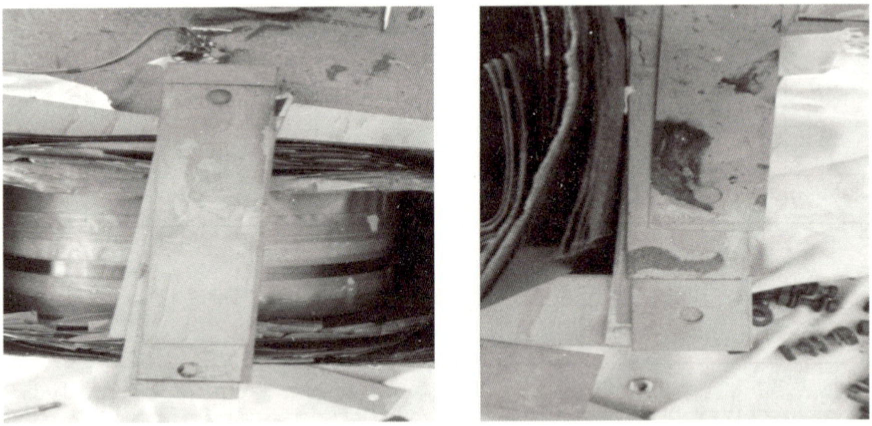

图6.35　铁芯硅钢片锈迹

d. 绕组线圈没有烧损痕迹，表面清洁，颜色光亮。

3）原因分析

根据诊断试验和解体检查结果，可以判断本次互感器烧损的原因为一次绕组出线与引线接头发生电弧放电。放电原因可初步归纳为以下4点：

①由于绕组端部和铁芯之间既非平面电场也非轴对称电场，它们之间的电场强度极不

均匀，电场强度较大，故端部绝缘是线圈主绝缘中的薄弱环节。

②根据绝缘电阻和介损试验结果可知，该互感器的绝缘性能已严重劣化。

③根据外观和绝缘油检查结果可知，该互感器锈蚀严重，甚至在顶盖内部边缘都有锈蚀。油中铁锈造成内部绝缘降低，同时铁锈也会沿着高压引线集聚到绕组出线端子周围，造成端子处的电场畸变和绝缘性能更加恶化。

④互感器本身的制作工艺不完善，如引线接头端子焊接不良、端部的均压措施设计不到位等原因。

4）防范措施

①本次电磁式电压互感器故障为绕组端部电弧放电引起，放电之后绕组主绝缘尚未安全击穿，电压互感器也能暂时继续运行。对于此类设备隐患应在日常巡视和检修人员专业化巡视过程中密切关注，并使用带电检测手段，防止因设备故障造成电网事故。

②在对电磁式电压互感器的诊断试验过程中，测试的三相互感器励磁特性均不合格。解体后，检查铁芯硅钢片外观，发现硅钢片锈迹斑斑，怀疑该硅钢片为老旧硅钢片重复使用，存在安全隐患。建议加强对此类设备关键环节的节点监造，防止隐患设备入网。

③在对电磁式电压互感器的诊断试验过程中，因为变比试验结果正常，先排除一、二次绕组存在匝间短路、断线、断股等缺陷；同时直阻试验发现 C 相（故障相）的一次直阻有异常，可初步判断设备缺陷在一次绕组接头等位置，解体结果与试验分析一致。

④加强对设备的防腐处理，提高工艺水平，严把质量关，保障电网安全运行。

6.3.4　故障案例 4

1）故障简述

2013 年 7 月 19 日，某 110 kV 变电站 35kV Ⅰ段母线电压互感器发生爆炸。检修人员赶赴现场检查情况后发现，35 kV Ⅰ段母线电压互感器 A 相受损最为严重。手车 A 相保险管已完全破裂，绝缘支撑杆上部有烧焦痕迹，且 A 相电压互感器发热，温度约 70 ℃，A 相静触头存在。B，C 两相熔断器、绝缘支撑杆外表均有烟尘覆盖，电压互感器手车及柜内存在严重破坏，无法处理。21 日上午，试验人员到达现场，对受损的电压互感器进行检查试验。通过 35 kV Ⅰ段母线电压互感器所测数据与交接试验报告上的数据比较发现：A 相一次侧直流电阻不合格，一次侧及二次线圈 1a-1n 绝缘电阻值不合格；35 kV Ⅰ段母线电压互感器 B 相一次侧直流电阻不合格，绝缘电阻值偏低。35 kV Ⅰ段母线电压互感器故障后，主变 35 kV 侧空载运行。21 日下午，10 kV Ⅰ段电压互感器发生爆炸。现场检查设备受损情况，电压互感器手车整体受损破坏严重，A，C 相熔断器已经破碎，A 相电压互感器严重溢胶，且柜体内部经受高温，外表绝缘严重脱落，隔离挡板活门无法落下。事故后，该站 35 kV、10 kV 系统退出运行。

2)原因分析

(1)故障录波图分析

通过调取2018年7月19日19时05分故障录波记录的异常波形进行分析。对比正常的110 kV Ⅰ母线电压可以看出,35 kV Ⅰ母线电压峰峰之间的时间为正常的两倍,约为40 ms,表示为25 Hz波形;从$3U_0$看得更明显,而且零序幅值过大。35 kV Ⅰ母线电压互感器安装的消谐装置19时02分记录了母线谐振,频率为24.2 Hz,开口三角电压为122.4 V。可以判断35 kV Ⅰ母线电压互感器故障时出现了二分频的谐波。查看10 kV综合报警信息,发现10 kV线路发生了间歇性单相接地。调取故障时,10 kV电压故障录波图进行分析:从波形可以看出10 kV Ⅰ母线电压峰峰之间的时间为40 ms左右,表示为25 Hz波形;从$3U_0$看得更明显,而且零序幅值过大。可以判断10 kV Ⅰ母线电压互感器故障时同样出现了二分频的谐波。

(2)铁磁谐振原因分析及现象

铁磁谐振一般发生在中性点不接地系统中。不同的谐波都可能形成谐振条件,因此,有不同的现象,按频率不同可分为:

①基波谐振。一相电压降低,另两相电压升高超过线电压;或两相电压降低,一相电压升高超过线电压,电压互感器开口三角上有电压输出,发出接地信号。

②高频谐波谐振。三相电压同时升高超过线电压。

③分频谐波谐振。三相对地电压同时升高并做低频摆动。

(3)电压互感器烧毁原因分析

根据2018年7月19日故障录波文件分析,10 kV和35 kV电压互感器铁磁谐振为1/2分频。1/2分频谐振的激发条件大多是单相接地故障发生又突然消除的暂态过程。由于其起振电压较低,在一定电网条件下1/2分频谐振最容易发生,一般电压并不高,但电流大,会使电压互感器过热而爆炸,破坏力很强,也是电压互感器出现烧坏的主要原因。而10 kV自动化后台综合报警信息,曾发生单相间歇性接地,使得电压互感器励磁电流突然增大发生饱和,中性点发生位移,产生了严重的铁磁谐振过电压。

3)防范措施

①为防止电压互感器铁磁谐振应采取以下技术措施。投运电压互感器前应进行V-A特性试验,按照《国家电网公司十八项电网重大反事故措施》的要求,三相TV的V-A特性应一致,并在1.9倍额定相电压下,电流不饱和。这样在系统发生故障时,可有效减少发生谐振的可能。

②将电压互感器保险换成大尺寸规格的保险。

③建议加装消谐装置,以检测电压互感器开口三角电压,计算零序电压5种频率(3分频/17 Hz、2分频/25 Hz、工频/50 Hz、3倍频/150 Hz、5倍频/250 Hz)的电压分量。当有故障发生则判断故障类型时,如果是铁磁谐振则安装特定程序快速启动消谐元件予以消除,并显示保存故障信息,同时给出报警信号。

④根据运行经验,应考虑加装消弧线圈。当10 kV系统电容电流达到30 A左右时,

35 kV系统电容电流达到 10 A 左右时，应考虑加装预调式消弧线圈，并将消弧线圈处于过补偿运行。

6.3.5　故障案例 5

1）故障简述

2018 年 11 月 28 日 14：21，某 110 kV 变电站主控室后台机报“10 kV Ⅰ母线接地告警”；16：14，系统报出火警告警信号。运行人员穿戴好安全防护用品进入 10 kV 高压室进行检查，发现 10 kV Ⅰ母线电压互感器柜后柜门处冒出浓浓的黑烟，后柜门观察窗玻璃已破碎，后停电检查。电压互感器三相都有不同程度的烧毁和破损：A 相烧毁最为严重，一次侧线圈裸露在外，绕组匝间短路严重，部分铜丝已被熔断；B 相底部和侧面环氧树脂各崩裂掉一块；C 相底部绝缘被烧毁。电压互感器三相一次绕组采用 Y 形接线，中性点直接接地，型号为 JDZX10/F，投运日期为 2010 年 12 月。

2）原因分析

对 10 kV 系统进行电容电流测试，电容电流值较大，为 46 A，这极易发生弧光接地。10 kV系统曾出现短时接地，然后故障消失。架空线路最南侧的 C 相与一棵杨树距离很近，树干上有电弧烧伤痕迹，推断该线路 C 相在风力作用下与树干距离过近时发生弧光接地。电压互感器在过电压作用下，铁芯严重饱和，绕组励磁涌流增加，同时线圈电感值变小。当电感值小到一定值时，回路中的感抗与容抗相等，发生铁磁谐振。发生铁磁谐振后，电压互感器会产生很高的过电压，流过较大电流时，造成匝间短路，最终被烧毁。

3）措施

①对 10 kV 架空裸导线定期进行隐患排查，使其远离树木、建筑物等。在有可能发生接地故障的线路处加装绝缘护套，市区或丛林密集地区用架空绝缘导线代替裸导线。

②铁磁谐振产生的根本原因是铁芯饱和，即电压互感器的励磁特性不好。选择励磁特性好的电压互感器替换原来的互感器。

③对该供电区域 10 kV、35 kV 系统电容电流进行实测，对电容电流超过标准规定的变电站安装消弧线圈。

6.3.6　故障案例 6

1）故障简述

2018 年 2 月 3 日 18 时 28 分，某 500 kV 变电站 1 号主变所带的 66 kV 2 号电抗器过流Ⅰ段保护动作，2 号电抗器间隔断路器跳闸。随后，运行人员发现后台机 66 kV Ⅰ母线电压显示异常，立即向有关部门汇报。按照要求，运行人员对接在 66 kV Ⅰ母线运行的设备进行红外测温，未见异常，随后又对 66 kV 测控屏、66 kV Ⅰ母线电压互感器二次侧空气开关等进行相应检查，也未见异常。20 时 59 分，运行人员现场发现 66 kV Ⅰ母线 C 相电压互感器喷油，接着 B 相也开始喷油。为了安全，运行人员立即撤离现场，21 时，66 kV Ⅰ母线 B，C 相电压互感器相继爆炸并着火，500 kV 1 号主变差动保护动作，高压、中压、低压三侧开关跳闸。从发现异常到开关跳闸历时大约 150 min。事故发生后，相关人员对现场进行了检查，发现 66 kV 2 号电抗器 C 相第三、四包封之间有非常明显的放电烧黑痕迹（图 6.36），B 相电抗器本体下部外绝缘撞击损伤，66 kV Ⅰ母线 B 相、C 相电压互感器炸飞，只剩下底座（图 6.37），A 相有明显的电弧烧蚀痕迹，66 kV 电压互感器间隔周围的断路器、电流互感器瓷套伞群、支柱绝缘子伞群和 66 kV 母线耐张绝缘子伞群等均有不同程度破损。

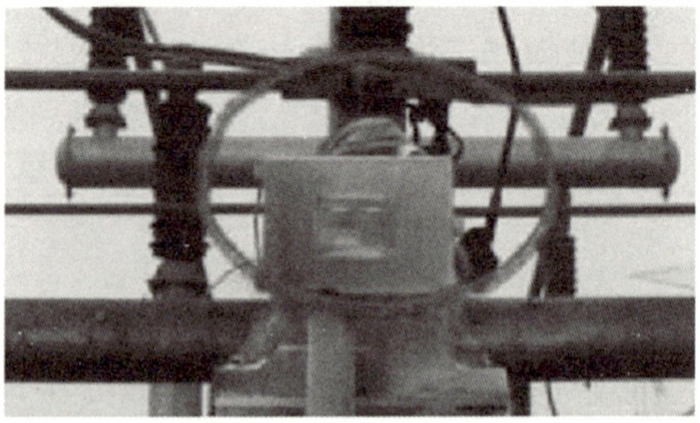

图 6.36　2 号电抗器 C 相故障情况

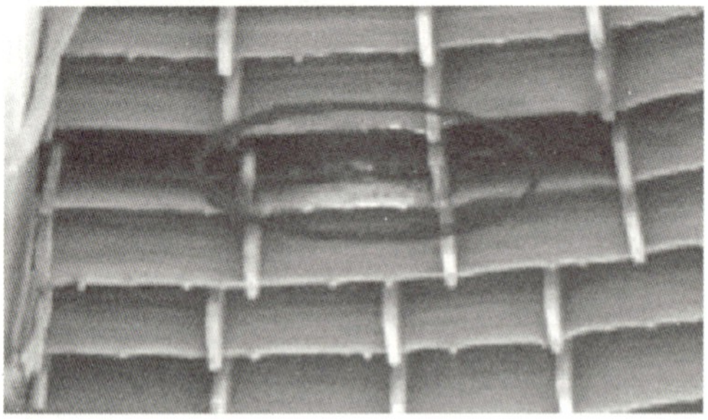

图 6.37　66 kV 电压互感器受损情况

2）原因分析

（1）系统接线情况

66 kV 电压互感器被安装在 1 号主变主三次套管与 1 号主三次开关之间的母线上，B，C 两相电压互感器由于爆炸而造成接地短路故障在变压器的差动保护范围之内，继电保护动作正确。

（2）故障录波情况分析

在 18 时 28 分 06.293 秒时，该 66 kV 系统 C 相发生单相接地故障，18 时 28 分 06.373 秒单相接地故障消失，持续时间约为 80 ms。在接地故障消失瞬间，诱发系统谐振产生。从 $3U_0$ 录波情况来看，其零序电压振荡周期接近 40 ms（约 25 Hz），属于典型的 1/2 分频谐振。分频谐振过程一直持续到 20 时 58 分 55.272 秒，在此过程中，该 66 kV 系统 A，B，C 三相对地电压最大有效值分别为 71.98，74.60 和 74.78 kV，以 C 相为最大，A 相最小，由于叠加原因，三相对地电压波形畸变严重，周期大致为 40 ms，零序电压最大有效值为 45.04 kV。在 20 时 58 分 55.272 秒之后，分频谐振现象消失，A，B，C 三相对地电压波形恢复正常，有效值分别在 33.0，38.9 和 35.4 kV 左右，以 A 相为最小，C 相次之，B 相最大，同时，中性点出现有效值为 3.5 kV 左右的工频电压，在持续大约 5 s 后，即在 20 时 59 分 04.436 秒，中性点零序电压的幅值开始随着时间的增加而逐渐增高。从录波图看，A 相电压、B 相电压及中性点零序电压幅值随着时间的增加逐渐增高，且以 B 相的幅值为最大（最大有效值为 64.2 kV 左右），而 C 相电压幅值则随着时间增加而降低，其有效值一直降低到 14.1 kV 左右，中性点零序电压有效值升至 31.5 kV，该过程预示着 C 相电压互感器的绝缘状况已经开始严重劣化。20 时 59 分 33.390 秒，B 相电压也开始下降，表明该相电压互感器的绝缘状况也开始劣化。21 时 00 分 07.316 秒，B，C 两相电压互感器对地电压几乎同时降为零，表明这两相互感器的主绝缘已经完全被击穿，故障录波显示这两相几乎同时接地，造成两相接地短路故障，约经过 58 ms 后，主变差动保护动作，主变开关跳闸，故障被切除。

3）解决措施

（1）调整相关参数，消除谐振的产生

调整原来参与谐振的系统的相关参数，从根本上消除系统谐振的发生。

①选用电子式（或光电式）电压互感器。电子式（或光电式）电压互感器近年发展速度较快，在智能化变电站中应用较多。由于没有像普通电磁式电压互感器那样的铁芯线圈，谐振也就很难发生。由于此类互感器在系统中运行的时间较短，运行经验尚待积累，所以，在选用时，对其安全性、稳定性及可靠性等方面要多加注意。

②采用电容式电压互感器。电容式电压互感器是属于电容性质的负载，在 220 kV 及以上电压等级的系统中应用较为广泛，近年在 66 kV 系统中也有应用。由于它与系统的零序参数一般不具备产生谐振的条件，因而，在一些容易发生铁磁谐振的场合，可以考虑选用。但是，电容式电压互感器结构相对复杂，其自身出现故障的概率相对较高，同时其二次也有发生谐振的风险，精度受系统参数影响较大等，在应用时应充分考虑。

③采用励磁特性较好的电磁式电压互感器。励磁特性好的电磁式电压互感器由于铁芯不易饱和，在一定程度上可以有效阻止谐振的发生，如采用敞开式铁芯的电磁式电压互感器，其励磁特性曲线甚至在很高的电压下也几乎都是线性的，因而其与系统零序电容特性曲线难有交点，也能达到避免谐振的目的。即便是发生单频谐振，此时只要参数稍加改变（如投切一条线路等简单操作），谐振即被破坏。也可考虑采用呈容性的电磁式电压互感器。

（2）消除谐振的方法

对产生的谐振进行抑制直至消除，使电网恢复到正常运行状态，其方法如下：

①在电压互感器的开口三角形两端接入阻尼电阻。

②在电压互感器高压中性点与地之间接入阻尼电阻。

③在电压互感器的开口三角形两端接入专用消谐装置，消谐多次不成功后，发出告警。

6.3.7　故障案例 7

1）故障简述

某 35 kV 变电站为单线单变接线方式，故障前运行方式为 35 kV 1 号主变带 10 kV 全部负荷运行，主变保护正常投入。事故发生当日上午 06 时 50 分左右，检修人员接到事故抢修通知，事发变电站 1 号主变保护动作跳闸，全站失电。接到抢修命令后，抢修人员立即火速赶往事发变电站。到达现场后，发现故障点在 10 kV 1 号母线压变柜，运行人员已将压变手车拉出,压变柜及手车整体已全部烧黑,相邻柜被熏黑,立即汇报调度、工区领导。同时根据事故应急预案和调度口令,隔离故障设备、恢复所用电系统,尽快送出丢失负荷。

2)原因分析

因现场 UPS 电源在站用电源失电时发生故障,导致后台及监控均未能记录故障时的信息,在对 OPEN3000 系统进行检查分析时,调出故障前 10 多分钟的遥信信息发现 10 kV 母线各相接地信息频发,动作、复归信息动作达 5 次,调出遥测信息发现 10 kV 母线电压波动较大(遥测曲线取样为每 5 min 取 1 点)。

母线遥测电压如下:

三相相电压波动较大,均升高约 1.6 倍,线电压均正常,属于铁磁谐振中典型的分频谐振现象。

保护及自动装置动作情况如下:

06:15:09:205,35 kV 1 号主变高后备保护装置复合电压过流一段一时限(定值 251 A/4.18a,1.4 s)及复合电压过流二段一时限(定值 185 A/3.08a,1.4 s)保护动作出口,三相故障,动作电流为 1 136.4/18.94 A(折算到 10 kV 侧约为 3 788 A),跳开高压侧 301 开关、低压侧 101 开关。

(1)事故过程分析

通过对 OPEN3000 系统数据和保护装置检查、保护动作的时间先后整理,保护动作分析如下:因该变电站承担钢厂负荷,钢厂合闸期间,系统受到扰动,达到电压互感器铁磁谐振(分频谐振)条件,产生电磁振荡,形成谐振过电压,造成遥信显示虚假接地现象,接地告警频发。电压互感器在正常工作电压下,铁芯磁通密度不高,铁芯不会饱和,但在过电压情况下,铁芯磁通密度升高,铁芯饱和,电感会迅速下降,产生很大的一次谐振电流,保险过热熔断,熔断时发生爆炸引起弧光短路,由 1 号主变后备保护正确动作,切除了故障,全所失电,电弧爆炸造成了柜内设备烧损。

(2)处理方案

①紧急调用三相发电机,供站内负荷及抢修使用,对直流系统充电,确保了直流系统工作正常。

②对 35 kV 1 号主变检查、试验无异常。

③对 1 号主变各保护及回路检查,调取动作报告及故障信息,检查装置及回路无异常。

④对 10 kV 1 号压变柜进行清理和隔离。

⑤检查相邻间隔母线室及跨桥母线受影响的情况,并对相邻穿墙套管进行清扫,对该母线进行耐压试验,确认绝缘良好。

⑥用其中一条 10 kV 出线作为联络线为 10 kV 母线提供电源,恢复 10 kV 1 号母线及站用变供电。

⑦退出复合电压功能,采用过流保护方案。

⑧联系开关柜厂家制订修复方案。

3) 改进措施及可行性分析

(1) 改进措施

目前技术措施消除铁磁谐振主要从改变系统参数和消耗谐振能量来考虑。

①选用不易饱和的电压互感器或三相五柱式电压互感器。

②减少系统中并联电压互感器的台数。

③10 kV 系统中使用的电压互感器,应选用励磁感抗大于 1.5 MΩ 的电压互感器。

④相对地加装电容器,使网络等值电容减小,网络等值电抗不能与之相配,以满足 $X_{c0}/X_{m} \leqslant 0.01$ 的条件,可避免因深度饱和而引起的谐振。

⑤电压互感器二次开口三角形绕组两端接入阻尼电阻,从而减弱谐振能量,防止产生过大的过电压和过电流。

(2) 可行性分析

由于厂家限制,无法更换电压互感器型号与种类;另外,本站为单线单变接线方式,10 kV 为单母线运行,只有一台电压互感器,因此不存在减少电压互感器台数的方案;于某矿变电站和井下中央配电室 6 kV 母线均分段运行,电压互感器组不能撤出;每相对地加装电容器,会增大单相接地故障时因系统对地电容所产生的超前电流分量,且投资较大。变电站最终采取了在电压互感器开口三角形处并接 50 Ω、500 W 阻尼电阻的措施;在井下中央配电室采取了在电压互感器一次侧中性点串接 9 kΩ、15 W 消谐电阻的措施,有效地消除了铁磁谐振,防止了虚假接地故障报警和电压互感器的烧毁,既确保了供电安全,又减少了不必要的损失。虽然这只是一起典型的铁磁谐振引起的电压互感器柜爆炸事故,但是该事故发生的整个过程确实非常完整和具体地将保护和一次设备的配合性呈现出来。在此次事故中,我们看到了铁磁谐振的重大危害,也让我们认识到继电保护正确动作的重要性。要针对不同变电站的不同情况,合理选择抑制铁磁谐振的方法,切实保障人身、电网、设备的安全,保障电力系统的稳定运行。

6.4　电容元件故障

6.4.1　故障案例 1

1) 故障简述

2014 年 12 月 18 日,某 220 kV 变电站 220 kV 副母线电压互感器 B 相电压显示为零,而 A,C 两相均正常,事故发生时天气晴,无雾、风。于是安排将副母线电压互感器转为检修状态,经现场检查,发现该电压互感器的 B 相二次电缆处有明显过热痕迹,其余部分无明显异常现象,初步怀疑 CVT 内部有损坏。该故障电容式电压互感器为 2014 年 3 月出厂的

TYD220/$\sqrt{3}$-0.01H 型，投运时间是 2014 年 9 月 24 日。

2）**故障检查及原因分析**

为进一步查找故障原因，对该设备进行了电容分压器极间绝缘、电容量和介质损耗测试。极间绝缘电阻采用 2 500 V 兆欧表；电容量和介质损耗采用济南泛华 AI-6000 型电桥，利用正接线测量 C_{11}。用自激法测量 C_{12}和 C_2，测试电压为 2 kV（该型 CVT 分为上下两节，上节耦合电容为 C_{11}，下节电容为 C_{12}和 C_2）。测试数据见表 6.32。

表 6.32　电容及介损测试数据

相序	A 相			B 相			C 相		
	C_{11}	C_{12}	C_2	C_{11}	C_{12}	C_2	C_{11}	C_{12}	C_2
极间绝缘 /MΩ	50 000	50 000	10 000	50 000	45 000	10	55 000	50 000	10 000
C_x/pF	20 050	28 740	66 620	20 030	—	—	20 040	28 630	66 760
tan δ/%	0.073	0.072	0.086	0.071	—	—	0.069	0.072	0.077

调用铭牌及设备 7 月的交接试验数据，比对见表 6.33。

表 6.33　交接试验数据

各相电容			2014 年 7 月的交接试验数据			故障时数据		
相序		额定值电容量/pF	绝缘 /MΩ	C_x /pF	tan δ /%	绝缘 /MΩ	C_x /pF	tan δ /%
A 相	C_{11}	19 920	55 000	19 840	0.08	50 000	20 050	0.073
	C_{12}	28 300	55 000	28 320	0.085	50 000	28 740	0.072
	C_2	66 000	10 000	65 890	0.099	10 000	66 620	0.086
B 相	C_{11}	19 918	50 000	19 840	0.081	50 000	20 030	0.071
	C_{12}	28 300	55 000	28 350	0.079	45 000	—	—
	C_2	65 400	10 000	65 430	0.103	10	—	—
C 相	C_{11}	19 900	55 000	19 820	0.081	55 000	20 040	0.069
	C_{12}	28 300	55 000	28 310	0.088	50 000	28 630	0.072
	C_2	66 000	10 000	65 940	0.085	10 000	66 760	0.077

根据试验数据可以看出，A，C 两相及 B 相高压耦合电容器 C_{11}的试验数据正常，绝缘电阻、电容量和介损与 7 月交接时无明显变化。B 相电压互感器下节的分压电容 C_2 的绝缘电阻非常小，远远小于《输变电设备状态检修试验规程》规定值“极间绝缘电阻≥5 000 MΩ”。B 相电压互感器下节主电容 C_{12}、分压电容 C_2的电容值 C_x 和介损值 tan δ 测不出来。

我们分析可能是 B 相测量回路中有短路现象或互感器中间变压器的励磁回路存在问

题。结合分压电容 C_2 的绝缘电阻远远小于 5 000 MΩ 的试验结果，初步判断 C_2 出现了击穿短路。为了验证判断，接下来采用反接线法对 B 相下节整体电容即 C_{12}，C_2 的串联进行测量。为了验证反接线测量的准确性，采用同样的方法同时对 A 相和 C 相的 C_{12}，C_2 串联进行测量，接线如图 6.38 所示，复测数据见表 6.34。

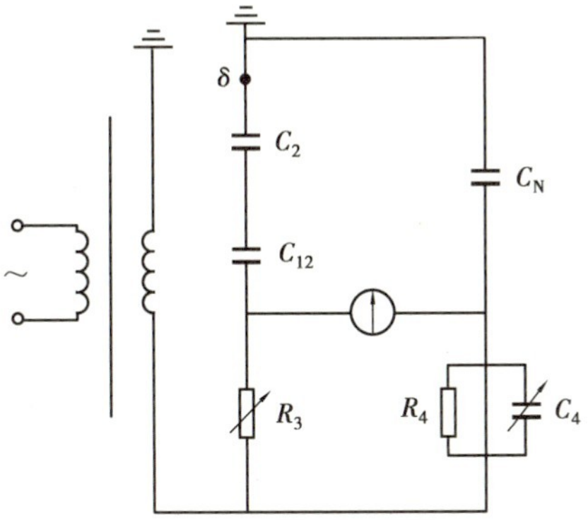

图 6.38　反接线法测量 C_{12}，C_2 串联接线图

表 6.34　复测数据

试验项目	A 相	B 相	C 相
$C_{12}+C_2$/pF	20 098	28 790	20 048
tan δ/%	0.084	2.844	0.079

为了验证测量数据的准确性，将采用反接线测量出来的 A，C 两相下节整体数据与自激法测量的数据进行比较：

A 相：反接线（整体）$C_{12}+C_2=20\ 098$

自激法　　$C_{12}+C_2=28\ 740\times 66\ 620/(28\ 740+66\ 620)=20\ 078$

误差 $=(20\ 098-20\ 078)/20\ 078\times 100\%=0.1\%$

C 相：反接线（整体）$C_{12}+C_2=20\ 048$

自激法　　$C_{12}+C_2=28\ 630\times 66\ 760/(28\ 630+66\ 760)=20\ 037$

误差 $=(20\ 048-20\ 037)/20\ 037\times 100\%=0.05\%$

对于 A 相和 C 相，反接线（整体）与自激法测出数据的误差为 0.1% 和 0.05%，说明反接线此时测量的数据比较准确。通过比较数据发现，反接线测出的 B 相 $C_{12}+C_2$ 的电容量（28 790 pF）和 B 相 C_{12}的额定电容量（28 300 pF）非常接近，可以验证“C_2 击穿短路”的推断。同时从“自激法测量 C_{12}”中分析得知，如果单单 C_2 被击穿，应该仍然可以测量出 C_{12}的数据，但实际情况是 C_{12}也无法测量，所以推断 C_2 不仅被击穿，而且还可能低阻接地。对 A，B，C 三相的二次线圈的绝缘电阻和直流电阻进行测量，与该设备 7 月的交接试验数据比较都无明显变化，进而确定中间变压器并无故障。

3）故障结论及控制措施

该电压互感器 B 相的分压电容器 C_2 已击穿接地，从而造成电磁单元得不到电压而二次无电压输出，因此才会出现系统显示副母线 B 相电压为零的现象。由于现场检修条件所限，我们对该相电压互感器进行了更换处理，并对故障电压互感器进行返厂解体检查。后与厂家技术人员核实确认，证实了我们的判断是正确的，即该台电压互感器的中压电容器 C_2 已击穿接地。这可能是系统某种暂态过电压或设备厂家制造工艺、原材料等原因造成分压电容器 C_2 存在绝缘薄弱点而导致其被击穿接地。

反事故措施如下：

①应结合检修周期对同厂家的电容式电压互感器和同型号的电压互感器进行一次专项检查，杜绝隐患，预防在先。

②加强 CVT 的运行维护工作，重视红外测温的开展和对 CVT 二次输出电压参数的监测，如发现运行中的 CVT 发热异常或输出电压异常现象，应及时汇报并采取措施。

③如条件允许，应安装在线监测装置，实时监测 CVT 的运行状况，及时发现设备异常，做出必要的检查和处理。

④每次试验时都要认真比对电容值，对于电容量初值差超过警示值（$\pm 2\%$）的 CVT 设备，应通过多种方法查明原因，如怀疑属于严重缺陷，则应退出运行。

⑤类似的诊断性试验中，如果采用反接线法测量数据对设备进行事故分析，最好对三相设备都进行测量，以判断反接线测出的数据是否准确。

⑥建议设备厂家加强或改进制造工艺，加强密封性能，严格出厂试验，确保电容分压器和电磁单元的绝缘强度，杜绝此类故障发生。

6.4.2 故障案例 2

1）故障简述

2018 年 5 月某 110kV 变电站，110 kV 母 C 相压变在电网正常运行条件下，发生故障，二次电压显示值偏低。该电容式电压互感器型号为 TYD110/$\sqrt{3}$-0.02H，生产日期 2012 年 6 月。该电容式电压互感器的高压电容 C_1（包含 C_{11}，C_{12} 两个单元）、中压电容 C_2 以及安装在下部油箱中的电磁单元组成，其电容量分别为：C_{11} 与 C_{12} 串联后组成 C_1 电容量为 0.028 2 μF，C_2 为 0.066 45 μF，电磁单元中间变压器的一次端 B 在 C_{12} 与 C_2 的中间抽头处，3 个二次绕组的接线端子 1a，1n，2a，2n，da，dn，通过接线端子盒引出，N 端子经出线盒接地。故障发生后，试验人员对这台 CVT 进行了预防性试验，与历史数据相比，发现它的 C_1 电容量和 $\tan\delta$ 正常，C_2 电容量和 $\tan\delta$ 却明显偏高，远远超过了行业标准《电力设备预防性试验规程》（DL/T 596—1996），初步分析 C_2 中有电容元件被击穿。

2）试验分析

由于设备比较笨重，移动不方便，在停电后试验人员首先在现场拆掉引线对其作了常规的例行试验。CVT 的外观无损伤痕迹，检测电磁单元二次出线端对地绝缘、绕组间的绝缘，均大于 5 000 MΩ，绝缘合格。随后又对其高压电容 C_1 和中压电容 C_2 的电容量、$\tan\delta$ 进行了测量。采用相同的测试方法，使用山东泛华 AI6000-E 电容介损测量仪，测试数据与设备投运前和上次预防性试验的试验数据相比 C_1 基本无变化，而 C_2 的电容量和介损却有明显变化，误差达到 +6.5%。同时将故障相电容值与健全相的电容值进行比较，高压电容 C_1、中压电容 C_2 与历史数据的比较见表 6.35。

表 6.35　高压电容 C_1、中压电容 C_2 与历史数据的比较

项目		铭牌值/μF	交接/μF	实测/μF	实测 $\tan\delta$/%	ΔC/%
A 相	C_1	0.028 32	0.028 386	0.028 093	0.105	-0.80
	C_2	0.066 82	0.067 492	0.066 32	0.088	-0.75
B 相	C_1	0.028 53	0.028 641	0.028 27	0.114	-0.91
	C_2	0.067 18	0.067 7	0.066 77	0.120	-0.61
C 相	C_1	0.028 2	0.028 274	0.028 07	0.086	-0.72
	C_2	0.066 45	0.067 087	0.071 46	1.653	+6.5

由表 6.35 可以看出，故障相 C_2 的电容量和介损与健全相相比变化很大，也与实际二次输出电压低的情况符合，根据国家电网企业标准《输变电设备状态检修试验规程》(2008-01-21)电容量初值差不超过 ±2%，以及《电力设备预防性试验规程》(DL/T 596—1996)膜纸符合绝缘的 CVT 电容量偏差不超出额定值的 -5% ~ +10%，介损值不超过 0.2%，于是我们怀疑故障相 CVT 二次输出电压低是 C_2 的部分电容元件被击穿使电容量增大所引起的二次分压的改变。

3) CVT **解体检查**

为了防止故障进一步扩大，了解故障的真正原因，检修人员现已更换了该母线 C 相压变，并采取相应对策，对其进行解体检查。在吊罩之后也对电容单元进行了试验，与吊罩前相比试验数据基本无变化，说明该故障与 CVT 外罩、试验接线、杂散电容等的影响基本无关。于是，检修人员继续解体检查，结果发现中压电容 C_2 的 25 片电容元件中最后两层有明显的放电烧伤痕迹，而 C_1 的各电容元件完好，这与电容量和介损的测量结果是一致的。由此，可以判定该 CVT 二次电压低是 C_2 的部分电容元件被击穿引起的，如图 6.39 所示。

图 6.39　被击穿的电容元件

4)防范措施

由上述分析可知,该CVT的中压电容 C_2 的25片电容元件只有两片被击穿,二次电压下降约8.5%。在二次电压下降幅度不大时,保护并不会动作,不发生电压回路断线信号,该CVT还可以继续运行。但是在长时间运行压力下,不但会引起较大的计量误差,还可能导致更多的电容元件被击穿,从而引起CVT的爆炸事故。检修人员建议,针对这一缺陷对该厂家同一类型的CVT做抽样调查、跟踪记录,并没有发现类似的情况,说明并不是家族性缺陷。检修人员还设想在每相CVT的二次电压回路接入保护装置,通过计算三相相电压的不平衡度并与标准值比较,加强监视及时告警。其原理方程式为

$$\Delta u = \frac{U_{\max} - U_{\min}}{\frac{U_a + U_b + U_c}{3}}$$

式中 $U_{\max}$——相电压的最大值;

$U_{\min}$——相电压的最小值;

U_a, U_b, U_c——相电压值。

由于CVT设备的特殊性,目前在线监测和预试工作还有待深入开展。建议措施如下:

①生产厂家应加强CVT制造过程的控制,重点监控电容元件的选择与安装工艺。

②检修试验人员按照相关规程定期开展CVT的预防性试验,如发现电容值的变化要认真分析,根据实际情况必要时缩短试验周期。

③运行人员应加强对CVT二次电压的巡视,监测异常数据并作出综合分析。

6.5 电压互感器过热故障

6.5.1 故障案例1

1)故障简述

6月24日19时,110 kV某变电站运行人员在进行红外精确测温时,发现110 kV某线路电压互感器B相下部电磁单元部分严重发热(图6.40、图6.41)。

由于110 kV 779线路电压互感器B相为单相电压互感器,对该变电站内同厂家同型号的110 kV 778线路电压互感器B相进行了红外测温并记录图谱(图6.42),与之进行对比。

图6.40　电压互感器B相红外图谱1

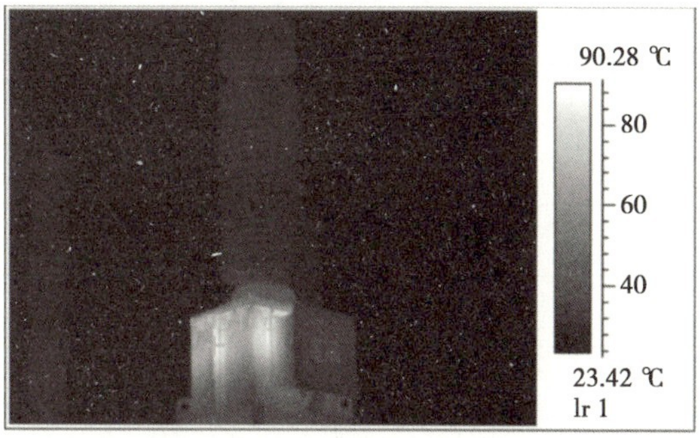

图6.41　电压互感器B相红外图谱2

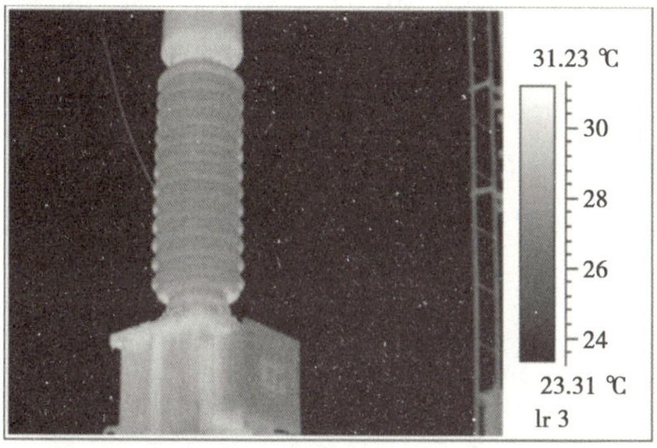

图6.42　正常电压互感器B相

图6.43　异常电压互感器B相电磁单元取出的油样

从图6.40、图6.41可以看出,110 kV 779线路电压互感器B相下部电磁单元部分最高温度为90.15 ℃,负荷电流69.6 A,作为对比的正常电压互感器——110 kV 778线路电压互感器B相温度仅有30.21 ℃,负荷电流107.2 A。测试仪器:飒特HY6800,天气:阴,环境参照温度:29 ℃,湿度:60%,风速:0.2 m/s。根据公式计算,相对温差为98%。根据《红外检测诊断工作管理办法》(Q/GDW-10-G064—2009),相对温差≥95%为危急缺陷。综上判断该电压互感器电磁单元发生故障,需立即停运。

2)故障检查及原因分析

6月25日,试验人员对运回的电压互感器进行了相关试验并取了油样(图6.43)。因电容式电压互感器介损试验是从互感器二次侧升压激磁进行的,而电压互感器单元故障致使无法升压,介损试验无法进行,绝缘电阻测试显示电容单元 C_2 末端(该点在电磁单元)绝缘为0。取回的油样数据显示变压器油不仅经历了高温还存在放电等引起的气体分解。7月21日,检修人员对该电压互感器进行了解体,首先将电容单元和电磁单元分离,分别对电容单元和电磁单元进行相关试验,试验数据见表6.36。

表 6.36　电容单元介损试验

测试部位	故障后试验(2018.7.21)		上次例行试验(2015.11.28)	
	电容量/pF	介损/%	电容量/pF	介损/%
C_1	12 463	0.07	12 580	0.10
C_2	49 973	0.07	50 560	0.08
$C_总$	10 035	0.07	10 073	0.08

通过试验数据可以看出,110 kV 779 线路电压互感器 B 相电容 C_1 电容量偏差为(12 463 − 12 580)/12 580 × 100% ≈ −0.93% 和电容 C_2 电容量偏差(49 973 − 50 560)/50 560 × 100% ≈ −1.16%,均在合格范围内,故障后,电容量和介损数据与上次例行试验数据相比无明显变化,可判断电容单元没有发生故障。

电磁单元中的绝缘经高温放电后已变为深墨绿色,如图 6.44 所示。

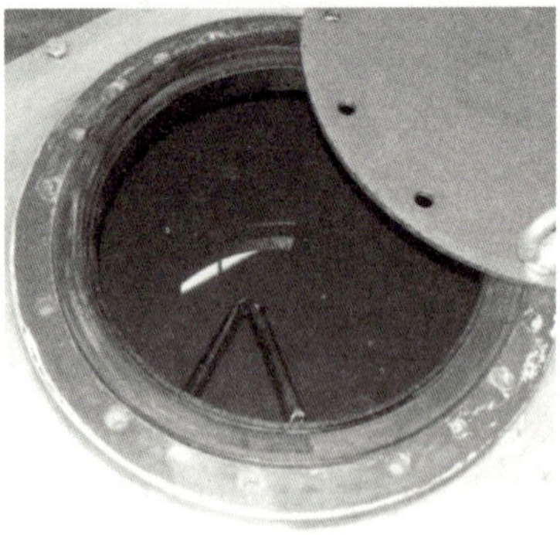

图 6.44　电磁单元顶盖打开后

图 6.45　一次绕组间绝缘损坏(一次调压绕组)

将电磁单元油抽净,进行空载电流试验,但一合闸电流就很大,一升压过流保护即动作,所以无法进行空载试验。随后,对中间变压器二次绕组进行直流电阻的测量,a-n 为 62.18 mΩ,da-dn 为 65.32 mΩ,与历史数据对比无明显差异。阻尼电阻为 3.3 Ω,符合厂家设备技术文件要求,一次绕组直流电阻为 2.21 kΩ,各绕组绝缘电阻均在 500 MΩ 左右。根据外观观察电磁单元中的阻尼器及补偿电抗器无异常,于是对电容式电压互感器作进一步解体检查,互感器铁芯无异常,绕组间绝缘已全部烧损如图 6.46 所示。

3)故障结论及控制措施

故障原因分析为一次绕组的调压绕组匝间绝缘损坏,继而向内外延伸直至设备外主绝缘损坏。目前,在设备实行状态检修的情况下,红外测温是较为有效的发现此类缺陷的方法,应定期对一次设备进行红外精确测温。

6.5.2　故障案例2

1）故障简述

2015年，某变电站红外测温发现，110 kV某变电站Ⅰ段母线C相电压互感器二次端子箱与油箱连接处中间部位发热，连接处中间部位温度为33.6 ℃，上下两端温度为25 ℃，测量电压互感器二次保护、计量及开口回路的三相电压正常。红外检测图谱如图6.46所示。

图6.46　C相红外测温图

图6.46为5月20日检测的110 kV某变电站Ⅰ段母线C相电压互感器端子箱与油箱连接处中间部位发热的热像图，图中C相最高温度为33.6 ℃，其他两相分别约为26.3 ℃、26.5 ℃，环境参照温度为15 ℃。根据公式计算得出相对温差值为38.7%。根据热像图初步认为是电压互感器油箱内部发热，根据相对温差判断依据：35% ≤K_c≤80%为一般热缺陷；80% <K_c<95%为严重热缺陷；K_c >95%为危险热缺陷，因此，必须找出发热原因，避免在夏季用电高峰期产生故障。

2）故障检查及原因分析

该电容式电压互感器型号为WVB110-20H，出厂日期为2013-03-15，投运日期为2013-06-23，额定电压比110/$\sqrt{3}$∶0.1/$\sqrt{3}$∶0.1/$\sqrt{3}$∶0.1。上节电容量为28 000 pF，下节电容量为67 000 pF。现场检查CVT外表无异常，对CVT进行了绝缘电阻、介质损耗、直流电阻试验。试验结果见表6.37。

表 6.37　电容式电压互感器绝缘电阻试验　　单位:MΩ

<table>
<tr><td colspan="2">相位</td><td colspan="3">A 相</td><td colspan="3">B 相</td><td colspan="3">C 相</td></tr>
<tr><td colspan="2">编号</td><td colspan="2">C_1</td><td>C_2</td><td colspan="2">C_1</td><td>C_2</td><td colspan="2">C_1</td><td>C_2</td></tr>
<tr><td rowspan="4">绝缘电阻/MΩ</td><td>极间</td><td colspan="2">10 000</td><td>10 000</td><td colspan="2">10 000</td><td>10 000</td><td colspan="2">10 000</td><td>10 000</td></tr>
<tr><td>低压端对地</td><td colspan="3">5 000</td><td colspan="3">5 000</td><td colspan="3">5 000</td></tr>
<tr><td rowspan="2">二次绕组</td><td>1a-1n</td><td>2a-2n</td><td>Da-dn</td><td>1a-1n</td><td>2a-2n</td><td>Da-dn</td><td>1a-1n</td><td>2a-2n</td><td>da-dn</td></tr>
<tr><td>5 000</td><td>5 000</td><td>5 000</td><td>5 000</td><td>5 000</td><td>5 000</td><td>5 000</td><td>5 000</td><td>5 000</td></tr>
<tr><td colspan="2">试验仪器</td><td colspan="9">2 500 V 兆欧表</td></tr>
</table>

通过表 6.37 的试验数据可以看出,检测极间绝缘电阻及低压端对地绝缘电阻、二次绕组及辅助绕组绝缘电阻均大于 5 000 MΩ,绝缘合格。采用自激法测试,测试电压为 2 kV,电容量和介质损耗测量原理图如图 6.47、图 6.48 所示。

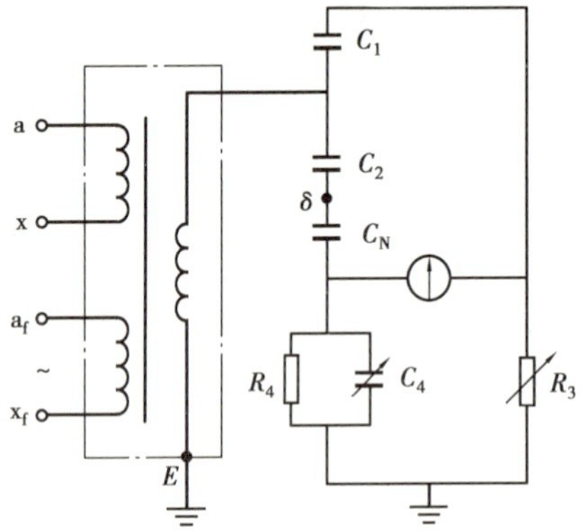

图 6.47　自激法测量 C_1 接线图

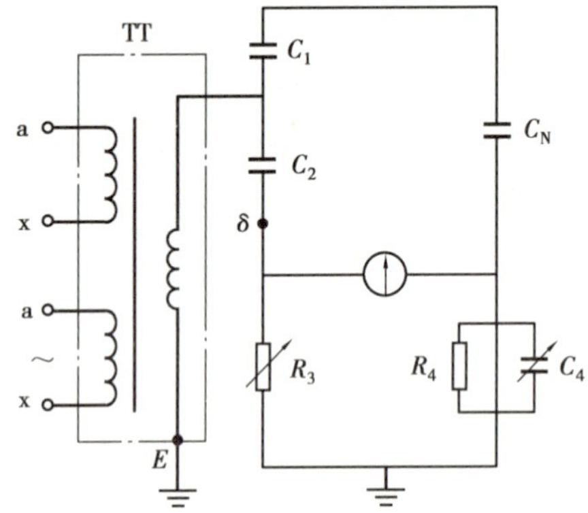

图 6.48　自激法测量 C_2 接线图

表 6.38　介质损耗及电容量试验

相别	A 相		B 相		C 相	
编号	C_1	C_2	C_1	C_2	C_1	C_2
铭牌电容量/pF	28 000	67 000	28 000	67 000	28 000	67 000
实测 C_x/pF	28 370	68 570	28 570	68 680	28 530	68 280
$\tan\delta$/%	0.064	0.074	0.067	0.076	0.066	0.074
试验仪器	介损电桥 AI-6000					

通过表 6.38 的试验数据可以看出,C 相高压电容 C_1 电容量偏差为(28 530 − 28 000)/28 000 × 100% ≈ 1.9% 和中压电容 C_2 电容量偏差为(68 280 − 67 000)/67 000 × 100% ≈ 1.9%,均在合格范围内,未出现异常。

表6.39　阻尼电阻

相位		A	B	C
阻尼电阻/Ω	2a-2n	3.0	3.0	3.0
	da-dn	4.79	4.78	5.08
试验仪器	直流电阻测试仪			

通过表6.39的试验数据可以看出，C相da-dn阻尼电阻明显偏大，三相线间误差达到6.1%，因此，对比了2013年交接试验的阻尼电阻值发现，2013年直流电阻1的阻值仅为4.78 Ω，增长了6.3%，且根据红外测温发热图谱，发热部位为油箱中部，正好是阻尼电阻安装位置。初步判断C相电压互感器阻尼电阻da-dn可能存在发热情况导致阻尼电阻阻值上升，经过进一步确认，仍需对CVT进行解体诊断。

经CVT解体检查发现：阻尼电阻安装状况，发现阻尼电阻固定螺杆与油箱壁碰接；对照红外图谱，发现发热的中心部位正好是阻尼电阻螺栓与油箱壁接触部位。

3）故障结论及控制措施

故障原因为阻尼器安装时，线圈固定盖板、电阻固定螺杆与箱体相接触，造成螺杆与箱体形成环流，致使螺杆与箱体接触点发热，螺杆的温度升高，引起阻尼器温度相应升高，造成油箱中间段温度升高。

防范及预控措施如下：

①对阻尼器螺杆进行适当调整。

②在原碰接处衬入绝缘电工纸（图6.49、图6.50）。

③加强对此类电压互感器的红外测温监测，及时发现问题。

④对处理后的CVT做绝缘电阻、直流电阻、介质损耗试验，检查是否合格。如合格，作为备品，以备后用。

图6.49　衬入绝缘电工纸板后

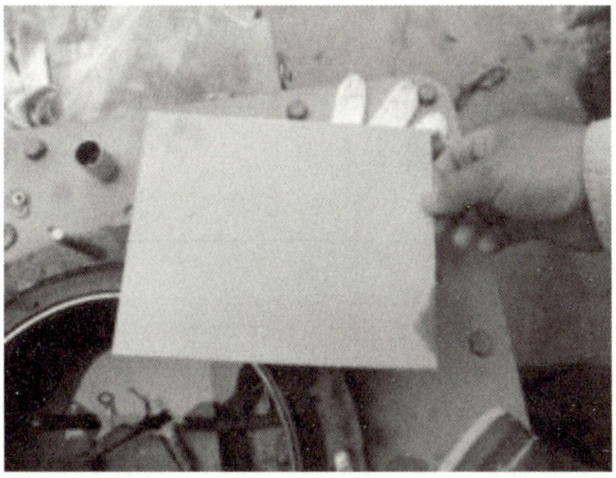

图6.50　绝缘电工纸板

6.5.3 故障案例3

1)故障简述

2012 年 9 月 9 日 17:49 左右,500 kV 某乙变电站运行人员发现甲乙线路保护告警,发交流 TV 断线动作信号,经查该线路 CVT 二次电压,发现 C 相 CVT 二次电压为 25 V(正常值为 57.7 V),A,B 相 CVT 二次电压正常,为 57 V。初步判断 C 相 CVT 故障,随后运行人员对该组线路 CVT 进行红外测温,18:30 和 19:00 分别测量了故障 CVT 的红外图谱(图 6.51、图 6.52),测试结果表明,C 相 CVT 电磁单元严重发热,两次测量故障相最热点温度分别高于正常相(B 相)5.5 ℃、15.7 ℃,30 min 内,C 相 CVT 电磁单元最热点温度上升了 9.8 ℃。由于发热速度很快,为预防事故的发生,运行人员申请尽快将 500 kV 甲乙线转检修状态(当时 500 kV 该线处于空充状态,乙侧线路刀闸合,甲侧线路刀闸分,线路无有功功率传输),并对故障相 CVT 进行处理。约 19:08 分,停电操作完毕,甲乙线转检修状态。经继保专业技术人员检查,二次部分无异常,初步判断甲乙线 C 相 CVT 一次存在故障,导致二次电压偏低。

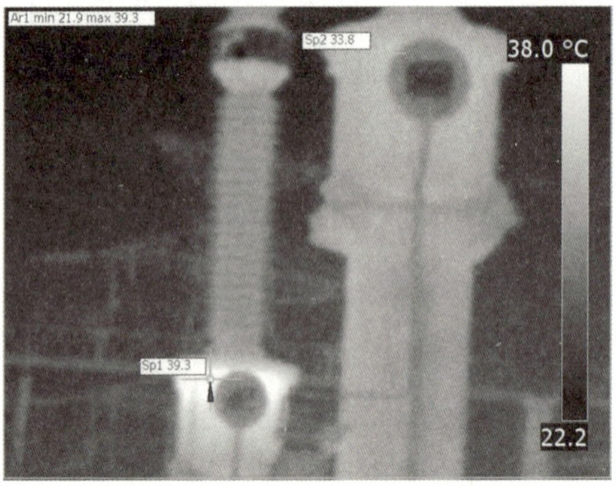

图 6.51 18:30 运行人员红外测试结果

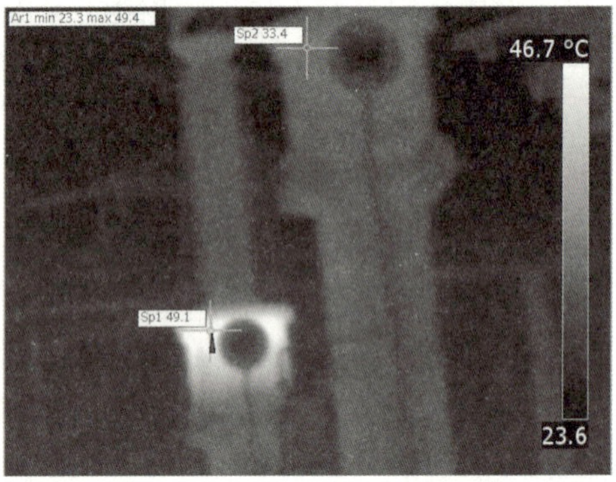

图 6.52 19:00 运行人员红外测试结果

9 月 9 日全天,该乙站所处区域天气晴朗。经查 SOE 系统,甲乙线 C 相 CVT 故障后系统详细事件记录见表 6.40。

表 6.40 甲乙线 C 相 CVT 故障后系统详细事件记录

时间	事件内容
17:49:16.953	乙站 500 kV 甲乙线主Ⅱ保护装置异常
17:49:16.954	乙站 500 kV 甲乙线主Ⅰ保护装置异常
17:49:16.956	乙站 500 kV 甲乙线主远跳回路(1)装置异常
17:49:16.957	乙站 500 kV 甲乙线主远跳回路(2)装置异常

续表

时间	事件内容
17:49:18.725	乙站功角测量系统装置异常
17:49:20.714	乙站安稳系统 B 装置异常
17:49:20.715	乙站安稳系统 A 装置异常

该相 CVT 为西安电力电容器厂的产品，出厂日期为 2006 年 3 月，具体的铭牌参数见表 6.41。

表 6.41　故障相 CVT 铭牌参数

生产厂家	西安电力电容器厂	出厂日期	2006 年 3 月
型号	TYD500/$\sqrt{3}$-0.005H	编号	50203067
额定一次电压/kV	500/$\sqrt{3}$	中间变压器额定电压	13 kV
绕组	主二次#1	主二次#2	剩余电压绕组
额定二次电压/V	100/$\sqrt{3}$	100/$\sqrt{3}$	100/$\sqrt{3}$
额定容量	100	150	100
准确级次	0.2	0.5	6P

该 500 kV 电容式电压互感器结构示意图如图 6.53 所示。图中 C_{11} 为第一节电容，C_{12} 为第二节电容，C_{13} 串联 C_2 后组成的第三节电容，T 为中间变压器，X_L 为补偿电抗器，P 为并联在补偿电抗器两端的保护用避雷器。中间变压器 T 和补偿电抗器 X_L 都设有抽头，分别用来调节电容式电压互感器的幅值误差和相位误差。1a，1n 为第一组二次绕组，主要用于测量；2a，2n 为第二组二次绕组，主要用于继电保护；da，dn 为第三组二次绕组，与另外两相的第三组二次绕组串接，用于测量线路零序电压。L 和 R 组成速饱和阻尼器。通常情况下，设计时考虑使补偿电抗器的感抗和等效容抗大致相等，这样可以避免带来相位误差。速饱和阻尼器的作用是防止突然合闸或二次绕组短路消除后所激发的铁磁谐振，速饱和阻尼器的特性应与中间变的励磁特性相配合，在铁磁谐振激发后能快速进入饱和区，将阻尼电阻接入二次绕组以消耗谐振产生的能量，从而破坏谐振条件，防止铁磁谐振长时间存在。

2）故障原因分析

17:49 分发现该相 CVT 故障，19:08 分停电操作完毕，电气试验班对其进行试验，试验内容主要为停电前的红外测温和停电后的高压预防性试验。红外测试后发现甲乙线 C 相 CVT 电磁单元部分最高温度约 53 ℃，而正常相 A，B 相最高温度约 33 ℃。三相 CVT 的电容单元温度均处于正常状态，无异常发热点。由此可以判断甲乙线 C 相 CVT 电磁单元内部存在故障。红外测试图谱如图 6.54、图 6.55 和表 6.42。

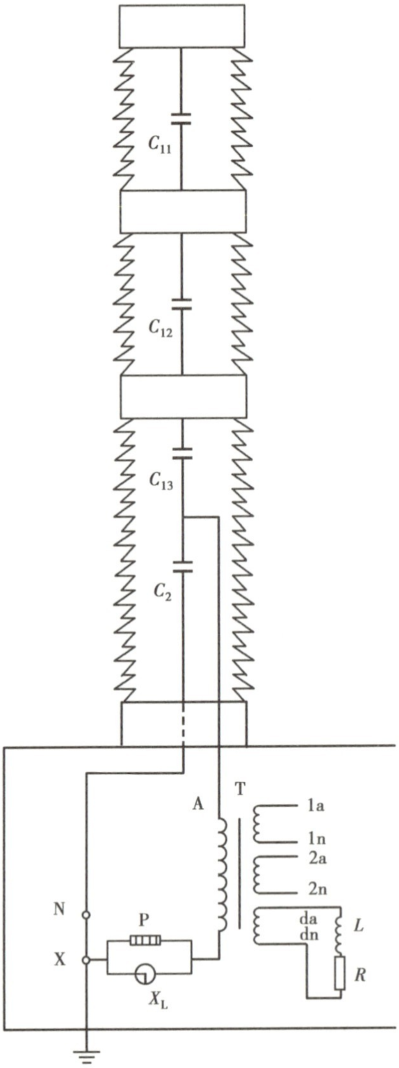

图 6.53　500 kV 电容式电压互感器结构示意图

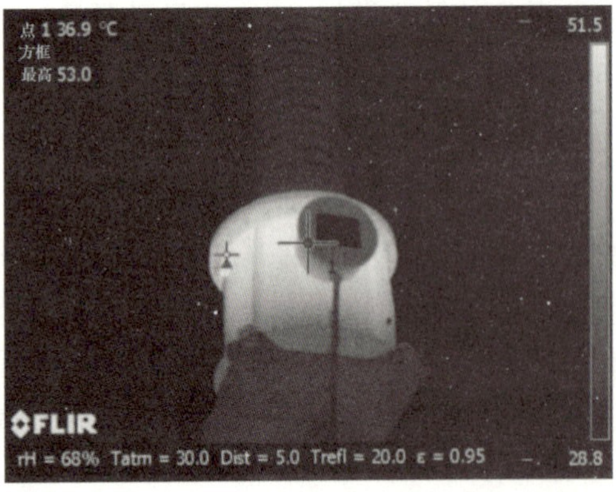

图 6.54　故障相 C 相红外测温结果

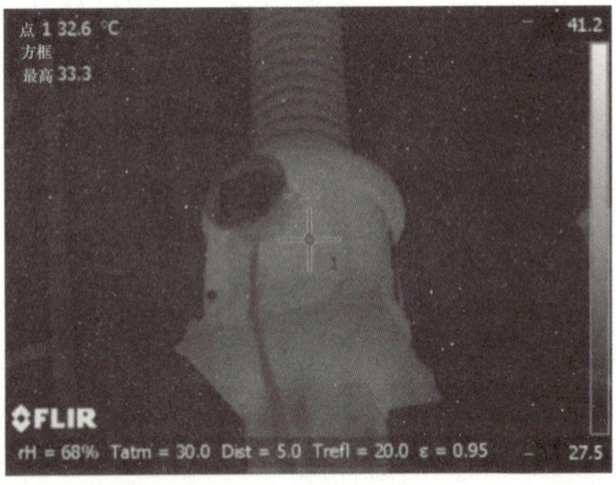

图 6.55　正常相红外测温结果

电气试验班 2012 年对 500 kV 该站进行过 14 次红外测试，其中，全站设备检测共 2 次，最近一次全站设备红外测试时间是 2012 年 9 月 4 日。预防性试验结果见表 6.42。

表 6.42　故障后高压预防性试验结果

地点	编号	相间	极间绝缘/MΩ	tan δ/%	C_x/pF	C_N/pF	末端绝缘/MΩ	备注
A 相上节	50203066	C_{11}	10 000	0.051	15 560	5 166	3 000	反接屏蔽法
A 相中节		C_{12}	10 000	0.057	15 640			正接法
A 相下节		C_{13}	10 000	0.05	18 090			自激法
		C_2	10 000	0.072	113 400			
B 相上节	50203071	C_{11}	10 000	0.062	15 590	5 183	3 000	反接屏蔽法
B 相中节		C_{12}	10 000	0.074	15 720			正接法
B 相下节		C_{13}	10 000	0.051	18 140			自激法
		C_2	10 000	0.077	113 300			
C 相上节	50203067	C_{11}	10 000	0.052	15 610	5 156	0	反接屏蔽法
C 相中节		C_{12}	10 000	0.056	15 590			正接法
C 相下节		C_{13}	10 000	—	—			自激法 无法加压
		C_2	—	—	—			

由高压预防性试验结果可知，A，B 相 CVT 试验数据正常，C 相 CVT 下节采用自激法测量时无法加压，根据自激法的原理可以初步判断电磁单元中间变压器存在绕组短路故障。2012 年 9 月 25 日对故障 CVT 进行了相关的诊断性试验，并将电磁单元开盖检查。开盖检查前进行了油化试验和高压试验，已通过试验证实该相 CVT 上节和中节正常，故重点对下节开展诊断性试验。试验结果见表 6.43、表 6.44。

表 6.43　油色谱和微水含量测试结果

	氢	甲烷	乙烷	乙烯	乙炔	一氧化碳	二氧化碳	总烃	结论
油色谱	3 352	1 413.13	2 866.51	1 243.97	30.61	15 606	210 048	5 554.22	应引起注意
油中微水含量	126 mg/L								应引起注意

表 6.44　高压诊断性试验结果

相间	介损/%	电容量/pF	绝缘/MΩ	备注
C_{13}	2.578	18 050	10 000	采用自激法无法加压测量，使用 10 kV 反接法测量。用电容表测量整节电容值为 15 400 pF
C_2			0	

续表

数值		实测值	额定值	备注
变比试验	K1	9 587	1 670	实测变比约为额定变比的 5.7 倍
	K2	9 544	1 670	
	K3	9 560	1 670	
		实测值/mΩ	设计值(厂家提供)/mΩ	备注
直流电阻试验	一次绕组	667.8	684	实测温度为 25 ℃;设计值为 20 ℃阻值
	二次绕组 1a-1n	22.37	19.2	
	二次绕组 2a-2n	33.32	27.7	
	二次绕组 da-dn	78.19	70.2	
二次绕组间绝缘电阻	1a-1n 对 2a-2n	0 MΩ		二次绕组间均无绝缘,因发热绝缘油绝缘性能剧降
	2a-2n 对 da-dn	0 MΩ		
	1a-1n 对 da-dn	0 MΩ		
避雷器绝缘		0 MΩ		避雷器型号 YW-3.0/6.0

从试验结果可以看出,电磁单元中绝缘油的水分含量及气体含量均超过标准值,已受潮;电容单元在合格范围内;变比超过额定值的 5.7 倍,不合格;直流电阻试验一二次电阻的变化率差异较大,不合格;二次绕组间已无绝缘性能。在回收电磁单元中的绝缘油时,有一股强烈的烧煳味,且油的颜色偏深。开盖后发现,中间变压器一次绕组外所包的聚氨酯绝缘材料已受热熔化,电磁单元内元件表面附着一层油泥。在回收绝缘油时需打开油箱顶部的注油孔,打开时发现注油孔的防潮螺丝并未完全拧紧,存在一定的松动。详细解体图片如图 6.56—图 6.61 所示。

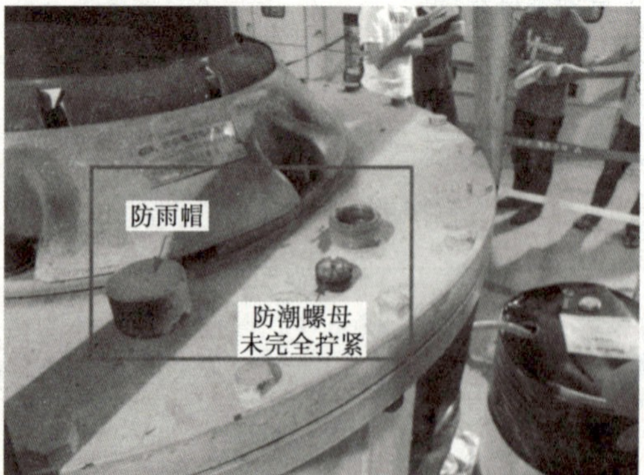

图 6.56　防潮螺母未完全拧紧

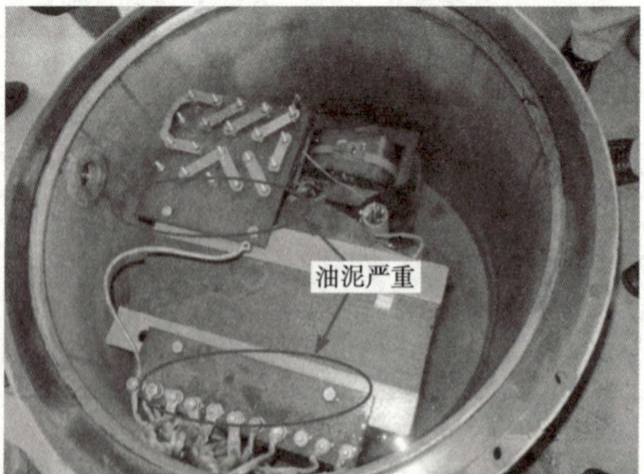

图 6.57　油泥严重

图6.58　一次绕组外包聚氨酯熔化

图6.59　聚氨酯熔化

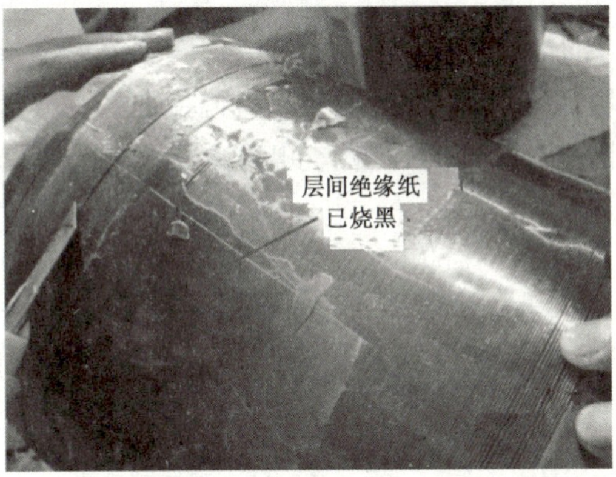

图6.60　一次绕组层间绝缘纸烧黑

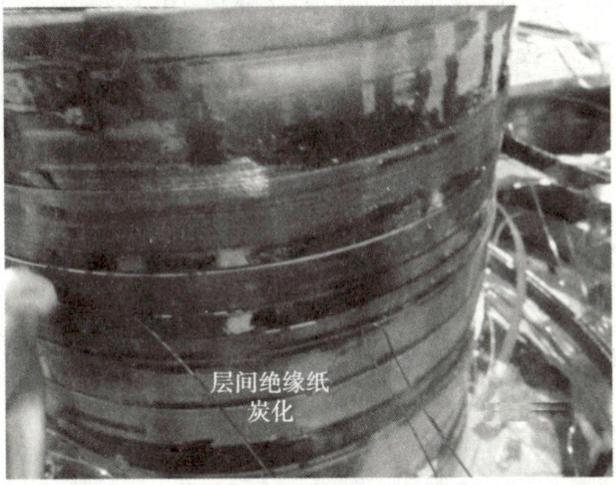

图6.61　一次绕组层间绝缘纸炭化

由上述解体图片可以看出，一次绕组外所包聚氨酯绝缘层已受热熔化。一次绕组层间的绝缘纸炭化严重，层间已无绝缘，造成一次绕组层间、匝间短路。

3）故障结论及控制措施

经与某厂家沟通，此产品电磁单元内所使用的为变压器油，出厂时内控油中水分含量不大于30 mg/L，击穿电压不小于35 kV/2.5 mm，介损不大于0.5%。以故障前后相关信息为基础，结合故障后现场试验和试验室诊断性试验的结果，着重考虑电磁单元解体后的故障现象，认为此次CVT二次电压骤降的原因如下：

此产品已运行6年，电磁单元内绝缘已受潮。由于绝缘纸具有很强的吸潮性，大部分水分被电磁单元内的绝缘纸吸收，从而导致绝缘纸的绝缘性能降低。由于中间变压器一次绕组的层间存在一定的电位差（一次绕组最大层间电位差设计值为856 V），当绝缘纸的绝缘性能降低至不能承受绕组层间电位差时，将造成一次绕组层间、匝间短路。由于中间变压器正常情况下是工作于空载状态，此时流过一次绕组的电流约十几毫安，一旦发生层间、匝间短路，流过一次绕组的电流将增大至几百毫安，最严重的情况下可能至几安培，如此大的一次电流将造成一次绕组、铁芯严重发热，且故障电流流过补偿电抗器时会在其两端产生上万伏（以故障电流0.5 A为例，因补偿电抗器工频电抗约28 000 Ω，计算得出其两端电压约

14 000 V)的高压。对于额定电压仅 3 kV 的避雷器而言,长期承受上万伏电压自然会造成避雷器的损坏。避雷器损坏后,补偿电抗器相当于被短路,此时中间变压器一次绕组两端的电压会降低,从而导致二次电压降低。

本次 500 kV 甲乙线路 CVT 故障是电磁单元内部受潮导致中间变压器一次绕组层间、匝间短路故障,使二次电压骤降同时引起电磁单元严重发热。通过核查 500 kV 电容式电压互感器台账,目前正在使用的西安电力电容器厂 2013 年生产的电容式电压互感器共 10 只,都应用于该站。由于该乙站 2018 年 5 月 12 日发生过同厂家、同型号、同出厂日期产品的类似故障,故建议如下:

①运行中应密切监视电容式电压互感器电压,对系统报警信息给予重视并及时处理;结合红外测试手段可以有效发现此类缺陷,防止故障扩大引起事故。建议 2012 年底前对该站 10 只同厂家同信号同出厂日期的产品进行一次红外普查。

②建议抽取一组西安电容器厂 2006 年出厂的电容式电压互感器,结合丙乙线停电机会,对 500 kV 该乙站丙乙线线路 CVT 电磁单元增加绝缘油试验,试验项目包括油样水分含量测试、简化试验(介损、耐压、界面张力等)、色谱试验。同时,应检查电磁单元注油孔处防雨帽和防潮螺母的密封状况。

6.5.4 故障案例 4

1)故障简述

某供电局在 2018 年的度夏实施方案中,要求在度夏前完成重要变电站设备的红外测温工作。在 2018 年 3 月 9 日的设备红外测温工作中,发现一个变电站中所采用的 220 kV 电容式电压互感器的油箱严重发热,最高发热点的温度为 133 ℃,根据国家现行标准《变压器油中溶解气体分析和判断导则》的有关规定,可以明确判断该缺陷为紧急缺陷,必须立即要求中调将该设备停运,进行进一步检查和分析。通过红外成像图(图6.62)测得互感器油箱 L01 及 L02 的温度变化情况。

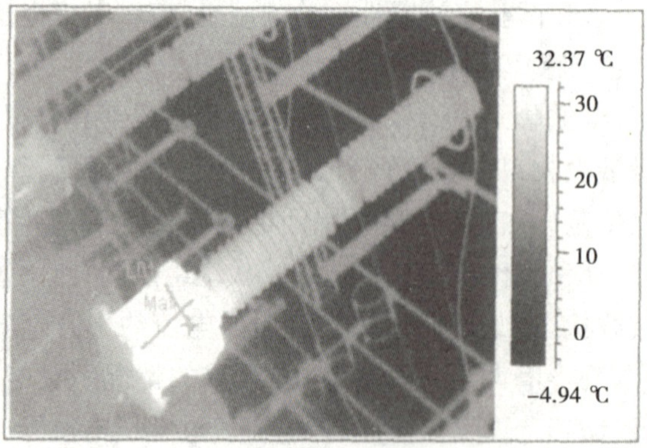

图 6.62　电容式电压互感器红外成像图

2）原因分析

对油进行气相色谱试验：

①利用变压器油的气相色谱分析法的三比值法，对 B 相电压互感器，相应编号组合为（0:2:1），根据国家现行标准《变压器油中溶解气体分析和判断导则》中故障类型的判别方法，可判断为 300 ~ 700 ℃的过热性故障。分析其原因，可能是引线夹件螺丝松动或接头焊接不良、涡流引起铜过热、铁芯漏磁、局部短路、层间绝缘不良、铁芯多点接地等原因造成。

②利用溶解气体分析解释表和 B 相电压互感器，则 $a<0.1, b>1, 1<c<4$，根据国家现行标准《变压器油中溶解气体分析和判断导则》中的故障类型判别方法，可判断故障情况为 T2，即 300 ℃ $<t<$ 700 ℃的过热故障。

（1）CVT 的预防性试验

电力设备预防性试验是指对已投入运行的设备按规定的试验条件、试验项目和试验周期所进行的定期检查或试验，以发现运行中的电力设备存在事故隐患，预防事故发生或电力设备损坏。它是判断电力设备能否投入运行，并保证安全运行的重要措施。电力设备预防性试验的各种试验项目，对反映不同绝缘介质的各种缺陷的特点及灵敏度各有不同，仅根据某一项的试验结果对设备的运行状况作出评价和判断是比较困难的。因此，必须综合各项试验结果，进行全面系统的分析比较，结合各种试验方法的有效性、设备的运行情况及设备的历史情况，才能对被测试设备的缺陷性质作出科学的评判。

根据以上原则，故障后我们对 B 相电压互感器进行了多项预防性试验。首先进行高压试验，其中介损和绝缘电阻均未发现问题。接着进行二次回路直阻试验，发现 B 相二次阻尼绕组直流电阻比另外两相明显偏大，初步判断为二次阻尼绕组故障。为进一步明确故障点，对 B 相电容式电压互感器进行设备解体检查。当检修人员用扳手拧松电磁单元油箱法兰的几颗螺栓后，刺鼻和刺眼的油气从法兰缝隙朝外喷出，明显感到内部聚有很大压力。拆完一圈螺栓，用天车将电容器单元稍微吊离下节油箱，检修人员用器具把油箱中的油慢慢抽出，当油面低于中压互感器的接线板时，发现剩余绕组的阻尼线圈的接线头与连接线夹短路熔焊断裂。油箱中的油已经失去了其应有的淡黄色，变成像酱油一样的黑褐色。在往外抽油的过程中，油中不断有气体逸出，油中泛起黑褐色的泡沫。当油被全部抽完后，测试人员看到了剩余绕组的阻尼线圈和阻尼电阻外面包的白布带已被烧成黑炭质。至此，该电容式电压互感器 CVT 的故障已经十分清楚，即剩余绕组的阻尼线圈和阻尼电阻有较大的电流持续流过，导致线圈和电阻发热，从而引起电磁单元箱体内部温度升高。

（2）发热原因分析

现行国家标准《电容式电压互感器》（GB/T 20840.5—2013）关于 CVT 铁磁谐振的规定如下：在电压为 0.8U1N，1.0U1N 和 1.2U1N，在负荷实际为零的情况下，互感器的二次端子短路后又突然消除，其二次电压峰值应在 0.5 s 内恢复到与正常值相差大于 10% 的电压值，所以要求阻尼器能迅速消除谐振。对于瞬变响应的要求如下：在额定电压下互感器的高压端子对接地端子发生短路后，二次输出电压应在额定频率的一个周期内衰减到短路前电压峰值的10%以下。CVT一次侧发生对地短路瞬间，电容器及补偿电抗器储存的能量需经过负载和变压器回路呈低频振荡和指数衰减。由于产品的等效电容量、二次负载、短路相角及阻尼器的性能对瞬变响应有显著影响，因此，在产品参数一定的情况下，要求阻尼器的储能越少越好。根据上述试验和解体分析，导致电容式电压互感器电磁单元箱体内部发热的主要发热点位于剩余绕组的阻尼线圈和阻尼电阻，在运行中阻尼电阻器有较大的电流持续流过，导致线圈和电阻发热，从而引起电磁单元箱体内部温度升高。阻尼器持续动作的原因为外界电压异常升高（如进行电网操作或发生雷击），瞬间高压损坏阻尼器线圈的匝间或层间绝缘，改变了铁芯速饱的励磁特性，在外界电压恢复正常后，阻尼器仍然有较大的持续电流通过，最后导致阻尼器被损坏。

3）预防和改进措施

由上述分析可知，电容式电压互感器在应用中存在很多问题，威胁着电气设备和人身安全，急需一些预防和改进措施。为了预防电压互感器在运行时出现的这种问题，根本办法是严格执行电力系统继电保护及安全自动装置反事故措施要点。建议通过以下试验进行检测，及时发现和有效地防止上述故障。

①利用红外成像仪，不定期对电容式电压互感器进行红外成像，观测电磁单元内部是否有异常发热迹象。

②利用停电预试时，加强对电容式电压互感器中间变压器的检查和维护。试验中，应测中间变压器绕组直流电阻和绝缘电阻，并检查阻尼器是否完好；阻尼器的直流电阻测量值，与出厂试验报告中的阻尼器电阻值相比，应无明显变化。

事实上，目前已在电力系统中广泛应用的以微处理器为基础的数字设备、电网运行监视与控制系统以及发电机励磁装置等，不再需要用那么大的功率来带动，因此，采用低功率、紧凑型电压和电流测量装置代替常规电压互感器、电流互感器，将高电压、大电流变换为数字装置所要求的电压和电流水平，是电力系统技术创新面临的重要任务。这对降低电力系统建设和运行成本，提高电力系统稳定性具有重要意义。所以，新一代的光学电压互感器以其固有的优越绝缘性能、频带宽、动态范围大、不受电磁干扰、尺寸小、质量轻、安全性好、性价比高等特点，在今后发展中必然取代现有传统电容式电压互感器，成为新一代高压量测系统的主力军。

6.6 内部放电故障

6.6.1 故障案例1

1）故障简述

一台500 kV电容式电压互感器型号：TYD-500。运行巡视过程中听见B相二次端子盒内有噼啪放电声，同时发现主控室监控保护信号屏发出PT二次断线光字牌，三相电压有不平衡现象。录波器显示二次电压值为：U_a =83.44 V，U_b =93.37 V，U_c =79.17 V(峰值)。将电压互感器转为检修状态后，打开二次端子盒，发现放电部位为球隙。检查二次绝缘良好，将球隙打磨、调整后即可投入运行，监控系统三相电压显示正常。运行3 h后，在电压互感器B相油箱观察孔附近，发出放电声响，随后，二次电压显示B相电压为0，将电压互感器退出运行，进行电气试验。测量电压互感器的分压电容器的电容量发现第四节分压电容的电容量由原来的19 620 pF下降为1 966 pF，电容量变化幅度达到-9%，其他各节电容量均正常。判断为第四节电容短路。球隙的一端由J引出至架构上的结合滤波器，运行时该滤波器被一刀闸短接，即球隙处于短路状态，为了进一步明确球隙放电的原因，决定对该电压互感器进行解体。

2)解体检查及原因分析

对该电容式电压互感器解体后，发现 C_2 上端引至油箱内避雷器的引线对油箱上盖的螺栓放电，如图6.63所示。

图6.63 避雷器引线对顶盖螺栓放电

测量避雷器的绝缘电阻为0 Ω，用万用表测量为2 kΩ，中间变压器一二次绝缘电阻为500 Ω，且中间变压器至补偿电抗器回路无断线，外观检查无任何过热放电痕迹。但整个油箱内的绝缘油炭化严重，颜色呈黑色，内部二次端子排连接处有明显过热现象，球隙在第一次打磨后又出现新的放电痕迹。该电容式电压互感器的阻尼电阻由速饱和阻尼器与一个电阻为7.5 Ω的电阻串联而成。电阻的阻值与阻尼器绝缘均正常。第一次发生电压异常波动时，该电压互感器设备区正在进行变电站内地网改造工程施工，重新敷设地网，根据现场施工要求在敷设过程中不允许地网有任何明显断开点，遇到原地网时应先连接新接地网，后断开原接地网。但施工人员在新地网未连接的情况下，误将电压互感器的B，C相接地引下线与主接地网的连接线切断，使电压互感器的B，C相孤立于主地网运行，导致电压互感器B，C相的地电位漂移，不再是零电位，从而使三相电压发生波动，B相电压略高，C相电压略低(U_a =83.44 V，U_b =93.37 V，U_c =79.17 V)。B相电压互感器内部从 C_2 端部引下至避雷器的引线由于离顶盖固定螺栓较近，本身场强就比较集中，此时电压升高加剧了电场的集中效应，形成尖端放电，这段引下线是由一根多股铜绞线外包绝缘护套组成的。解体后发现其中部折弯离顶盖很近，这段引线对外壳的放电就是电容 C_2 通过外壳释放电荷的过程，随着放电消失，电源通过中间变压器、补偿电抗器和 C_2 构成的回路对 C_2 进行充电，此时会造成 C_2 回路的高频振荡，频率和幅值都比较高，该高频电流会由中间变压器、补偿电抗器及架构上的短接线及刀闸构成回路，在工频情况下，短连线的阻抗是可以忽略不计的，但如果是冲击高频电流流过该引线时，该引线的阻抗 X 就不能忽略了，此时将在球隙两端产生较高的电位差，球隙放电电压为 1 kV，很容易被击穿。如果充电过程中振荡幅值过高，将会导致避雷器动作。该避雷器并联于 C_2，用来保护中间 PT 和补偿电抗器。动作电压为 4UN，即 52 kV，避雷器的动作又一次使 C_2 两端放电，使 C_2 两端电压瞬时下降。假设避雷器的释放电流为 5 kA，回路电阻达到 0.2 Ω 时在球隙两端的电压即可达到 1 kV，也可使球隙动作。造成的结果是每一次避雷器的引线放电到放电停止，避雷器都会动作，同时球隙也会放电，如此反复，直到设备停运。此时由开始发生放电到停电使故障录波器动作 90 次。避雷器在重复动作的情况下，阀片已严重劣化，其引线的尖端由于累积效应也出现局部绝缘的破坏。但由于有绝缘油的存在，仍能维持一定的绝缘电阻。第二次送电后，此时接地网连接良好，所以送电后电压恢复正常，但在局部场强和运行电流热效应作用下，持续运行 3 h 后，这段引线再次形成对上顶盖螺栓放电，放电消失后，又一次形成高频振荡过程，使避雷器再次动作，球隙又一次放电，重复放电使尖端处的绝缘严重劣化，加上该位置没有绝缘油，累积效应最终导致引线对顶盖的彻底击穿和避雷器的失效。

3）故障结论及控制措施

通过本次故障分析可以看出，这台电容式电压互感器内部结构的缺陷是导致本次故障的直接原因，从 C_2 端部引下至避雷器的引线，由于离顶盖固定螺栓较近，正常工作时就容易形成尖端放电，而设备的接地是否良好对运行设备尤其是电压互感器也起着至关重要的作用，失地后出现零电位漂移，并伴随着高频振荡加剧了放电的产生，最终导致故障。

反事故措施如下：

①电压互感器生产厂家严格执行质量标准，改进引线连接工艺，严把产品质量关。

②生产厂家与运行单位对同批次的设备运行情况进行跟踪，防止类似故障发生。

③运行单位在进行变电站地网改造的过程中，加强对工程全过程的监理。防止运行设备失地运行。

④运行单位按照省市公司技术反措的要求对运行设备进行双接地改造。

⑤运行单位按规程要求定期对设备接地网进行导通试验，保证设备安全运行。

⑥设备在运行中应加强巡视，出现故障后，要结合试验数据分析后方可投入运行，以免事故扩大。

6.6.2　故障案例 2

1) 故障简述

某变电站 110 kV 某线路 182 号 A 相线路电压互感器用 CVT，型号为：TYD110/$\sqrt{3}$-0.007H，1998 年 11 月投运。2009 年 11 月 20 日变电站运行人员发现该线路 CVT 二次电压异常，在 80～90 V 波动，频率在 52 Hz 变动，随即到现场进行查看，听见该相 CVT 响声异常，在 CVT 下部还伴有啪啪放电声。为进一步确认设备故障，对该 CVT 进行红外测温，发现 A 相 CVT 中间变压器部位的温度已达 22.7 ℃，分压电容器温度仅为 3 ℃，而正常相 CVT 中间变压器部位的温度只有 1.8 ℃，由此可见，中间变压器温度高于正常相温度 20.9 ℃。此时，判断该 CVT 中间变压器部位可能存在异常现象，随即将该 CVT 退出运行，对其进行检查试验。

2) 检查及试验情况

根据故障现象分析，怀疑造成故障的原因有 4 个：一是电容分压器元件出现故障；二是中间变压器内部存在对壳放电；三是二次绕组存在匝间短路情况；四是中间变压器缺油。

折回后，现场检修人员先检查 CVT 外观情况，未发现外部引线松动和渗漏油现象。从而排除中间变压器缺油的可能性。接下来试验人员对该 CVT 进行高压试验，结果见表 6.45 和表 6.46。

表 6.45　CVT 高压试验

项目	测试值
C_1+C_2介损/%	0.576
C_1+C_2电容量/nF	7.189
一次对二次及地绝缘电阻/GΩ	115
及地绝缘电阻/GΩ	600
X 对地绝缘电阻/Ω	0
a1-x1 对地绝缘电阻/GΩ	17.7
a1-x1 对 a1-x1 对地绝缘电阻/GΩ	25
a1-x1 对 X 绝缘电阻/GΩ	16

表 6.46　中间变压器变比测试

测试项目	测试值
C_1 AX/a1-x1	207
C_2 AX/a1-x1	356.6

将 CVT 的介损、电容量及绝缘电阻试验与历年数据进行比较,见表 6.47。

表 6.47　CVT 的介损、电容量及绝缘电阻试验

试验时间	2003-02-18	2006-06-02	2008-06-16	2009-12-12
C_1+C_2介损/%	0.53	0.512	0.569	0.576
C_1+C_2电容量/nF	7 203	7 183	7 189	7 189
极间绝缘电阻/MΩ	10 000	10 000	10 000	10 000
低压端对地绝缘电阻/MΩ	10 000	10 000	10 000	10 000

从表 6.47 中的数据分析可知,历年介损无明显变化,电容量也无明显差别,符合规程要求。排除了该 CVT 分压电容器故障的可能性。另外,从解体前试验可以看出 δ 对地绝缘电阻偏低,这可能是 δ 对地绝缘老化或受电力破坏的原因,这样故障部分就进一步锁定在中间变压器上。为进一步确定故障性质,对中间变压器油进行了油色谱试验,该 CVT 中间变压器油中溶解气体组分分析中总烃、H_2、C_2H_2 均异常,用三比值法判断为 121。故障性质为低能量放电兼过热。

3)解体检查情况

从以上试验数据可以判断,该 CVT 故障的原因为中间变压器内部存在放电。为进一步查找故障部分,对该 CVT 进行解体检查。将中间变压器油放尽,吊开电容分压器,同时拆开中间变压器油箱法兰,发现电容分压器末端 δ_1 点与 δ_2 点之间的连接线 L_1 对法兰板有放电现象(图 6.64),L_1外层绝缘已烧损(图 6.65),L_1 的连接螺丝有松动迹象,其余部分未见异常。拆开中间变压器引线 L_1,使引线 L_1 和法兰隔开再测量,此时电容分压器末端 δ 点对地绝缘为 26 GΩ,电容分压器末端 δ 与中间变压器一次绕组末端 X 间绝缘电阻均良好,说明连接线 L_1 和法兰板之间的绝缘损坏是导致末屏 δ 点对地(壳)绝缘偏低、中间变压器过热的直接原因。解体后发现该 CVT 中间变压器一次绕组内部单独有一根引线接壳,这就解释了为什么解体前后测试“X”端对地绝缘电阻为零的原因。

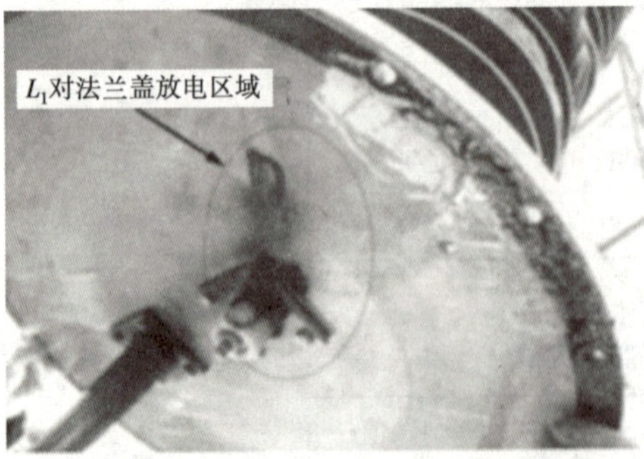

图 6.64　中间变压器油箱法兰

图 6.65　拆开后的中间变压器

(1)解体后 CVT 各部件高压试验

为确认是否还存在其他故障点,再次对电容分压器和中间变压器进行高压试验,数据见

表 6.48 和表 6.49。由表 6.48 和表 6.49 与表 6.45 中的数据对比可知，在消除其故障点后各试验数据正常。

表 6.48　电容分压器试验

测试项目	测试值
C_1+C_2 介损/%	0.19
C_1+C_2 电容量/nF	7.134

表 6.49　中间变压器绝缘测试

测试项目	测试值
一次对二次及地绝缘电阻/GΩ	81
δ 对地绝缘电阻/GΩ	26
a1-x1 对地绝缘电阻/GΩ	52
a1-x1 对 a1-x1 绝缘电阻/GΩ	41
a1-x1 对 X 绝缘电阻/GΩ	16

(2)故障原因分析

通过解体检查并对 182 号 CVT 进行高压试验，确定电容分压器 C_1 和 C_2 正常，电容无损伤，中间变压器绝缘电阻和变比合格，一、二次绕组无匝间短路。电容分压器末端 δ 对地绝缘电阻偏低，仅为 600 Ω，低于标准要求，说明 δ 点与壳之间绝缘遭到损坏。从油化试验看，C_2H_2 含量达到 139.93 μL/L，总烃也严重超标，用三比值法判断结果为中间变压器内部存在低能量放电兼过热故障。正常情况下，电容分压器末屏 δ 点是接地的，如果内部连接线 L_1 和 L_2 连接牢固，整个连接线是不会带电的。如果电容分压器末屏连接线有断开点或连接不牢固，则从断开点到 C_2 末端的连线都会带电。由于 L_1 和 L_2 是带电的，L_1 的外绝缘已经对地放电烧损。因此，电容分压器末屏连接线存在断开点或连接不牢固现象，在拆开油箱法兰后发现 L_1 的连接螺丝确有松动迹象，使上面的分析得到了印证。因 L_1 的绝缘护套被烧坏，造成 L_1 与壳直接相碰，末屏对地间歇放电，二次侧输出电压成周期性波动，这与运行人员发现的故障现象比较吻合。

4)防范措施及建议

①加强巡视，特别是针对此类电压致热型设备进行红外热像监测。红外热像测试时，注意同时记录保存被测异常设备红外热像图谱和当时负载电流的情况。对发现异常的设备加强高压和油化试验，综合分析判断。

②检修、运行班组应配备高精度和多功能的红外热像测试仪器。

③加强作业人员对电压致热型设备的红外监测知识及技能的培训，以满足现场设备红外热像诊断的需要。

6.6.3 故障案例3

1)故障简述

500 kV 某变电站投产一年后设备定期试验,500 kV 线路电压互感器(为某有限责任公司的 TYD500/$\sqrt{3}$-0.005H 电容式电压互感器,以下简称“CVT”)试验各项数据合格。接着,开展电压互感器二次回路 N600 接地线(该站所有电压互感器二次回路 N600 共一点接地)电流值普查工作,测量时数据为508 mA,远大于规定的50 mA,经相关专业人员查找,原因未明。一周后,运行人员在日常巡视中发现500 kV ××线路 C 相 CVT 接线盒漏油,已经看不到油位,该相 CVT 二次电缆保护管外表有油迹、脏污,地面花草枯黄。打开 C 相 CVT 接线盒盖检查发现 N 端没有接地,连片放置在旁边,2a,2n 和 N 端接线端被烧毁,接线板下部渗油。

该站立即对 CVT 进行更换,并将换下的 CVT 进行试验,试验结果合格。

2)原因分析

该 CVT 末屏悬空,导致放电。TYD500/$\sqrt{3}$-0.005H 电容式电压互感器的电容分压单元由高压电容单元 C_1(C_{11},C_{12},C_{13})和中压电容单元 C_2 组成。线路电压经过高压电容分压后输出至变压器 T,用作计量、测量、保护;经过中压电容 C_2 后,可接载波装置,分压电容起耦合作用。中压电容 C_2 的低压极板即为互感器的末屏。若末屏悬空,易产生悬浮电压,对邻近导体特别是接地体放电。由于该 CVT 所在的 C 相未接载波装置,二次接线板 N 端未接地,对邻近端子放电导致接线板击穿,使油发生泄漏。N 端在同一回路,即 CVT 的末屏。根据厂家规定,不接载波装置时必须将 N 端与 X 端(已接地)可靠连接。因 N 端悬空,形成末屏高电位,易对周围导体 1n 端子、2n 端子、3n 端子、X 端子及接线盒外壳放电。由于接线板介质相对均匀,N 端极易对距离最近的 X 端或 2n 端子放电,而这些端子都是圆台体结构,即接线端子嵌在接线板中的部分直径较大(几乎是在极板厚度 1/2 的地方接线端子直径达到最大),裸露部分直径较小,这样更易使嵌在接线板内的端子间放电(厂家试验报告:在电容分压器低压端子与接地端子之间施加有效值为 10 kV 的工频电压 1 min,合格。因电容分压器低压端子与接地端子之间靠空气绝缘,说明裸露在空气中的接线端子间的绝缘很好),击穿接线板,导致 CVT 油箱漏油。因此,CVT 末屏悬空是导致放电、漏油的直接原因。

(1)主要原因分析

在开展设备定期试验中,试验人员试验前解开接线板 N 端与 X 端连片,试验完毕未恢复,导致 N 端悬空,末屏带电形成高电位;当实验人员试验完毕终结工作时,运行人员验收不充分、不仔细,遗漏接线板 N 端与 X 端连片未恢复项目,使悬空的末屏长期带电,导致其对周围端子放电。

(2)其他原因分析

运行人员大部分为新上岗人员,经验不足;该类型的 CVT 油箱为灰白色,其反射光往往比油强,导致油位不易观察,同时油位镜太小,安装高度较高不易观察,油位下降时不容易发现等。电压互感器末屏悬空若不及时发现和处理，末屏放电长时间存在，会对人身、设备、电网等存在威胁：

①末屏放电使 CVT 油箱漏油，油面严重下降，各绕组间绝缘击穿，接线盒内短路爆炸或引发火灾。

②引起区域电网与主网解列，导致大面积停电事故。该站为大型枢纽站，只有一组双回线路（日常负荷较重）与 500 kV 主网连接，而事故正好发生在其中一回线路。若事故发展导致该回线路跳闸，可能使另一回突然过负荷，同时增大了该地区电网与主网解列、导致大面积停电事故风险。

③导致保护误动作停电事故。绕组 2a-2n 用作监控测量，而 2n 端与 N 端电弧导通，可能对 1n（绕组 1a-1n 用于线路第一套保护）端放电，导致线路第一套保护用电压中性点位移，产生零序使保护误动作造成停电事故。

④事故发展对区域经济及企业声誉的影响。使该区域电网与主网解列，大面积停电影响地区正常的生产、生活秩序，带来无法估量的经济损失，使得本企业的社会声誉下降。

3）防范措施

此次末屏放电发生在设备定检后，施工未恢复导致末屏悬空放电，在加强修试、运行工作方面的管理、对生产人员技术培训和激励、设备订货满足现场需要等方面进行防范，可避免放电事故发生。

①加强试验、检修、验收工作管理。规范二次拆、接线工作，防止误、错、漏拆、接线，试验工作有涉及拆装 CVT、CT、开关接线盒内线的必须填写二次安全措施单，使修试人员恢复设备二次接线时不出现遗漏；工作终结时，工作许可人应对照二次措施单进行核对检查，并严格执行《电气工作票技术规范》等相关制度、规定，检查、督促修试人员执行相关规定，将设备完全恢复开工前状态。

②加强运行工作管理。合理安排定期工作和日常巡视工作，抓好巡视中的重点工作，尤其对充油设备的油位和是否漏油做好系统分析、找出重点难点；对电压互感器出现相间温差超过 1.8 K 应重点检查，修试后出现过热时应打开接线盒检查；日常对电压型设备测温应保留图像，并进行电脑分析。以确保巡视到位、故障发现及时、故障分析准确，便于及时采取措施将故障消除在萌芽状态。

③加强一线人员素质、技能培训。增强一线人员的责任感和职业精神，使一线人员更能主动地承担责任，主动将分内工作做好；提高一线人员的技能水平和专业水准，提高对缺陷、故障分析研判准确度，提高工作效率。

④建立切实可行的考核、激励机制，使一线人员更主动，将聪明才智运用到工作中，而不是只为了完成任务，责任心不强、在工作上不够积极主动。

⑤设备订货时应严把质量关，尽可能地满足现场需要。充油设备油漆颜色采用蓝灰色，出现渗油容易观察；增大油位镜及观察窗，使之更符合运行实际；出场试验各项指标应合格。以免增加现场维护难度和工作量。

6.7 受潮故障

6.7.1 故障案例 1

1）故障简述

2011 年 5 月 7 日，500 kV 某变电站 5289 线路 CVT 电压指示异常，三相不平衡大于 2%，开口三角电压大于 1.5 V。该 CVT 型号 TYD500/$\sqrt{3}$-0.005H，编号 50106092，出厂时间 2001 年 9 月，投运时间 2002 年 9 月 26 日。缺陷发生后，在 CVT 二次接线柱根部测得各级次电压约为 21，26，60 V，与额定值 57，57，100 V 相比严重偏小。

2）故障检查及原因分析

试验人员进行电容量和介损测量，上两节电容单元数据正常，最下一节单元采用自激法进行测量，电容量无明显变化，但是 C_1，C_2 介损分别为 0.38%，0.39%，超过规程注意值 0.25%，且相对于上次检测值 0.077%，0.079% 有明显增长，初步判定设备内部已发生绝缘故障。对该故障设备进行油色谱数据验证，经检测乙炔含量为 11 μL/L，总烃 190 为 μL/L，说明设备内部有放电现象。对同间隔 A，C 相电压互感器进行检测，未见异常。

拆除故障 CVT 分压电容器后，发现电磁单元铁芯、油箱底部、油箱内壁有明显锈蚀痕迹，如图 6.66、图 6.67 所示。

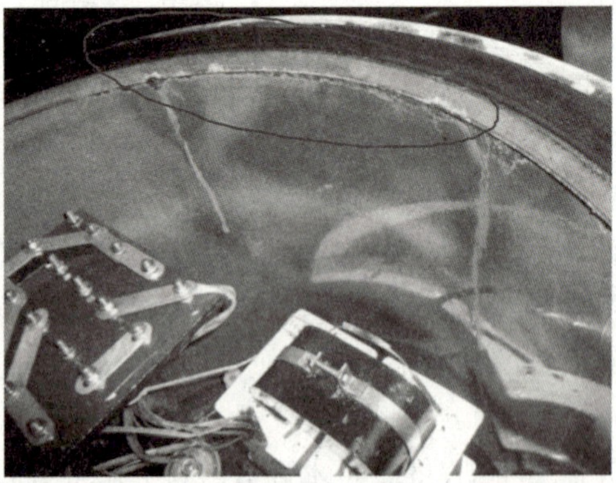

图 6.66 油箱侧壁锈蚀

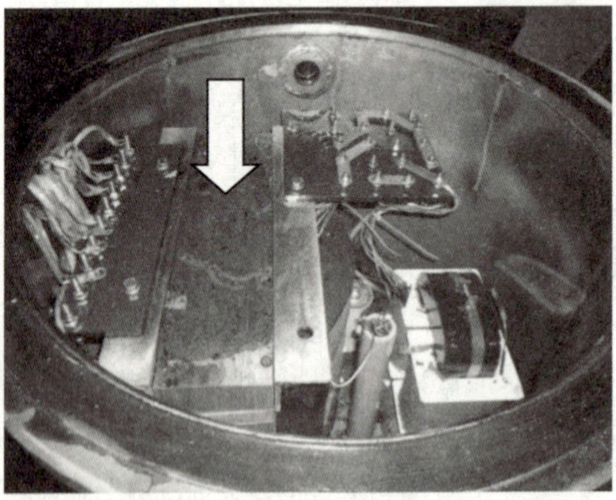

图 6.67 铁芯锈蚀

对分压电容器 C_1，C_2 的分压引出线进行检查时发现引线小瓷套有电弧灼痕，固定瓷套的盖板上有白色水渍，如图 6.68 所示。对电磁单元内部各元器件进行逐一检查，在补偿电抗器铁芯表面发现有明显放电痕迹，如图 6.69 所示。

对各法兰密封面进行检查时发现电容单元法兰盘盖板有明显白色腐蚀水渍，水渍部位金属表面无光泽，如图 6.70 所示。揭开密封圈，对密封槽进行检查，发现密封槽表明加工不均匀，在法兰盘出现水渍的圆盘对侧部位见明显凹槽，如图 6.71 所示。

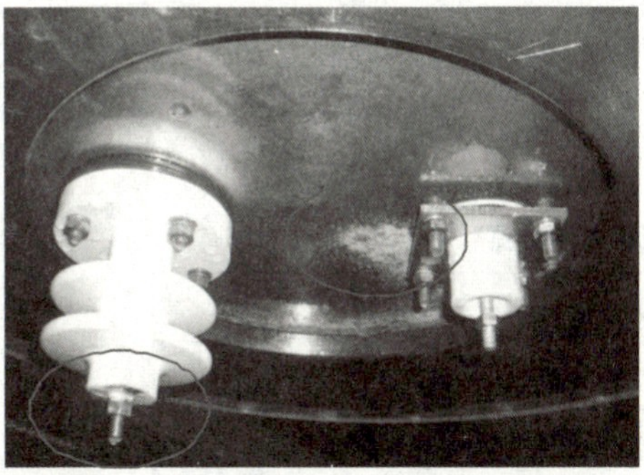

图 6.68　电弧灼痕

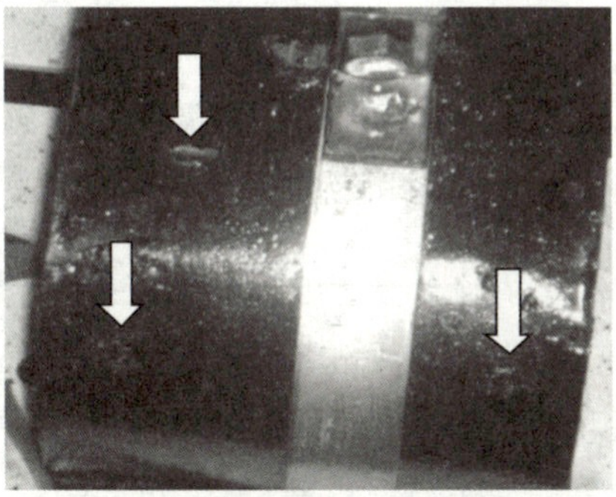

图 6.69　铁芯表面放电点

图 6.70　金属表面对比

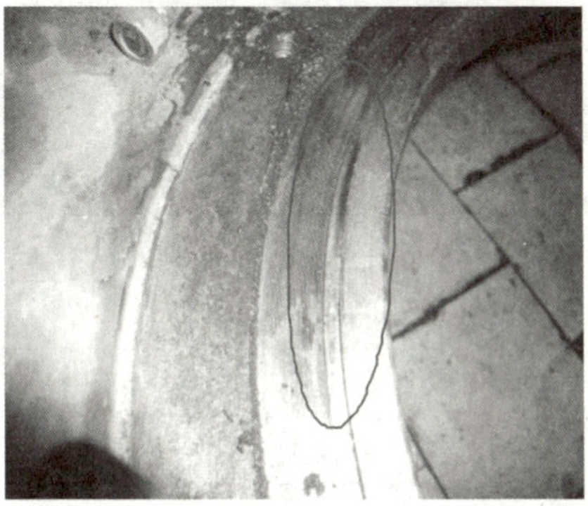

图 6.71　密封槽内侧凹槽

3）故障结论及控制措施

本起 CVT 故障的直接原因是电磁单元法兰密封表面加工不均匀，存在引起密封失效的沟槽。工人在使用力矩扳手组装电压互感器时，存在沟槽的密封法兰局部密封圈压缩量大于其他部位，使得对侧的密封圈压缩量稍显不足（由于差异不大，短时间内缺陷很难暴露）。CVT 长时间运行后，由于密封圈正常老化，电磁单元内绝缘逐渐受潮，使得电容单元分压抽头对补偿电抗器铁芯间放电，最终导致 CVT 二次电压降低。这就需要在施工过程中严格把关，督促工人按照规定力矩上好螺栓。

6.7.2　案例 2

1）故障简述

2014 年 5 月 30 日，某变电站 2 号主变保护屏发"中压侧 TV 断线"信号，110 kV 母差屏发"报警""TV 断线"信号，运行于副母线上的各开关均发"PT 断线"信号。现场测量 110 kV 副母 CVT 端子箱各相保护、计量空气开关上下桩头对地电压，发现 B 相上下桩头对地电压均为零，A，C 两相电压正常。该 CVT 型号 TYD110/$\sqrt{3}$-0.02H，编号 90862，出厂时间 2009 年

9 月，投运时间 2010 年 3 月 10 日。

2）故障检查及原因分析

试验班对 CVT 电磁单元进行了红外精确测温检查，B 相电磁单元温度为 35.6 ℃，A，C 两相电磁单元温度为 29.3 ℃，温差高达 6.3 K，属于电压致热型设备缺陷。随即申请停电对该 CVT 进行全面的电气试验检查，检查结果见表 6.50—表 6.52。

表 6.50 变比试验数据

绕组	变比	
	额定变比	实测变比
a_1-n_1	0.000 909	0.000 327
a_2-n_2	0.000 909	0.000 327
da-dn	0.001 575	0.000 490

表 6.51 绝缘电阻试验数据

试验部位	试验数据	
	检测结果	注意值
C_1，C_2 对地	14 GΩ	5 GΩ（极间）
二次对地	1.96 MΩ	10 MΩ

表 6.52 电容量、介损试验数据

电容单元	数据标准			
	交接电容量/pF	交接 tan δ/%	实测电容量/pF	实测 tan δ/%
C_1	29 500	0.07	29 500	0.88
C_2	64 190	0.07	63 870	0.53

通过电气试验，初步判断该 CVT 电磁单元故障，电容单元与电磁单元分离前电容单元的介损变化可能与电磁单元的绝缘劣化有关。

表 6.53 油微水、耐压试验数据

试验项目	数据标准	
	试验结果	质量指标
水分/($mg \cdot L^{-1}$)	14 GΩ	5 GΩ（极间）
击穿电压/kV	1.96 MΩ	10 MΩ

表6.54　油色谱试验数据

组分名称	数据标准	
	检测结果	注意值
$H_2/(\mu L \cdot L^{-1})$	7 058	<100
$CH_4/(\mu L \cdot L^{-1})$	415.3	—
$C_2H_4/(\mu L \cdot L^{-1})$	825.3	—
$C_2H_6/(\mu L \cdot L^{-1})$	420.0	—
$C_2H_2/(\mu L \cdot L^{-1})$	949.9	<3
$\sum C/(\mu L \cdot L^{-1})$	2 610.5	<150
$CO/(\mu L \cdot L^{-1})$	5 804	—
$CO_2/(\mu L \cdot L^{-1})$	45 557	—

通过表6.53油样数据可以发现，电磁单元内油样水分含量超标，电磁单元内油样耐压水平下降。表6.54油色谱数据根据三比值法分析显示电磁单元内存在电弧放电，可能出现绕组匝间、层间短路现象。打开电磁单元油箱顶部法兰，闻到一股绝缘油过热气味，内部结构如图6.72所示；仔细观察设备外观发现油箱内壁靠近法兰四周布有锈迹，如图6.73所示。

图6.72　CVT内部结构

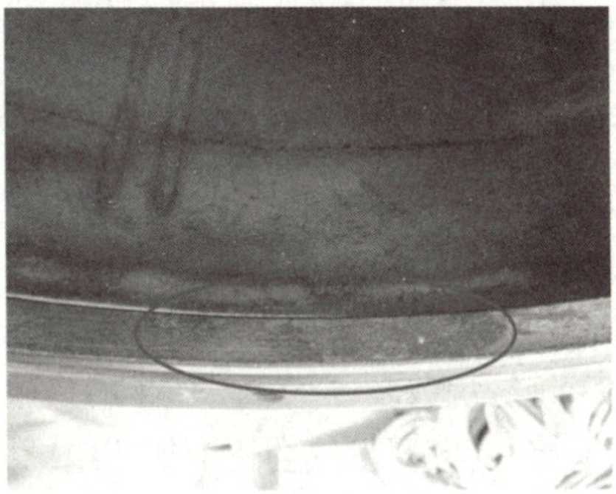

图6.73　法兰四周锈迹

油箱内各元件上布有一层薄薄的灰色泥状物，取上述泥状物置于烧杯中，发现会遇水溶解，只剩下少量白色絮状物。检查电磁单元油箱顶部法兰密封情况，局部可见水珠，如图6.74所示，发现电磁单元金属密封面因密封橡胶圈遇水水解，出现多处颜色明显发黑痕迹，如图6.75所示。

将电磁单元内的单元取出，发现中间变压器一次绕组塑料薄膜绝缘材料已熔化收缩，靠近引线处绝缘纸板及塑料薄膜炭化发黑，如图6.76所示。将一次绕组解体，发现一次绕组内部绝缘材料也已大面积炭化发黑，如图6.77所示。

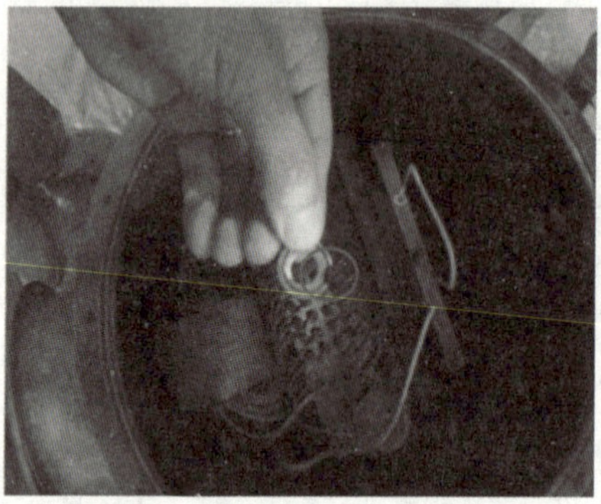

图 6.74　局部可见水珠

图 6.75　击穿情况

图 6.76　绝缘材料熔化

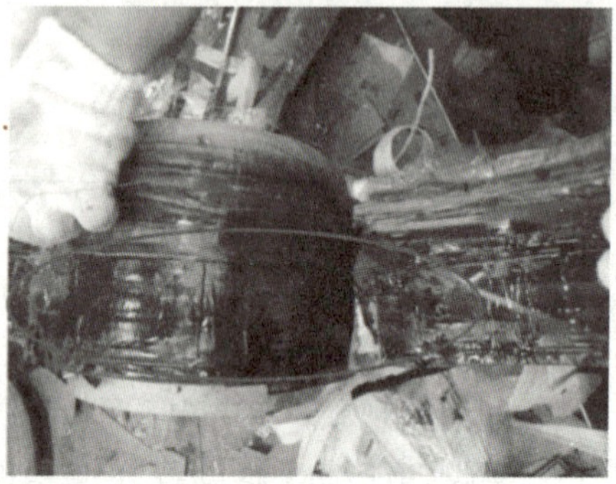

图 6.77　绝缘材料炭化发黑

3）故障结论及控制措施

综合上述试验数据和解体结果，本起 CVT 故障的直接原因是油箱顶部法兰密封不严引起水分侵入，导致电磁单元中间变压器一次绕组绝缘击穿。电磁单元油箱顶部法兰密封不良，水分长期侵入并逐渐渗透到绝缘件及中间变压器一次绕组的绝缘层及铁芯中，导致电磁单元绝缘件、塑料薄膜受潮，绝缘性能下降，泄漏电流增大而显著发热。中间变压器一次绕组匝数多，绝缘层数多，散热差，产生的热量无法及时散去，导致一次绕组塑料薄膜绝缘材料熔化收缩。该受潮及发热会逐渐加速绝缘劣化，同时产生大量泥状物，最终导致一次绕组大面积炭化发黑，绕组匝间、层间击穿而损坏。

控制措施如下：

①督促设备制造厂加强质量管理，厂家在制造工艺上针对油箱密封问题应制订有关措施，把好产品质量关。另外，分压电容器、中间变压器绕组等部件绝缘材质必须符合要求。

②加强 CVT 运维管理工作，日常巡视时，应检查 CVT 是否密封良好，有无渗漏油，油位是否异常；红外测温时，应重点关注电压致热型缺陷，发现电容单元、电磁单元温度异常的应列入危急缺陷处置，及时进行停电检查。

③重视 CVT 例行试验检查，试验数据应和历次试验结果进行比对分析，发现电容量较以往有偏差或二次绕组绝缘电阻降低等情况时，应认真进行分析，查明原因。

④规范 CVT 缺陷处置工作，CVT 二次电压即使仅有轻微变化都应引起运维单位高度注

意，立即组织开展红外精确测温和相关停电检查工作。

6.7.3　案例3

1）故障简述

2015年7月，某500 kV变电所运行人员发现保护异常告警及TV断线信号，即对该组CVT的端子箱测量二次电压，发现一相电压偏低（2.8 V）、开口三角电压为103 V，现场可听到该相CVT的中间变压器间歇性异常声响并伴有油流声音，中间变压器满油位，表面温度比其他两相高15 ℃。判定CVT的中间变压器存在严重故障，并进行停电更换。停电后对CVT进行相关试验，结果如下：

①高压分压电容：测量C_{11}，C_{12}的电容量及介损正常，C_2及C_{13}的电容量及介损由于中间变压器无法升压，无法用自激法进行测量。

②中间变压器：变比为0；3个二次绕组对地绝缘电阻分别为5，2，1 MΩ，直流电阻分别为0.4，0.4，0.3 Ω（用数字万用表测量），绝缘电阻降低严重；C_2末屏及中间变压器的末端绝缘电阻为零，电磁单元的油中气体组分超标严重，见表6.55。对油样进行耐压及水分含量测量。上下层油中含水量分别为41×10^{-6}，72×10^{-6}，上下层油耐压值分别为64，31 kV，可以看出油中含水量及下层油耐压值超出规定的值。对中间变压器进行解剖检查，发现一次线圈从外向内，第一至第三层绕线和绕线之间电工绝缘纸板有部分烧黑的痕迹，位置均在靠油箱的下部，具体烧损部位如图6.81所示。

2）原因分析

本次设备故障的原因是中间变压器受潮引起中间变压器一次绕组绝缘下降，导致中间变压器一次绕组绝缘在运行电压作用下，对地发生击穿。在对变电所进行例行的红外热成像测温过程中，发现有一相CVT的中间变压器箱体的局部最高温度比其他两相高约7 ℃，局部高温点所对应的位置为阻尼器的位置，中间变压器单元的油色谱分析和微水测量试验正常，二次电压检查也正常。对中间变压器单元进行解体，发现阻尼器的安装上支架紧靠在中间变压器（以下简称“TR”）箱体侧壁上。此型号CVT的阻尼器是由速饱和电抗与电阻串联而成的，速饱和电抗的环形铁芯带有间隙，固定在环形盒中。阻尼器安装下支架是与TR箱体底板相连，这样阻尼器安装下支架—阻尼器吊紧螺杆—阻尼器上盖板#TR箱体侧板—阻尼器安装下支架之间就形成闭环，在设备运行时产生感应电流，致使发热。

表6.55　电磁单元油色谱分析数据（$\times10^{-6}$）

试验日期	H_2	O_2	CO	CO_2	CH_4	C_2H_4	C_2H_6	C_2H_2	C_1+C_2
2005.07.10（故障后）	28 000	49 000	11 000	9 900	6 800	18 000	2 000	20 000	47 000

本台 CVT 在 2014 年 12 月底进行过预防性试验，包括油色谱分析及油中水分含量测量，当时的测量结果正常。通过模拟试验，发现在以上闭环形成的情况下，阻尼器在额定运行电压下上夹件与 TR 箱体侧壁相连处有明显发热，实测温度 55 ℃，同时对阻尼器的性能及 CVT 的整体性能进行了测试，发现在发热存在的情况下，阻尼器性能仍然正常，CVT 整体性能也正常。

3）防范措施

①重视 CVT 的中间变压器受潮防护。应加强变压器油的微水试验，特别是潮湿多雨季节后的检查试验。

②重视红外热成像的应用。对 CVT 进行定期的红外热成像分析，可以较及时地发现设备缺陷。

③当电磁单元温度异常升高后，可综合分析油相关试验结果及温升、部位等情况，对缺陷的性质进行初步判定，避免盲目停电。

6.7.4　案例 4

1）故障简述

某 35 kV 变电站 406 线路 TV 为室外 35 kV 油浸电磁式电压互感器，型号为 JDJ2-35，额定电压比为 35/0.1，2007 年 9 月出厂，2009 年 1 月投运，见表 6.56。

表 6.56　松城崀线 406 线路 TV 铭牌参数

相别	AC 相
型号	JDJ2-35
出厂编号	330439
出厂日期	2007.9
额定电压/kV	35 kV/0.1 kV

2016 年 7 月 7 日，该 35 kV 变电站 406 线路 TV 保险熔断。检修人员当日到现场发现 35 kV线路 TV 已喷油、鼓肚。变电检修班人员随后对该线路 TV 进行吊芯、解体检查、分析和处理，如图 6.78—图 6.87 所示。

2）原因分析

①解体检查时发现隔离密封垫处积水、瓷套断裂、A 端引线烧断；该型号 TV 设计时呼吸通道由呼吸孔螺栓（螺栓中开了一个呼吸孔且顶部盖板锈迹）—油气隔离密封垫—电压互感器储油柜；而互感器呼吸吸入空气时，在橡胶密封垫收缩作业下积水会沿着呼吸孔吸入互感器顶部的油气隔离密封垫内，日积月累致使油气隔离密封垫内积水。

②TV 一次 A 端瓷套靠下法兰处安装前存在运输或搬运不当，固定螺帽压紧力度不均匀或太大，造成瓷套有损伤（细小裂纹）。

③油气隔离密封垫边沿密封不良积水就会进入绝缘油导致引线绝缘层受潮，又由于 TV 一次 A 端瓷套有损伤（细小裂纹），运行中存在绝缘缺陷，引线对瓷套处金属外壁放电，造成单相接地，在电弧作用下 TV 变压器油分解、汽化，导致内部气压剧增，引起 TV 喷油、鼓肚。

图 6.78　水从呼吸孔进入互感器内部

图 6.79　水从呼吸孔盖帽渗入

图 6.80　油气隔离密封垫上部积水

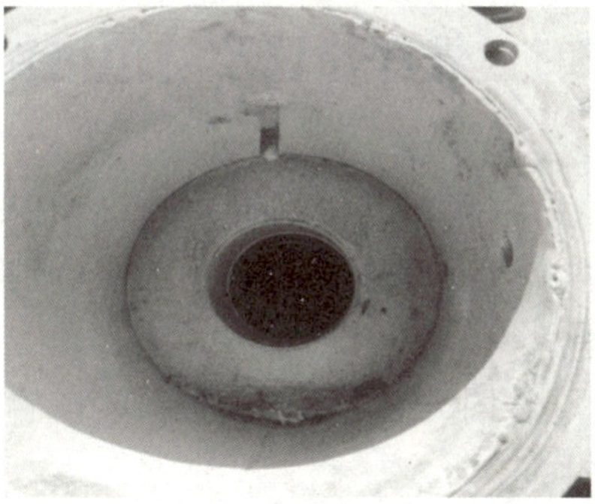

图 6.81　TV 上法兰引线套管内积水痕迹

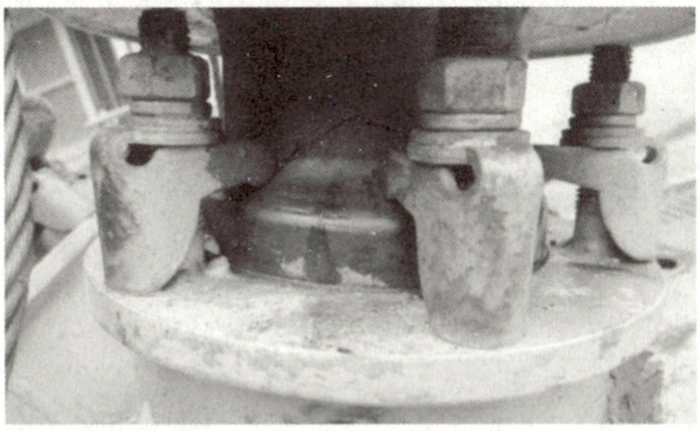

图 6.82　TV 瓷套裂纹

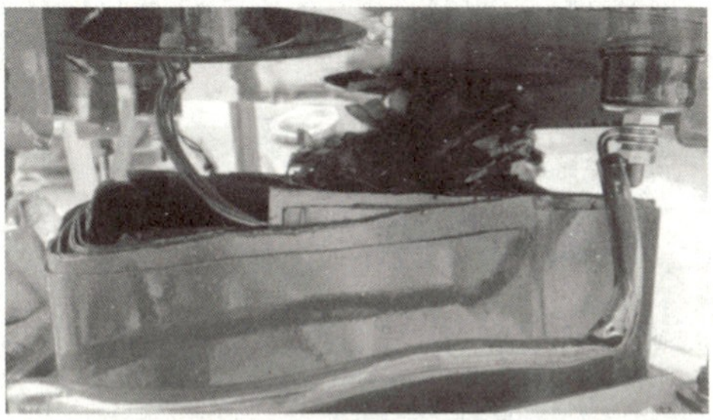

图 6.83　TV 一次引线

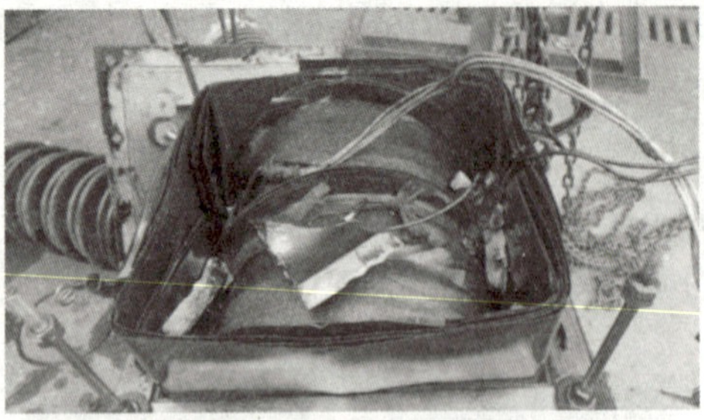

图 6.84　TV 线圈

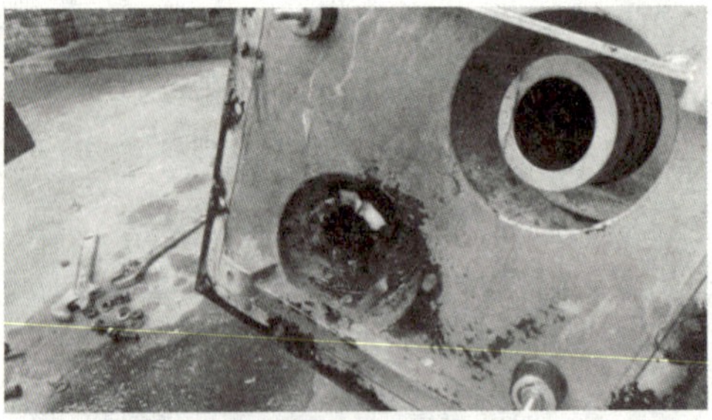

图 6.85　TV 瓷套

图 6.86　TV 一次线圈

图 6.87　TV 二次线圈

6.7.5　处理建议及防范措施

①在检修人员专业化巡检、运维人员日常巡视中加强对油浸式 TV 油标油位的检查，对油位异常的电压互感器加强跟踪和红外测温，必要时进行高压试验，试验不合格的立即进行处理。

②在同类型 TV 顶部的呼吸孔盖帽顶加装不锈钢防雨罩，防止积水沿边、从呼吸孔进入 TV 内部。

③结合停电检修对同类型 35 kV 油浸式 TV 的顶部油气隔离密封垫、呼吸孔密封进行检查，涂抹密封胶，防止外部水分进入互感器内部；进行外观检查，及时发现设备瓷套缺陷，防止类似事件发生。

6.8　渗漏油故障

6.8.1　故障案例 1

1）故障简述

10 月 10 日，某 110 kV 变电站运维人员发现 110 kV Ⅰ段母线 TV 二次故障、Ⅰ段母线 B

相电压为2.2 V,A,C相正常(分别为62.0 V和62.3 V),B相本体内部有异常声响,温度明显高于另外两相,随即申请停电处理,等待检修人员进一步对CVT进行检查试验。该CVT的型号是WVB110-20H,额定容量0.02 μF,额定电压比$(110/\sqrt{3})/(0.1/\sqrt{3})/(0.1/\sqrt{3})/0.1$ kV,中间电压$35/\sqrt{3}$ kV,级次组合0.2/0.5/3P,额定输出150/250/100 V·A。

2)现场检查试验

试验人员到达现场后,对110 kV Ⅰ段母线TV外观进行检查,发现B相CVT外表清洁、连接可靠,未发现闪络、渗油及其他异常,但手触摸油箱温度明显过高。绝缘电阻测试的数据见表6.57。110 kV Ⅰ段母线CVT B相中间TV末端的绝缘电阻只有20 MΩ,说明B相中间TV末端的绝缘电阻不良。B相二次绝缘电阻也比历年试验值明显降低。

表6.57　绝缘电阻测试数据

部件	接线方式	绝缘电阻/MΩ		
		A相	B相	C相
电容器	C_1	15 000	10 000	20 000
	δ/E	10 000	5 000	10 000
中间TV	1a-1n-E	2 000	130	2 100
	2a-2n-E	2 500	200	2 300
	da-dn-E	2 000	110	2 000
	X_T/E	8 000	20	11 000

注:C_1为电容器的上节;δ为电容末端;X_T为TV末端。

对分压电容用自激法测试上、下节的介质损耗及电容量,测试数据见表6.58。测量C_1,C_2的介质损耗分别为34.81%,34.88%,已远远超过注意值,测试的电容量与额定电容量的偏差也都超过了2%。自激法是以CVT的电磁式电压互感器作为试验变压器,并由二次施加电压励磁,在一次侧感应出高压作为试验电源来测量C_1,C_2及tan δ。如果CVT的中间变压器存在故障,测量的介质损耗及电容量可能不反映C_1,C_2及tan δ的真实情况。

表6.58　介质损耗及电容量测试数据

被测元件	C_1	C_2
试验方法	自激	自激
试验电压/kV	1.737	0.913
tan δ/%	34.81	34.88
实测电容 C_X/pF	29 070	69 220
额定电容 C_n/pF	28 249.2	67 412.24
ΔC/%	2.82	2.68

注:C_1为电容器的上节;C_2为电容器的下节。

测量电容器总的介质损耗和电容量(即 C_1 与 C_2 串联),采用正接法,试验电压 10 kV,测试数据见表 6.59 所示。测试介质损耗为 0.112%,电容量为 20 011.3 pF,与额定电容的偏差为0.30%,检测结果均正常,与交接试验值一致,排除了 CVT 电容器故障。电磁单元一次绕组对二次绕组及地的介质损耗和电容量测试,采用反接法,将 C_1 的首端与 C_2 的尾端短接,试验电压为 2.5 kV,二次绕组接地。测试介质损耗为 35.30%,电容量为 133 400 pF。该相 CVT 交接试验时中间 TV 的介质损耗为 2.778%,电容量为 1 273 pF。明显可见,中间 TV 的介质损耗和电容量都已和初值发生了明显变化。因此,判断为该 CVT 电磁单元发生了严重故障。

表 6.59　介质损耗及电容量测试数据

被测元件	$C_{总}$	中间 TV
试验方法	正接	反接
试验电压/kV	10	2.5
$\tan\delta$/%	0.112	35.30
实测电容 C_X/pF	20 011.3	133 400
额定电容 C_n/pF	19 950.8	
ΔC/%	0.30	

对 A,B 和 C 三相 CVT 油箱取油样进行绝缘油试验。取 B 相油样时发现取油口的密封圈老化,取油口已密封不良,B 相油有焦味,呈混浊状。进行绝缘油色谱试验,检测结果见表 6.60,A 相和 C 相色谱检测结果正常,B 相油中气体各组分含量均很大,设备存在放电性故障。进行绝缘油水分含量检测,检测结果见表 6.61,A 相和 C 相微水合格,B 相微水超注意值。

表 6.60　绝缘油色谱检测数据

项目	A 相/($\mu L \cdot L^{-1}$)	B 相/($\mu L \cdot L^{-1}$)	C 相/($\mu L \cdot L^{-1}$)
H_2	78	1.3×10^4	87
O_2	1.3×10^4	7.0×10^4	1.0×10^4
CO	6.6×10^2	1.2×10^4	6.7×10^2
CO_2	1.5×10^3	1.4×10^4	1.6×10^3
CH_4	5.0	2.8×10^3	5.2
C_2H_6	10	7.2×10^3	4.1
C_2H_4	3.4	7.4×10^3	3.2
C_2H_2	0	8.1×10^3	0
总烃	19	2.5×10^4	12

表6.61　绝缘油水分含量检测数据

样品名称	水分含量/($mg \cdot L^{-1}$)
A相	7.3
B相	154
C相	8.5

解体检查及原因分析由以上试验结果可知，该110 kV Ⅰ段母线TV B相已经发生了严重故障，故障位置为其电磁单元部分。因为，该CVT的电磁单元部分发生了严重放电，造成CVT故障，现场不具备检修处理条件，应立即对该相CVT进行更换。该故障CVT被送回厂家解体，中间TV吊起后发现一次绕组底部的绝缘已经完全被击穿破坏。从试验数据及解体情况看，本次事故的原因可能是取油口密封圈老化，使CVT油箱密封不良，造成大量水分进入油箱，沉淀在油箱底部，从而致使电磁单元一次绕组匝间绝缘和主绝缘被击穿。因为CVT电磁单元故障，最终造成二次电压异常。

3）故障结论及防范措施

通过一起110 kV CVT二次失压故障，介绍了现场故障定位分析、综合判断和试验方法。对故障CVT有针对性地采用绝缘特性试验并结合绝缘油试验方法进行综合判断，迅速准确地判断故障的类型和故障部位，使故障获得有效的处理。随着CVT在电力系统中的广泛应用，在运行中故障也时有发生。对怀疑有故障的CVT采用科学合理的试验方法可以使故障获得有效的处理，保证电网稳定运行。本次故障是密封不良导致电磁单元中间TV故障，为了防止类似故障的发生，应采取如下措施：

①对运行设备进行日常巡视检查时，应检查CVT是否密封良好，油位是否正常，有无渗漏油，如有异常，应立即查明原因并及时处理。

②对老化的密封圈应及时更换。因为CVT绝缘油试验周期较长，每次从取油口取油后，应更换取油口密封圈。

③对运行设备进行日常巡视检查时，应注意CVT油箱有无异常放电声，如有，应立即停电检查。

④应注意CVT二次电压是否有异常变化，当发生电压波动时应立即查明原因。

⑤对CVT进行例行红外热成像检测时，除了高压引线处、套管是否温度异常外，还应注意油箱温度是否异常。当有一相CVT油箱温度明显高于其他相CVT油箱时，应立即查明原因，尽早发现缺陷。

6.8.2　故障案例2

1）故障简述

2012年夏季，某220 kV变电站在巡视设备时，当时天气晴朗、较热，能见度高，突然发现

220 kV 西母 A 相 PT 主、分压电容器法兰处渗油，现场未发现设备发热、放电现象，二次电压正常，空开未跳闸，外观绝缘良好，后台监控机信号正常，用热红外线成像仪测温未发现异常，一次设备无操作、无过电压现象，但还是立即向调度及有关部门汇报相关情况，下令立即进行停电检查。经检修、高压试验检查发现，分压电容器值有少许增大，主、分压电容器法兰处密封有老化渗油现象，绝缘油渗出，不能继续运行，需更换处理，该设备已运行 15 年，从而避免了一次母线事故发生。

2）故障分析及结论

构成 CVT 分压器的电容器是由不同数量的电容元件串联构成的，在运行过程中，当电容器内发生电容元件损坏时，剩余的电容元件所承受的运行电压会升高；损坏的元件越多，其他元件所承受的电压就越高，更容易引起绝缘击穿，并形成一种恶性循环，可能导致烧毁甚至爆炸。故当怀疑 CVT 有可能异常时，处理过程必须慎重、妥善。

①在巡视 CVT 时，必须佩戴安全帽，缺陷有无继续发展；近距离接近设备检查，需穿绝缘靴，戴绝缘手套，与设备保持一定的安全距离，防止触电发生。

②CVT 二次回路空气开关跳开与否，在未明确一次设备是否异常前，不得盲目恢复二次空气开关的运行。

③若 CVT 本体有明显异常，如冒油、渗漏油（图 6.88），或与此 CVT 有关的二次回路设备出现烧毁现象，应立即汇报调度，紧急停电处理。

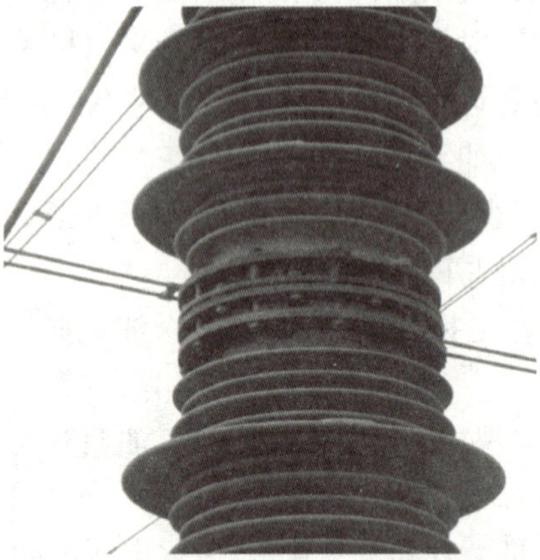

图 6.88　CVT 法兰处渗油

④当在线监测手段提示 CVT 可能有异常情况时，是否需要通过人工测量的方法进行确认，此点值得商讨。不提倡由人工近距离手持仪器测量，即使必须要人工核实，也应考虑在远离 CVT 的相关回路上进行，如电压小母线。当人工测量 CVT 二次电压时，需采取一定的安全措施，如穿绝缘靴、戴绝缘手套、防止二次短路，以防止因高电压串入二次回路造成人身伤亡事故；防止 PT 二次断线，造成保护误动，此点必须考虑。

⑤对运行时间较长的陈旧设备，应加强监视，遇有停电机会及时做好检修、预试工作，发现问题及时汇报处理，禁止设备超期服役，有经济条件的可更换为电子式电压互感器，以保证电网安全运行。

CVT 一般适用于 110 kV 及以上电压等级，由于受设计制造经验、工艺水平和原材料等多种因素的限制，作为承受高电压的电容分压器，介质击穿不仅会影响测量准确度，更严重的有可能造成爆炸、起火的恶性事故，运行中如不及时发现异常情况，就会影响电网的安全运行。近年来，省公司及各地市局都针对 CVT 在运行中出现的异常情况，通过不同途径、要求采取各种方法加强对 CVT 的现场运行监视。一般情况下，现场运行人员可通过以下方法，初步掌握 CVT 的运行情况。

①通过定期对二次电压进行抄录或测量。对有装置（如保护、测控装置等）可反映二次电压的，应结合每次巡视时抄录并比较；对无法通过装置反映二次电压的，可定期手工测量二次电压进行比较，测量周期一般可定为每月一次。此种方法较原始，无法在线监测 CVT 的运行情况。当然可考虑通过专门的电压监视装置实现在线监测功能。

②充分利用自动装置采样、软件程序比较判别的方法可实现 CVT 的在线监测。现在普遍利用当地监控系统，设立 CVT 电压监视功能。分别通过设置 $3U_0$ 越限；同名、不同名相电压不平衡比较；电压幅值越限等方法，对达到相应越限值的，发出报警信号及时提示运行人员。

6.9　二次故障

6.9.1　故障案例 1

1）故障简述

①某变电站 220 kV 线路采用双重化保护配置，第一套装置主保护为纵联差动保护，第二套装置主保护为纵联距离保护。线路远端发生区内单相接地故障时，第一套装置纵联差动保护正确动作，将故障切除，而第二套装置纵联距离保护、纵联零序保护均未动作。根据故障波形图（波形图略）分析，零序电压波形发生了畸变，三次谐波含量较大，约占 75%。保护装置方向元件判断发生区外故障，闭锁保护。现场检查保护用电压互感器回路接地点，发现第二套装置电压互感器二次回路存在两个接地点，分别为发电机电子间同期屏、网控室计量屏。由此可以判断，保护拒动的根本原因为电压互感器二次回路两点接地。

②某变电站 220 kV 线路保护配置，第一套装置主保护为纵联差动保护，第二套装置主保护为纵联距离保护。线路发生区外故障时，第二套装置保护误动使断路器跳闸。根据故障波形图（波形图略）分析，保护装置采集到的零序电压发生了畸变，三次谐波含量明显较大，B 相接地故障期间 B 相电压异常升高，远超额定值，自产零序电压滞后零序电流约 165°，保护方向元件落入正向动作区，判为线路区内故障，误发跳闸指令。

现场检查电压互感器二次回路接地点，发现现场电压互感器中性线电流为 1.15 A，站内电压互感器二次回路中性线存在多点接地情况。线路故障时电压互感器二次中性线的多个接地点间流经故障电流，在接地点间的中性线上产生偏移电压，这一偏移电压与 B 相电压叠加后引起保护装置处 B 相电压异常升高，导致保护误动。

2）原因分析

正常情况下，电压互感器二次回路只允许一点接地，《继电保护和安全自动装置技术规程》（GB/T 14285—2006）及《国家电网公司十八项电网重大反事故措施》均已作出明确规定，即电压互感器的二次回路只允许有一点接地，接地点宜设在控制室内。独立的、与其他互感器无电联系的电压互感器也可在开关场实现一点接地。为保证接地可靠，各电压互感器的中性线不得接有可能断开的开关或熔断器等。二次回路在控制室一点接地后，保护装置采集到的电压能正确反映线路二次电压。

U_a 为保护装置采集到的电压，U'_a 为电压互感器二次侧电压。电压互感器二次中性线两点接地后，近变电站处发生接地故障时一次电流通过电压互感器二次回路分流，在电压互感器两接地点中产生压降。这一压降与电压互感器二次侧电压 U'_a 叠加，造成保护装置处电压互感器中性点电位发生偏移。保护装置采集到的零序电压 $3U_0$、零序电流 $3I_0$ 相角满足 $-192° \leqslant \angle 3U_0 - \angle 3I_0 \leqslant -12°$ 时，判断为正方向故障，向对侧发出允许跳闸指令。当电压互感器中性线有两个接地点时，保护装置采集到的电压 $U_a = U'_a + \Delta U$，ΔU 为电压互感器两点接地时系统发生故障的情况下二次回路中性线上的偏移电压。显然，如前所述，这个偏移电压将对保护装置方向元件产生干扰，严重情况下将导致保护装置拒动或误动。

判别电压互感器二次回路多点接地可按如图 6.89 所示准备设备并接线，将可变电阻器设置在最小位置。确认接线准确无误后，解开 N600 接地点，断开刀开关，慢慢增大可变电阻器，观察并记录电压表、电流表读数。注意，操作刀开关和可变电阻器的人员要戴绝缘手套，并站在绝缘垫上。电流表读数会随可变电阻器阻值增大而减小，说明对地回路中有一个附加电压源存在。如果电压互感器二次回路不存在多点接地，那么这个附加的电压源很小，电流读数虽然有变化，但不明显。

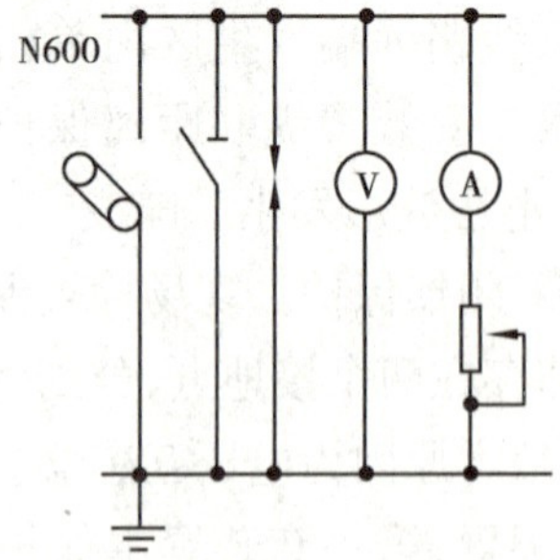

图 6.89　电压互感器二次回路多点接地试验接线图

3）防范措施

①加强设计审核，对新建、改造工程认真检查电压互感器二次回路的一点接地情况，确保设计图纸与对应的二次回路接线一致。

②提高施工质量，强化现场复查工作，避免改造、扩建厂站的电压互感器投运验收期间因施工安装、恢复不到位造成二次回路多点接地。

③对老旧变电站开展全站电压互感器二次回路接地方式检查工作，确保二次回路有且只有一点接地。

④定期对电压互感器进行 N600 接地线电流值测试、电压互感器中性点电压检测等工作，确保各电压等级电压互感器的二次回路仅有一点接地。

⑤对有中性点放电间隙的电压互感器，可选用动作或失效时有明显标志的避雷器，以便对运行状态进行监控，并定期检查，加强巡视力度，发现异常应立即处理。

⑥加强对运行维护人员的电压互感器二次回路接地知识培训，结合实际案例，增强安全和防范意识。

6.9.2　故障案例2

1）故障简述

2016 年 2 月，某变电站在操作“220 kV Ⅲ段母线由检修转热备用”过程中，合上 220 kV Ⅲ段母线电压互感器二次侧空开时，220 kV Ⅰ、Ⅲ段母线电压互感器二次侧空开一起跳闸，造成整段母线保护失压。该变电站 220 kV 系统为双母线、双分段运行，公用测控屏上共装设了 4 套 YQX-23J 型电压切换箱，用于Ⅰ-Ⅱ母、Ⅲ-Ⅳ母母线电压切换或并列和Ⅰ-Ⅲ母、Ⅱ-Ⅳ母母线电压并列。此外，该变电站部分采用 CZX-12R1 操作箱，部分采用 CZX-12A 操作箱。

根据以上分析，结合《PT 二次切换回路避免反充电的反措规定》，主要按以下原则进行检查：

①查母线电压并列继电器的触点均接正确，隔离开关辅助触点与实际相符。

②母线电压互感器二次并列，现场应发“母线电压并列”“切换继电器同时动作”告警信号。

③电压互感器二次并列继电器，其控制电压切换和发出母线并列信号的触点宜由同一个继电器控制。

④用隔离开关辅助触点控制的电压切换继电器，应有一副电压切换触点作监视，保证隔离开关的正确位置。

2）现场检查情况

①电压切换接点均接线正确，隔离开关辅助触点与实际相符。

②Ⅰ母电压互感器二次空开与Ⅲ母电压互感器二次空开之间 3YQJ 插件内控制电压切换的常开常闭触点接反，发出母线并列信号的节点采用另一个继电器控制，导致正常运行时电压互感器二次侧既并列，而信号回路又正常，在母线热备用后由于反充电造成电压互感器空开跳闸。这就是本次事故的具体原因。

3)结论

①若接某段母线的出线隔离开关用于控制 YQJ 继电器返回的辅助常闭触点由于质量问题不返回,导致 1YQJ 和 2YQJ 重动继电器同时动作,在母线转热备用操作时,电压互感器反充电空开跳闸造成保护全部失压。

②若并列继电器触点出现黏合或触点用错,二次电压回路将误并列。若母线一次侧未送电,该母线电压互感器空开一旦送上就出现电压互感器二次反充电,导致并列的另一段母线电压互感器空开跳闸,从而造成整段母线保护失压。

③发出母线并列信号的触点继电器与控制电压切换的继电器不是同一个。

4)事故防范措施及效果

由于切换用的接点和回路很多,无法用同一个继电器完成。根据上述分析,提出以下防范措施。

(1)检修人员的防范措施

①加强年检时对保护操作箱、计量、同期电压切换继电器的检验工作,要检查到每个触点,以防触点被粘死。

②用隔离开关辅助触点控制的电压切换继电器,应有一副电压切换继电器触点作监视用;电压互感器二次并列继电器,其控制电压切换和发出母线并列信号的节点宜由同一个继电器控制,现场监控及相关信号系统应接有"母线电压并列""切换继电器同时动作"等信号。

③检修人员,应保证隔离开关常闭辅助触点动作的可靠性,保护投运前,应测量隔离开关常闭辅助触点可靠闭合。

④检修人员在校验继电器完毕后,应测量两组带保持的电压切换继电器,确保只有其中一组动作,而另一组可靠返回。

⑤检修人员在做二次通电试验时,应确保至电压互感器二次侧的回路可靠断开,恢复时应再次进行测量核对。

(2)运行人员的防范措施

①母线停电和送电操作前,运行人员要加强对切换设备的监视,若发现"母线电压互感器并列"或"切换继电器同时动作"告警信号,要暂停操作,安排检修人员进行检查处理,主要检查母线电压并列继电器的触点是否误闭合及出线隔离开关辅助触点是否与实际相符。

②现场应有处理切换继电器同时动作与同时不动作、非正常出现母线电压互感器并列信号等异常情况的专用运行规程。

③运行人员投入停运 PT 二次空开时,应确认下口不带电后,才可投入 PT 二次空开。

④为了保证在切换过程中不会产生电压互感器二次反充电,在母线停送电操作时,运行人员必须先送一次设备,再合上二次空开,停电时则相反。

(3)防范效果

根据上述措施,立即对运行规成进行修改,对操作过程进行详细规定,制订专用运行规程,并对某些站的没有引出"母线电压并列信号"光字牌进行整改,加强检修人员对电压切换继电器的检验工作,确保接线逻辑上的正确无误,同时也加强了运行人员对切换设备操作和监视力度。3 年多的运行结果表明,措施可行,没有出现类似的情况发生。

这是一起在操作"220 kV 母线由检修转热备用"的过程中,由于电压切换插件触点接反,使电压互感器二次反充电,造成整段母线保护失压事故。根据事故现象,讨论了引起这类事故的多种可能原因,分析对应的电压互感器二次切换、并列的回路图,最终得出事故结论,给出防范措施。对这种双母线主接线方式,在操作过程中易发生带电的电压互感器二次回路与不带电的电压互感器二次回路相并联,会造成电压互感器二次侧向一次侧反充电。在这一过程中,会产生很大的电流,对人身和设备造成安全隐患。因此,需要认真防范这种情况的发生。

6.9.3　故障案例 3

1)故障简述

110 kV 某无人值班变电站发生了一起电压互感器故障,接到报告,110 kV 母线电压互感器二次接线盒冒烟,二次端子盒有一根电缆线松脱并对地放电。运行及修试人员赶到现场,立即将互感器间隔转为备用状态,经检查情况为:110 kV 母线电压互感器 C 相、N 端及 X 端接至外部容性设备带电测试盒引出线脱落,对地放电并将混凝土地面高温熔化。打开二次端子盒检查,盒内二次线线皮已被烧化,二次接线板绝缘受损。该电压互感器为西安西电电力电容器有限责任公司的 TYD110$\sqrt{3}$-0.02gGH 电容式电压互感器,经相关修试人员现场检查 N,X 端引出至容性设备带电测试盒接线松脱,对地放电。二次接线盒内 N 端对二次一端子及外壳放电,二次接线盘绝缘受损。二次接线盒内部分外皮受损,剪除受损部分,二次线绝缘测试合格;检查结束,报告所领导检查结果,互感器二次接线盘绝缘受损,建议更换电压互感器;经协调找到同类型备品,完成备品相关测试工作,备品试验合格,并进行更换后投入运行。

2)原因分析

(1)直接原因分析

由于电压互感器 N,X 端未在本体接地,而是通过二次电缆线将 N,X 端引出后接至容性设备带电测试盒后接地,该电缆采用捆扎带固定在构架上,由于时间较长已风化脱落,二次电缆悬空在空中,长时间的风摆导致二次电缆在容性设备带电测试盒内松脱。该电压互感器末屏悬空,导致对地放电。电容式电压互感器的电容分压单元由高压电容单元 C_1(C_{11},C_{12},C_{13})和中压电容单元 C_2 组成,用作计量、测量、保护。中压电容 C_2 的低压极板即为互感器的末屏,若末屏悬空,易产生悬浮电压,对邻近导体特别是接地体放电。由于该电压互感器二次接线板 N 端未接地,此时,二次电缆松脱的 N 端引出线带有大约 63.5 kV 的相电压,不断的风摆导致 N 端引出线不停对地电弧放电,产生的高温将混凝土熔至玻璃状物体。同时因 N 端引出线的松脱,二次接线盒端子内的 N 端也同样带有 63.5 kV 的高电压,对二次端子及外壳放电,导致二次接线板绝缘损坏。

(2)主要原因分析

由于电压互感器 N,X 端接线引出至带电测试盒接地,一般带电测试盒安装在构架中部,A,C 相引出电缆具有一定的长度,一旦二次引出电缆固定不牢靠或松脱,将具有较大的安全隐患,严重威胁设备的安全运行。另外,在松脱时若有变电站运行人员或站内安保人员靠近,极易造成跨步电压触电,具有较大的人身安全隐患,在本次缺陷处理过程中,已将三相引出至容性设备带电测试盒的接线拆除,在电压互感器二次接线盒内将 N,X 端于本体接地。

(3)其他原因分析

对导致末屏放电还可能存在的原因也进行了分析,如在开展设备定期试验中,试验人员试验前解开接线板 N 端与 X 端连片,试验完毕未恢复,导致 N 端悬空,使其末屏带电形成高电位。当实验人员试验完毕终结工作时,运行人员验收不充分、不仔细、有遗漏,接线板 N 端与 X 端连片未恢复项目,使悬空的末屏长期带电,导致其对周围端子放电。

(4)末屏放电存在的风险

电压互感器末屏悬空若不及时发现和处理会对人身、设备、电网等存在威胁。

①末屏对地放电时,若有变电站人员靠近,极易造成跨步电压触电,具有较大的人身安全隐患。

②末屏放电使电压互感器油箱漏油,油面严重下降,各绕组间绝缘击穿,接线盒内短路爆炸或引发火灾。

③引起区域电网与主网解列,导致停电事件。该站只有一组 110 kV 母线电压互感器,若故障引起主变及线路跳闸,将造成区域电网与主网解列,增加区域停电事件的风险。

④导致保护误动作停电事件。绕组 2a-2 门用作监控测量,而 2n 端与 N 端电弧导通,可能对绝缘造成损害,绕组 1a-1n 用于线路第一套保护端放电导致线路第一套保护用电压中性点位移,产生零序使保护误动作造成停电事件。

⑤事件发展对区域经济及企业声誉的影响。使该区域电网与主网解列,停电影响地区正常生产、生活秩序,带来无法估量的经济损失和本企业的社会声誉下降。

3)防范措施

本起末屏放电发生在设备正常运行过程中,因外力及设备接线问题导致末屏悬空对地放电。为避免放电事件的再次发生,需要加强修试、运行工作方面的管理、对生产人员技术培训等方面进行防范。主要防范措施如下:

①加强试验、检修、验收工作管理。规范二次拆、接线工作,防止误、错、漏、拆接线,试验工作有涉及拆装电压互感器、电流互感器、开关接线盒内线的必须填写二次安全措施单,使修试人员恢复设备二次接线时不出现遗漏,严格执行相关验收制度,检查、督促修试人员执行相关规定,将设备完全恢复开工前状态。

②加强运行工作管理。合理安排定期工作和日常巡视工作,抓好巡视中的重点工作,尤其对设备接线松动的问题以及附属设备的巡视检查等。做好二次测温工作。日常对电压型

设备测温应保留图像,并进行电脑分析。以确保巡视到位、故障发现及时、故障分析准确,便于及时采取措施将故障消除在萌芽状态。

6.10 GIS 电压互感器故障

1)故障简述

2019 年 8 月 28 日,某 110 kV GIS 变电站由对侧 110 kV 线路充电时,该变电站 110 kV 某线路 GIS 电压互感器 B 相接地短路,60 ms 后,A 相也接地短路,50 ms 后三相均接地短路。线路对侧保护正确动作并断开该 110 kV 线路,避免事故进一步扩大。该变电站 110 kV GIS 成套产品由某电气股份有限公司生产,其中 110 kV 某线路电压互感器为某互感器有限公司生产,型号为 JSQXFH-110。事故发生后,110 kV 某线路电压互感器本体防爆膜脱落,二次接线盒 c 和 b 相的 da,dn 引出线电缆(至断路器控制柜端子排 X10,共 4 根)已烧焦,如图 6.90 所示,其余二次电缆完好。

图 6.90 发生事故后的 TV 二次接线盒

2)原因分析

110 kV 某线路电压互感器投运前所有的绝缘试验(包括一次绝缘电阻及变频感应耐压试验)均合格,而二次接线盒仅 c 和 b 相的 da,dn 引出线(开口三角回路)电缆烧焦,其他电缆完好,因此,初步排除了电压互感器烧损是由一次绝缘破坏引起的。

二次开口三角回路电缆烧焦说明该回路在电压互感器带电时存在较大电流,故电压互感器烧损可能为其二次开口三角回路电缆引至线路 110 kV 断路器控制柜的端子排上接错线。需进一步对 110 kV 兴东含线线路电压互感器的二次开口三角回路引至线路110 kV断路器控制柜端子排的电缆进行核查。

核查结果表明:

①110 kV 某线路电压互感器二次回路 c 相 da 引出电缆接错线,本应接到断路器控制柜端子排 X10 的 22 号端子上,实际则接到了 18 号端子上。

②该电压互感器 a 相 da 引出电缆接错线，本应接到 104 断路器控制柜端子排 X10 的 17 号或 18 号端子上，实际则接到了 22 号端子上。

③错误的接线导致该电压互感器二次开口三角 c，b 相绕组串接后首尾短路，a 相开口三角绕组因接成独立回路，有阻尼电阻 R 的保护而安然无恙。由于 110 kV 兴东含线线路电压互感器与 110 kV GIS 断路器为成套产品，错误的接线位于电压互感器二次接线盒连接到 110 kV GIS 断路器控制柜之间，这部分接线由厂家负责安装，而调试人员在投运前未对该部分进行测试，未能发现该错误，导致电压互感器在试运行时发生烧损事故。

该电压互感器烧损的过程如下：

由于 c，b 相的二次开口三角回路上存在短路，当其带电时，c，b 相的二次开口三角回路的短路电流产生巨大热量不仅烧损了二次电缆，而且使位于 GIS 内的二次线圈烧毁，在这一过程中，GIS 内的 SF_6 气体因受热膨胀，产生的巨大压力使其防爆膜脱落，SF_6 气体泄漏使一次回路的主绝缘大幅下降，导致单相接地短路，进而两相接地短路，最终三相接地短路。损坏的电压互感器内部解剖图如图 6.91 所示。

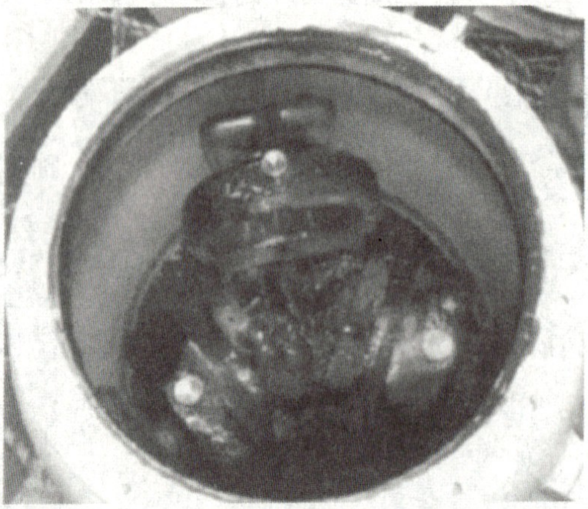

图 6.91　损坏的电压互感器内部解剖图

3）**防范措施**

由于电压互感器二次开口三角绕组没有熔断器或空气开关保护，如果调试人员或厂家安装人员接错线，电压互感器就会被短路电流烧损，下面提出两种类似错误接线的方法：

①在电压互感器本体的二次接线盒处串入万用表进行检查。当所有二次绕组接线完毕时，打开 TV 二次接线盒，解开每相开口三角绕组的一根引出线，串入万用表就可测试开口三角绕组整个回路是否存在短路。因为有可能不是三相绕组串接短路，所以有必要每相解开一根引出线进行检查。

②在 GIS 电压互感器的二次接线电缆引至断路器汇控柜端子排的相间绕组连接线处串入万用表进行检查。当所有二次绕组接线完毕后，核查电压互感器开口二次接线图，在 GIS 电压互感器的二次接线电缆引至断路器汇控柜端子排的相间绕组连接线处串入万用表进行检查。

电压互感器投运前，调试人员有必要对其开口三角绕组整体回路是否存在短路情况进行检查，而不是成套设备接线以外的部分回路进行测试。

6.11　其他原因引起的故障

6.11.1　故障案例 1

1）故障简述

2018 年 6 月 14 日 19 时，某 220 kV 变电站 10 kV Ⅰ段母线 3×14TV（电压互感器）突然产生黑烟并有异常声响，与此同时Ⅰ段母线上的 1 号站用变 326 断路器跳闸。2018 年 6 月 15 日凌晨 1 点，专业人员到现场进行调查处理。现场发现 1 号站用变 326 断路器 A 相避雷器受损严重，并且内部阀片已经炸裂，而 b，c 两相避雷器则外表完好，并未发现有受损现象。受损的避雷器型号为 HY5WS-17/50，由上海某高压电器有限公司 2015 年 6 月生产，2015 年 12 月投运。此外，10 kV 电压互感器 A 相也严重损坏，外表面已出现龟裂并有黑色胶汁流出，高压保险熔断。据了解，受损的电压互感器型号为 JD2X10-10B，由大连某互感器有限公司 2015 年 6 月生产，2015 年 12 月投运。

2）事故原因分析

（1）避雷器与电压互感器的联系

受损的 3×14 电压互感器与 326 线路同在Ⅰ段母线上，在电气上是有联系的。通过现场详细检查，发现靠 326-1 地刀侧有放电痕迹，在柜体上留有电弧烧损印迹。该处的烧损痕迹应该是在避雷器炸裂后，由雷电流产生的强大电动力，使 A 相避雷器受电动力的影响来回摆动，加之该站的 10 kV 部分接线方式为中性点不接地系统，因此会在 326-1 地刀侧引起间歇性的弧光接地过电压。因事故当天有雷雨天气，笔者怀疑 10 kV 站用变遭受雷击过电压冲击，所以对 1 号站用变进行了绕组绝缘电阻、直流电阻、空载损耗、交流耐压、变比的测试，发现均无异常。之后再对 1 号站用变进行变压器油的色谱分析，分析得知站用变色谱数据没有异常，加之站用变的避雷器雷击计数器上并无雷击记录，故判断雷击点不在 1 号站用变。经查找发现雷击点在 10 kV 出线的 A 相上，故对受损避雷器进行检查。检查发现 10 kV 受损避雷器外部的复合外套完好，说明损坏原因不是避雷器沿面放电；而内部金属氧化物阀片因高温已经烧结变黑，这表明故障原因是阀片故障。金属氧化物避雷器的阀片受潮和老化是其最为常见的故障原因。为明确该避雷器炸裂的具体原因，对 326 断路器柜体中的 b，c 相避雷器进行了泄漏电流试验，测量结果见表 6.62。

表 6.62　B,C 相避雷器泄漏电流试验结果

相别	本体绝缘/MΩ	1 mA 直流电压/kV	75% $U_{1\ mA}$ 下电流/μA
b	12 000	24.7	7
c	11 000	24.8	9

从表 6.62 的试验结果可以看出 b,c 两相避雷器绝缘电阻和泄漏电流合格,表明无受潮与老化迹象。因此,判断其故障原因应该是阀片本身热容量不足(阀片本身质量不合格),在受到雷电冲击时承受不了较大的雷电流,从而引发了热崩溃。

(2)原因分析

电压互感器烧毁的主要原因是内部过电流发热所致。过电流的表现形式主要有以下两种:

①由于谐振或其他原因,电压互感器上承受的过电压和过电流虽然幅值较小,但是时间较长,大量电能作用在电压互感器上并转化为热能,使其长期发热。当热量积累到一定程度时,电压互感器中大量绝缘纸、绝缘介质会受热而汽化,体积急速膨胀,而干式电压互感器内部空间有限,当压强增加到一定程度时便会发生爆炸。

②由瞬间高幅值过电压引起的过电流。幅值达到一定程度的过电压会造成匝间短路而引起过电流。这种过电流一般幅值很大,会使电压互感器中的绝缘介质迅速汽化,因此,由高幅值过电压引起的爆炸更加猛烈。从本次事故的情况来看,3X14 TV 烧毁的原因与 326 断路器 A 相避雷器的炸裂有直接联系。间歇性的弧光接地过电压对于同样接在Ⅰ段母线上 Y-接线的电磁式电压互感器来说是个很大的扰动,这将使得电压互感器的电感出现不同程度的饱和,出现较高的中性点位移电压从而激发谐振过电压;又因该变电站投运时间较长,所配的消谐装置容量不足,不能抑制谐振过电压,导致 A 相 10 kV 电压互感器损坏。

3)防范措施

此次事故发生的起因是雷击,但最直接的原因是 326 断路器 A 相避雷器的阀片热容量不足。在雷击过电压的作用下,A 相避雷器的炸裂造成了弧光接地过电压,进一步引发了 10 kV Ⅰ段母线上的电压互感器产生铁磁谐振过电压,造成电压互感器损坏。总结此次事故可知,避雷器阀片除了受潮与老化外,其本身的质量问题也会造成严重的后果;电磁式电压互感器受到单相弧光接地过电压的影响,会产生谐振过电压,而容量相匹配的消谐装置是保证电磁式电压互感器稳定运行的重要条件。针对 10 kV 避雷器炸裂事故及引起的电磁式电压互感器烧毁事故提出以下反事故措施:

①做好避雷器预试工作,定期测量避雷器的 U_1mA 和 0.75U_1mA 下的泄漏电流,从而可以有效地发现避雷器是否劣化、受潮,以便及早处理。

②选择避雷器容量时要留有一定的裕度,并选择产品质量好、信誉好的厂家,从源头上消除避雷器与电压互感的质量问题。

③选取容量匹配的消谐装置,使电磁式电压互感器在出现铁磁谐振过电压后能快速消谐,防止因容量不匹配造成电压互感器过热烧毁。

④选用励磁特性较好的电压互感器或改用电容式电压互感器,减少其发生铁磁谐振的可能性,削弱其铁芯饱和的程度。

⑤在电磁式电压互感器的开口三角绕组中加阻尼电阻来限制电流,增加铁芯饱和的门槛。

⑥在母线上加装一定的对地电容,以此来减小各种过电压所带来的扰动,从而减少高频谐波的影响,降低谐振过电压。

6.11.2　故障案例 2

1)故障简述

某发电厂一期工程为 4 ×660 MW 超临界燃煤机组,每台机组发电机出口均设有断路器,且在主变低压侧配有一组电压互感器。2018 年 5 月 30 日,2 号机组主变低压侧电压互感器更换工作结束,进行主变倒送电后,继电保护班人员以主变高压侧电压为基准,对主变低压侧电压进行核相检查,发现主变低压侧电压异常:A 相电压为 62.0 V,B 相电压为 61.5 V,C 相电压为 60.5 V,AB 线电压为 107.5 V,BC 线电压为 105.3 V,AC 线电压为 106.7 V,零序电压为 0.75 V,与正常值相比三相电压幅值偏大,电压不平衡度增大,零序电压偏大,相角较正常值相差 7°。

2)异常处理经过

因为此组主变低压侧电压互感器正常绕组的二次电压并接至了同期屏、保护屏、NCS 测控屏、高厂变送器电度表屏和机组故障录波器屏,现场继电保护班人员对以上几面屏内的电压均进行了测量,结果和上述异常情况一致,同时测量开口三角的三相电压分别为 da 电压 35.51 V、db 相电压 35.15 V、dc 电压 34.67 V(主变低压侧电压互感器的变比为$\frac{20}{\sqrt{3}}/\frac{0.1}{\sqrt{3}}/\frac{0.1}{3}$kV),较正常值相比幅值也偏大,且和正常绕组的三相电压增大的趋势一致。由于三相电压都较正常值偏大,所以可以确定未发生接地故障,继电保护班人员又对主变低压侧电压互感器二次回路的接线和接地情况进行详细检查,也未发现有异常。在办理了保护撤退申请单退出相关保护后,由运行人员在就地端子箱断开二次回路的小空开 ZK_1,继电保护班人员对 ZK_1 空开的进线电压进行测量,测量结果和原来的一致,故排除了二次回路的故障,确定是电压互感器本身或一次接线的原因引起此次电压异常事件。在得到调度许可后,运行人员对 2 号主变进行停电操作,经电气点检和继电保护班人员共同检查发现,2 号主变低压侧 A,B,C 3 只电压互感器一次绕组中性点均未接地,处于悬空状态,与图纸要求不符。

将 3 只电压互感器一次绕组中性点进行可靠接地后,再次对 2 号主变进行倒送电操作,主变低压侧电压互感器二次正常绕组和开口三角绕组电压测量结果如下:A 相电压为 57.75 V,B 相电压为 57.73 V,C 相电压为 57.74 V,AB 线电压为 100.64 V,BC 线电压为 100.51 V,AC

线电压为 100.53 V，da 电压为 33.34 V，db 电压为 33.38 V，dc 电压为 33.35 V，零序电压（L～N）为 0.15 V。测量结果显示：2 号主变低压侧电压互感器二次三相电压平衡，恢复正常值，此次电压异常故障排除。

3）原因分析

检修人员更换 2 号主变低压侧 3 只电压互感器后，未将电压互感器一次绕组中性点接地是此次电压异常事件的根本原因。更换之前的 2 号主变低压侧电压互感器是 ABB 生产的全绝缘型电压互感器，内部直接接地，接线端子上一次绕组的中性点 N 不用接地（图 6.92），而新换上的电压互感器是某厂家生产的半绝缘型电压互感器，一次绕组的中性点 N 必须接地。检修人员在更换互感器时没有考虑电压互感器的特性，而只是简单地按照原来的接线方式进行接线，一次绕组的中性线悬空未接地，引起中性点对地电压发生偏移，从而导致此次电压异常事件的发生。

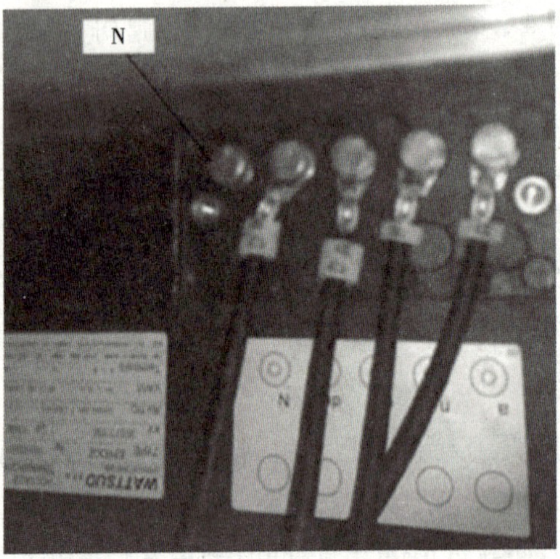

图 6.92　更换之前全绝缘型电压互感器接线

4）防范措施

此次电压异常事件是检修人员没有考虑新换的电压互感器与原来的电压互感器特性的不同，只是简单地按照原来的接线方式进行接线，使新换上的电压互感器一次绕组中性线悬空未接地，引起中性点对地电压发生偏移，致使电压异常。针对此次异常事件，特制订以下防范措施：

①加强专业知识学习，深入掌握全绝缘型和半绝缘型电压互感器的特性，杜绝类似事件再次发生。

②电压互感器在安装施工时，必须严格执行施工工艺导则，确保施工质量；投运前，必须严格进行交接验收工作，确保试验项目齐全，一二次接线正确。

③在更换电压互感器或更改电压回路的接线后，必须严格按照反措的要求进行核相、假同期等试验，保证电压回路接线的正确性。

6.11.3　故障案例 3

1）故障简述

2011 年 2 月 3 日 18:28，某 500 kV 变电站 66 kV 2 号电抗器过流保护动作（该台电抗器额定电流为 550 A，过流保护整定值为 935 A），2 号电抗器断路器跳闸。随后运行人员检查发现 66 kV 母线电压指示不正常，显示为 9 kV 左右。18:50 运行人员到现场对 66 kV 母线运行设备进行红外线测温，未发现异常。19:10 运行人员检查 66 kV 测控屏 66 kV 母线电压不正常。66 kV 母差保护显示 TV 断线，立即复归。19:05—19:49TV 断线信号反复显示 3 次。经运行人员现场拉合 66 kV 母线 TV 二次空开后，66 kV 母线电压瞬间恢复正常。20:01 运行人员再次发现 66 kV 母线电压不正常，20:53 拉合 66 kV 母线 TV 二次空开 1 次，66 kV 母线电压瞬间恢复正常。40 s 后 66 kV 母线电压又显示不正常，显示为 10 kV 左右。20:59 发现 66 kV 母线电压互感器 C 相喷油，运行人员立即撤离现场，20 s 后 B 相喷油，21:00 66 kV母线电压互感器 B，C 相爆炸着火，关联 500 kV 主变压器差动保护动作，66 kV 侧开关跳闸。

2）原因分析

2 号电抗器包封绝缘不良，导致匝间短路，故障跳闸。由于 66 kV 电抗器 C 相击穿，三相电流不平衡，使系统变压器三相磁通不平衡，在 66 kV 系统感应出 1/2 频率，即 25 Hz 波源。当 66 kV 三相母线的三相不相等对地电容与母线上三相励磁特性不同的电压互感器电感之间参数匹配时，形成 25 Hz 串联谐振，谐振等效原理如图 6.93 所示。图中 a 相对地电容为 a 相对地电容和 a 相电压互感器并联等效电容；b 相电感为 b 相对地电容与 b 相电压互感器并联的等效电感。

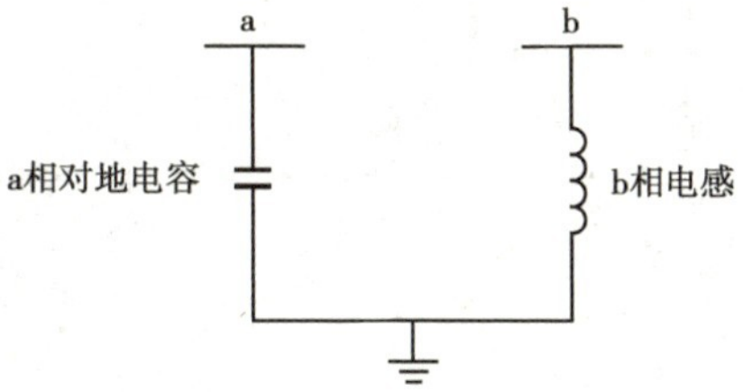

图 6.93　谐振等效原理图

当故障电抗器跳闸后，谐振已产生，由于母线电压互感器三相励磁特性不同，铁芯饱和程度不同，虽然故障电抗器已切除，但是分频电源仍存在，继续保持谐振并不断增强，A，B，C 三相电压互感器二次电压均发生畸变。零序电压（$3U_0$）一次值高达 71.94 kV；C 相电压最大有效值为 73.9 kV，为额定电压的 1.94 倍；B 相电压最大有效值为 72.7 kV，为额定电压的 1.91倍；A 相电压最大有效值为 69.49 kV，为额定电压的 1.82 倍。分析认为发生了 1/2 分频谐振，从 18:28—20:58 谐振都存在。20:58 开始，三相电压恢复正常。20:59 C 相电压最小为16.03 kV,B相电压升至51.51 kV,A相电压升至49.81 kV。可见,分频谐振使电压互感器一次电流极大增加(2倍以上),互感器铁芯严重过饱和发热。由于电压互感器一次绕组导线非常细(一般为0.22 mm^2,正常运行时为0.35~0.4 A),故障电流过大导致绝缘损坏,由此引起过热并放电,互感器内部由于压力增大喷油,首先引起C相接地。21:00 C相电压降为16.645 kV,B相电压降为13.064 kV,演变为B,C相接地短路、爆炸,而后主变三次侧开关跳闸。

3)防范措施

此次TV烧损爆炸是由分频谐振产生过电流造成的,干式电抗器故障后被切除是诱发分频谐振的原因。因此,建议在TV开口三角处加装微机消谐装置,综合考虑66 kV电磁式电压互感器和电容式电压互感器特点,将故障电磁式电压互感器更换为电容式电压互感器,破坏谐振条件。但采用电容式电压互感器可能产生66 kV系统与补偿电抗器谐振,根据治理经验,这种情况出现的概率很小。在设备选型时,对沿海或重污秽地区可考虑采用油浸电抗器。

第7章　电压互感器的特殊问题研究

7.1　铁磁谐振现象

7.1.1　电磁式电压互感器的铁磁谐振

①电磁式电压互感器的励磁特性为非线性，它与电网中的分布电容或杂散电容在一定条件下可能形成铁磁谐振。一般情况下，电压互感器的感性电抗大于电网的容性电抗。当电力系统正常操作或某种情况产生暂态过程、需要断路器切合线路（尤其是切合空载母线）时，会出现操作过电压，引起电压互感器的工作点移动，严重时可能出现饱和，此时在电压互感器感抗降低的过程中，当与电网的容性电抗恰好匹配时，将出现铁磁谐振。

②铁磁谐振的谐振频率根据电网的电容值而定，谐振频率可为较高或较低的工频产生的谐波。铁磁谐振产生的过电流和/或高电压都会造成电压互感器的损坏，特别是低频谐振时，电压互感器相应的励磁阻抗大为降低而导致铁芯深度饱和，励磁电流急剧增大，高达额定值的数十至百倍，严重了损坏电压互感器。

③电磁式电压互感器铁磁谐振机理。谐振可能是线性的，也可能是非线性的。铁磁谐振属于非线性谐振。

非线性谐振时，其谐振频率可能是电源频率（基频谐振），或其分数（分次谐波谐振）或其一定的倍数（偶次或奇次谐波谐振）。

在有大电容元件（如串联补偿电容器、电缆等）和具有非线性磁化的电感元件（如变压器、电抗器、电磁式电压互感器等）的回路内，由于操作或负荷突变，可能激发起不同类型的非线性谐振过电压，其持续时间与激发的起因、回路本身的特性有关，此过电压或者是稳定的，或者持续一定时间。此类谐振过电压可分为：

①基频铁磁谐振。在中性点不接地系统中，当空载母线合闸或单相接地且各相电磁式电压互感器的饱和程度不同时，可能产生基频铁磁谐振。

在带空载母线或轻载变压器线路中，如遇非全相操作或断线，将形成电容与非线性电感的串联电路，当回路总阻抗为容性时，过电压较高。

基频铁磁谐振过电压通常被铁芯饱和所限制。

②分次谐波谐振。在串联补偿电容器、并联电抗器的串联回路和电磁式电压互感器与母线对地电容并联回路内，如作用电压、回路参数（电容值、含铁芯的电感线圈线性部分的电感值、电阻值、饱和后的磁化特性等）满足一定条件时，可因操作而激发起分次谐波谐振过电压（一般为1/2次谐波）。

③高次谐波谐振。由变压器供电的轻负荷线路，从变压器或电磁式电压互感器的激磁支路看去，系统线性部分的自振频率恰与变压器激磁电流的某一谐波频率相等时，会出现奇次谐波谐振过电压。由于电感呈周期性变化，在一定条件下可能激发起基频、偶次谐波谐振。

含铁芯电感线圈接入电源或开断故障时，其磁路内有过渡过程——非周期性励磁出现，当外部系统线性部分的自振频率恰与励磁电流的某一频率相等时，会出现偶次、奇次谐波谐振过电压。

7.1.2 中性点不接地系统的铁磁谐振

在中性点不接地系统中，电磁式电压互感器作为系统计量和保护所需而大量使用。因此，对电磁式电压互感器的要求有：

①在发生单相接地故障时系统不停电，电磁式电压互感器应继续安全地运行规定的时间（相对于不同电压因数的连续运行时间），并要求及时发出系统单相故障信号，以保护系统的安全。

②在中性点不接地系统中，电磁式电压互感器是非线性元件，它与线路对地电容形成并联谐振回路，在单相接地或线路合闸等激发条件下，会出现铁磁谐振，烧坏电压互感器。为了避免损坏，要求电磁式电压互感器本身应避免与系统发生铁磁谐振；采取措施限制铁磁谐振的发生。

在中性点不接地系统中，电源变压器中性点不接地，为了监视绝缘，采用三相接地电磁式电压互感器，电压互感器一次绕组中性点直接接地（图7.1）。电压互感器的励磁电感分别为L_u，L_v，L_w，与其并联的电容C_0表示此相导体和母线的对地电容。C_0与励磁电感并联后的导纳为Y_u，Y_v，Y_w。

在正常运行下，励磁电感$L_u = L_v = L_w$，即导纳$Y_u = Y_v = Y_w$。三相对地负载是平衡的，中性点电位为零。

当系统中发生冲击扰动，如电源合闸至空母线时，使电压互感器的一相或二相出现涌流现象，或线路瞬间单相弧光接地（或熄灭）后，健全相（或故障相）电压突然升高也会出现很大涌流，造成该相电压互感器磁路饱和，励磁电感L相应减小，这样三相对地负载就不平衡，中性点出现位移电压，其值为

$$E_0 = -\frac{E_u Y_u + E_v Y_v + E_w Y_w}{Y_u + Y_v + Y_w}$$

式中　E_0——中性点位移(对地)电压,V;

E_u,E_v,E_w——三相电源电压,V;

Y_u,Y_v,Y_w——三相励磁电感与母线电容并联后的导纳,S。

(a)原理接线图

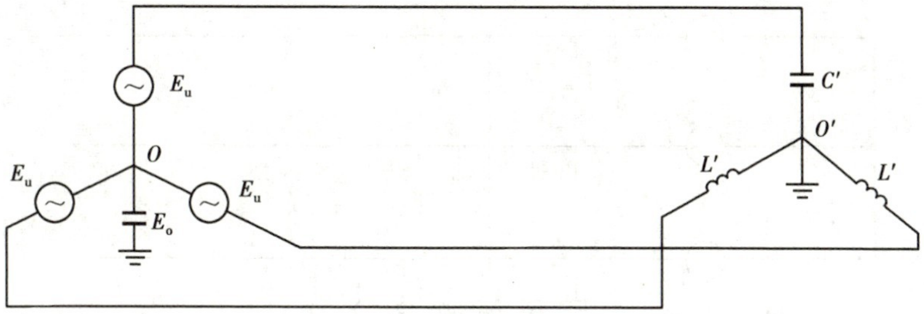

(b)等值电路图

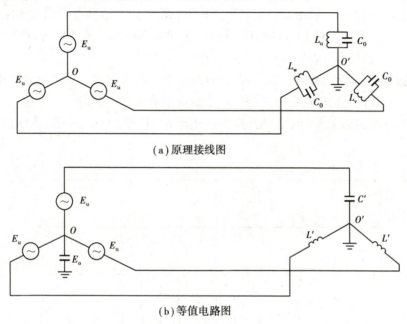

图 7.1　中性点不接地系统中三相电压互感器谐振时的电路图

在正常运行时,由于电压互感器励磁阻抗很大,各相的导纳呈现容性,系统发生扰动的结果使 V 相和 W 相电感即 L_v,L_w 减小,电感电流增大,可能使 V 相和 W 相导纳变成感性。感性导纳 L' 和容性导纳 C' 相互抵消,使总导纳($Y_u+Y_v+Y_w$)显著减小,位移电压 E_0 大为增加。当出现参数配合适当时,总导纳接近零,此时产生了串联谐振现象,中性点位移电位将急剧增加。三相导线对地电压等于各相电源电势和位移电位的相量和,结果是两相对地电压升高,一相对地电压降低,这就是基波谐振的形式。

电磁式电压互感器铁芯磁化曲线是非线性的,由于铁芯的磁饱和引起电流、电压波形的畸变,即产生了谐波,使上述谐振回路还会对谐波产生高频、工频和分频谐振过电压。

当空载母线合闸时,C_0(该相导线和母线对地电容)很小,将产生 3 倍以上高频谐振过电压。若空载母线合闸时有较大的 C_0,则会出现工频谐振。当空载母线合闸时有很大的 C_0(出线较长)时,将产生分频(通常为 1/2 次)谐振。分频谐振过电压一般超过 2 倍相电压,由于励磁感抗减半,电压互感器深度饱和,在励磁电流急剧增大,甚至达额定值的百倍以上时,会造成电压互感器过热、烧坏。

由上述分析可知,在中性点不接地系统出现的谐振过电压属于零序性质。损坏电磁式电压互感器通常有两种情况:一是电压互感器的一次绕组烧坏,由持续的铁磁谐振造成。一般发生在空载母线合闸时,该相母线对地电容较小,产生 3 倍频的高频谐振过电压。二是高压熔断器频繁熔断,由超低频铁磁谐振造成。超低频铁磁谐振是在单相接地故障消失的瞬间，系统对地电容与电压互感器励磁电感产生的一种短暂电磁振荡。这种情况出现在空载母线合闸时有较大的母线对地电容系统中，尤其是在间歇性电弧接地故障时更为严重。

③限制或消除铁磁谐振的措施。

在电压互感器的剩余绕组开口三角装消谐器（图 7.2）。消谐器可以为固定的电阻［如低值电阻、白炽灯泡（6～10 kV 可用 200 W；35 kV 可用 500 W）］或专用的消谐器（非线性电阻型：电子型、电感型和电容型）。

本措施是在电压互感器的二次加装消谐器，称为二次消谐器。低值电阻在正常运行时要消耗能量，对开口三角电压也有影响。电子微机型消谐器是当谐振发生时瞬时接通高阻抗回路，有良好的消谐效果，但是对低频振荡不起作用。因此，只适用于对地电容较小的系统。

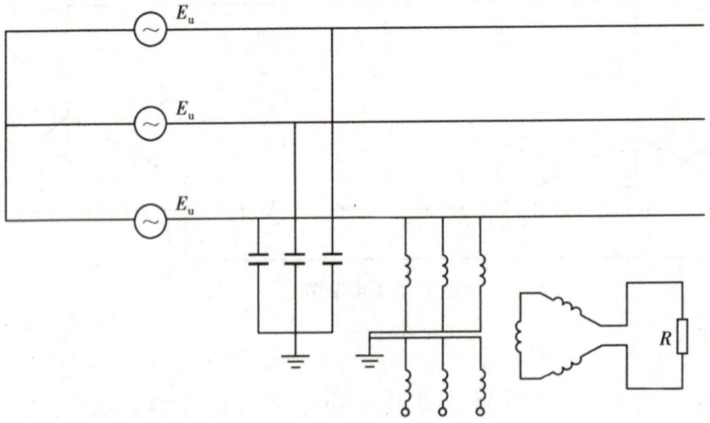

图 7.2　在电压互感器的剩余绕组开口三角装消谐器

R—电阻消谐器

在电压互感器一次绕组中性点与地之间接入线性或非线性电阻。在电压互感器一次绕组中性点与地之间接入 10 kΩ 级电阻，或非线性电阻（电子型、电感型和电容型）。本措施属于一次消谐器，对抑制铁磁谐振和超低频谐振都有较好的效果，适用于对地电容较大的系统。

限制或消除铁磁谐振的措施会造成以下问题：

a. 高压中性点发生位移，造成三相电压不平衡。

b. 使电压互感器二次侧相电压波形中出现明显的三次谐波，导致相电压测量结果严重失真。

c. 电压互感器开口三角会滤出三次谐波的干扰信息，其值可达几伏甚至十几伏，影响接地信号继电器的整定。因此，该措施的应用受到限制。

在电压互感器一次侧中性点经高阻抗接地（图 7.3）。在三相电压互感器或 3 台单相电压互感器的一次侧中性点与地之间接一单相零序电压互感器，俗称 4TV 法，该法属于一次消谐器。它对抑制铁磁谐振和超低频谐振都有较好的效果，适用于对地电容较大的电网。

④ 4TV 法的特点。

a. 采用零序电压互感器二次绕组的补偿作用，消除了二次相电压测量中三次谐波的影响。

b. 三相电压互感器的开口三角回路是短接的，因此，零序电压互感器承担测量零序电压，三相电压互感器承担测量正序电压。

c. 零序回路中只有单相电压互感器一种电感，与三相电压互感器的励磁电感相比要小得多，在激发的过电压作用下，感抗值无法与电网的对地电容相等，产生铁磁谐振的充分必要条件不具备，即起到抑制或消除铁磁谐振的作用。

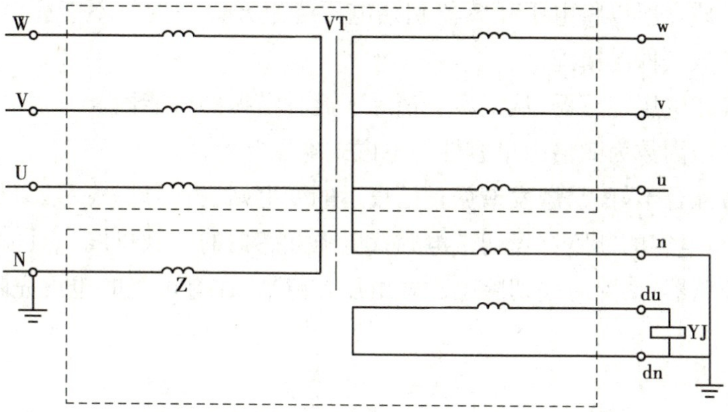

图 7.3　在电压互感器一次侧中性点经高阻抗接地
Z(零序互感器)—高阻抗接地

⑤在电压互感器的一次侧加装避雷器来限制操作过电压或暂态过电压，控制电压互感器的工作点(即互感器的励磁电抗值)在一定的范围内，这样，破坏了产生铁磁谐振的充分必要条件，达到消除铁磁谐振的目的。

⑥在电压互感器的一次侧或二次侧加装熔断器。当发生铁磁谐振时，产生的励磁电流急剧增大，用熔断器来保护电压互感器不被烧毁。

⑦在母线上加装一定的对地电容，使之超过一定的临界值，使回路超过谐振区域。化工、冶炼行业是用电大户，为了减少电费，使负荷功率因数呈容性，因而安装了静止补偿无功装置，即在电网上的对地电容大大增加，电网对地电容远大于系统的感抗。铁磁谐振的条件不可能存在，从根本上解决了铁磁谐振问题。

⑧选用在电压因数为 2 倍内呈容性的电磁式电压互感器。

⑨将电源变压器的中性点经消弧线圈/电阻接地。

综上所述，由于铁磁谐振的复杂性，尚未找到一个十全十美的措施方案，因任何措施都有其局限性，应按照使用场合的具体情况选用某一个消谐措施。

7.1.3 中性点直接接地系统的铁磁谐振

在中性点直接接地系统中，电磁式电压互感器在断路器分闸或隔离开关合闸时可能与断路器并联均压电容或杂散电容形成铁磁谐振。由于电源系统和电压互感器中性点均接地，各相谐振回路基本上是独立的，谐振可能在一相发生，也可能在两相或三相发生。

此种铁磁谐振是在电源变压器和电压互感器的中性点都直接接地的条件下产生的，具有正序和负序性质。所以将电压互感器剩余电压绕组开口短接是不能完全消除谐振的，应采用人为破坏谐振条件的措施：

①采用电容式电压互感器，从根本上消除了此种谐振的可能性。

②选用在电压因数为 2 倍内呈容性的电磁式电压互感器。

③对于参数配合不好、易激发谐振且已投运的变电站（升压站），一般采用改变倒闸操作方式，避免带断口电容的断路器投切带电磁式电压互感器的空载母线。具体操作时要做到：投入时先投入断路器；切除时先切除电磁式电压互感器，在有可能时也可先临时断开电源变压器的中性点。

7.1.4 电容式电压互感器的铁磁谐振

电容式电压互感器包括电容分压器和电磁单元。电磁单元中的电抗线圈在额定频率下的电抗值约等于分压器两个电容并联的电容值。在电磁单元二次短路又突然清除时，一次侧电压突然变化的暂态过程可能使铁芯饱和，与并联的两部分分压电容发生铁磁谐振。制造厂应保证电容式电压互感器的性能满足以下要求：

①在电压为 $0.8U_{ph}$，$1.0U_{ph}$，$1.2U_{ph}$ 而负荷实际为零的情况下，电压互感器二次端子短路后又突然消除短路，其二次电压峰值应在 0.5 s 内恢复到与短路前正常值相差不大于 10%。

②在电压为 $1.5U_{ph}$（用于中性点有效接地系统）或 $1.9U_{\pi}$V（用于中性点非有效接地系统）且负荷实际为零的情况下，电压互感器二次端子短路后又突然消除短路，其铁磁谐振持续的时间不应超过 2 s。

7.1.5 电容式电压互感器的暂态响应

电容式电压互感器的暂态响应对电网保护的影响是一个很复杂的问题，与多种因素有关，并且也不可能给出对每一种情况都有效的数值。暂态响应对继电保护的影响不仅与暂态过程的幅值有关，而且与其频率有关。在额定电压下电容式电压互感器的高压端子对接地端子短路后，二次输出电压应在额定频率的一个周期之内降低到短路前电压峰值的 10%以下。

上述给定值可以使普通机电型继电器在一般的线路长度和短路电流得到准确动作。对于快速继电器（如静态继电器）或非常短线路，或短路电流很小的情况，暂态响应应由用户与保护继电器和电厂互感器的制造厂协商，可以提出更严格的要求（如 5%以下）。

7.1.6　铁磁谐振治理措施

1）选用励磁特性满足技术要求的 PT

由于《电气装置安装工程　电气设备交接试验标准》（GB 50150—2016）只对互感器励磁特性测量电压、励磁电流偏差作了规定；《国网十八项反措》（2013 版）只对油浸式电压互感器的拐点电压作了规定，要求达到 $1.9U_m/\sqrt{3}$ 及以上。导致在 2013 年以前很多电磁式电压互感器励磁特性拐点电压达不到要求。

产生铁磁谐振的主要原因在于 PT 的励磁特性不好，零序磁阻小，在过电压作用下，电感量下降，零序电流急剧增加，所以应从改善 PT 的励磁特性入手。新入网的电压互感器应满足以下技术要求：

①拐点电压达到 $1.9U_m/\sqrt{3}$ 及以上，拐点电压下的励磁电流二次测量值小于 1 A（$I\leqslant\frac{2S}{U_n}$，S 为额定输出容量，U_n 为对应容量下的二次侧额定电压）。

②将二次绕组额定电压下的励磁电流换算到一次绕组侧 $I_m\leqslant 1$ mA。

③其额定电压下三相励磁电流均衡度小于 20%。

④在 0.2，0.5，0.8，1，1.2，1.5，1.9 倍额定电压下的励磁电流离散度小于 30%。运行中拐点电压低于 $1.9U_m/\sqrt{3}$ 的互感器应逐步进行更换：

a. 所更换的互感器必须满足以上技术要求；

b. 开关柜尺寸受限的，在符合设计规范和要求的前提下，可通过降低容量缩小互感器尺寸，满足开关柜的要求；

c. 开关柜尺寸不受限、资金及停电时间允许的应更换落地式互感器。

2）改进型 4PT 代替 PT

改进型 4PT 接线方式，即主电压互感器二次开口回路与零序电压互感器的一个补偿绕组串联后接电压继电器，避免了开口三角绕组热容量不够而烧坏的隐患；同时，改变了零序电压互感器的参数设计，增大直流电阻与交流励磁阻抗，使其热容量增大，更加有效地抑制超低频振荡过电流导致的零序电压互感器损坏。新建变电站应采用改进型 4PT 落地安装，但必须每组都安装，同一线路上的所有电压互感器高压侧中性点都必须串联单相电压互感器，否则可能出现电压不稳定现象。扩建变电站原有段为 3PT，则扩建段不宜采用改进型 4PT。

3)安装消谐器

(1)安装一次消谐器

在 PT 一次侧中性点安装消谐器,相当于每相对地接入电阻,能起到消耗能量、阻尼和抑制谐波的作用。在系统电容电流小于 10 A,当单相接地时,由于中性点安装了消谐器,对地存在一定的电阻和电位,减少了非故障相电压互感器的电流和电压,使 PT 的饱和度降低,可有效防止过电流和过电压。

非线性电阻型消谐器选用安装应遵循以下原则:应根据电磁式电压互感器安装处所环境,选择相应的非线性电阻型消谐器。非线性电阻型消谐器动作后的残压不应超过被保护电磁式电压互感器接地端子的绝缘水平。对接地端子绝缘水平低于 0.5 倍线端绝缘水平的分级绝缘电磁式电压互感器,可采用带限压功能的消谐器,不推荐采用其他非线性电阻型消谐器进行保护。安装非线性电阻型消谐器的电磁式电压互感器,其二次绕组反映的零序电压不应超过系统标称相电压(辅助绕组额定电压)的 15%。安装消谐器时应对其进行伏安特性试验,并按单相接地进行校验。压敏电阻消谐器技术参数要求见表 7.1。

表 7.1　压敏电阻消谐器技术参数要求

技术参数	电压等级/kV			
	10		35	
	全绝缘	分级绝缘	全绝缘	分级绝缘
工频 1 mA(峰值/$\sqrt{2}$)下电压 U_1/V	280 ~ 350	170 ~ 210	840 ~ 1 050	510 ~ 630
工频 10 mA(峰值/$\sqrt{2}$)下电压 U_{10}/V	800 ~ 1 000	400 ~ 600	2 100 ~ 2 600	1 400 ~ 1 700
工频电压限制	不限制	$\frac{U_1}{I_1} \leqslant \frac{U_2}{2I_2}$	不限制	$\frac{U_3}{I_3} \leqslant \frac{U_4}{2I_4}$
直流电压/直流电流/mA	1.45 ~ 1.65/15	1.38 ~ 1.42/15	2.8 ~ 2.85/50	2.6 ~ 2.7/50
非线性系数	0.4 ~ 0.45	0.4 ~ 0.45	0.3 ~ 0.4	0.35 ~ 0.45

注:U_1 取工频电压 3 kV(有效值),I_1 为施加 U_1 电压时,流过消谐器的电流(方均根值);I_2 取 10 mA(方均根值),U_2 为流过 I_2 电流时,消谐器两端的工频电压(有效值)。U_3 取工频电压 5 kV(有效值),I_3 为施加 U_3 电压时,流过消谐器的电流(方均根值);I_4 取 10 mA(方均根值),U_4 为流过 I_4 电流时,消谐器两端的工频电压(有效值)。

压敏消谐器应能经受 200 mA 工频电流 10 min 的作用,或 100 mA 工频电流 1 200 min 的作用。工频电流作用前后,直流电压及非线性系数的变化应不超过 ±10%。流敏电阻消谐器的技术参数要求见表 7.2。

表 7.2　流敏电阻消谐器技术参数要求

技术参数	电压等级/kV	
	10	35
工频 1 mA(峰值/$\sqrt{2}$)下电压 U_1/V	40～70	160～200
工频 10 mA(峰值/$\sqrt{2}$)下电压 U_{10}/V	800～1400	3 200～4 000
限流性能试验施加的工频电压/kV	7	21

对流敏消谐器突然施加限流工频电压,2 s 后流过流敏消谐器的电流应降至 40 mA 以下,120 s 后流过流敏消谐器的电流应降至 10 mA 以下。连续经受 3 次限流工频电压作用后,U_1 电压较作用前变化应不超过 ±10%。限流工频电压每次施加间隔为 50～60 s。

(2)二次消谐器

二次消谐器的工作原理为当系统发生谐振,PT 二次开口三角电压升高,通过采样再接入一定的阻尼电阻,以抑制谐振。二次消谐分为二次电阻消谐和二次微机消谐;二次电阻消谐在基频谐振或单相接地条件下均会因此电阻的接入引起 PT 一次侧电流显著增大,使 PT 一次保险熔断。二次微机消谐主要存在以下不足:通过采样对不同的谐振选择不同的阻尼,具有一定的延时性;微机稳定性差,易死机;不能消除低频谐振;标准不统一,且成本较高。建议不采用二次消谐装置(电阻或微机消谐)。

7.2　单相接地现象

当系统发生单相接地故障时,电压互感器的中性点成为系统与大地连接的唯一金属通道。此时,在电压互感器内部的暂态过程可分为两个阶段:一是故障发生瞬间,非故障相的励磁涌流对电压互感器高压绕组的冲击;二是故障消失后,非故障相线路对地电容对电压互感器高压绕组的放电过程。

7.2.1　单相接地故障发生时的影响

当加在电压互感器绕组上的电压突然变大时,铁芯中的磁通将按照电源电压波形以积分关系变化。但此时铁芯中的磁通将以电压变化前铁芯中的剩余磁通作为起点,如果剩余磁通正好与变化后的工作磁通方向一致,那么两者叠加有可能使铁芯进入饱和区域。

当 B 相发生单相接地故障时,非故障 A 相电压互感器铁芯中的磁通变为:

$$\phi_A = \sqrt{3}\Phi_m \sin\left(\omega t + \alpha - \frac{\pi}{3}\right) + \left[\Phi_s - \sqrt{3}\Phi_m \sin\left(\alpha - \frac{\pi}{3}\right)\right]e^{-\frac{R_1}{L_1}t} \tag{7.1}$$

接地故障发生后,当铁芯 $\Phi_s = 0, \alpha = 60°$时;直接进入稳态,没有暂态过程及励磁涌流发生。当 $\Phi_s=\sqrt{3}\Phi_m,\alpha=-30°$时,暂态过程中磁通约为 $2\sqrt{3}\Phi_m$,此时的励磁涌流达到正常状态下的 8 倍左右。当 $\Phi_s=\sqrt{3}\Phi_m,\alpha=0°$时,暂态过程中最大磁通约为 $3\sqrt{3}\Phi_m$,铁芯进入饱和,产生的励磁冲击电流达到近 20 倍。故障时的初始相角 α 和剩磁 Φ_s 是影响铁芯中磁通大小及励磁涌流大小的主要因素。由此可知,当发生单相接地时,非故障相端电压突变为线电压,铁芯进入饱和区域,在绕组中产生励磁涌流。当铁芯进入深度饱和,其涌流可以达到稳态电流的数十上百倍,其发热量足以致使电压互感器被损坏。

7.2.2 单相接地故障消失时的影响

由上一节分析可知,在中性点不接地系统中,单相接地故障消失后,非故障相电容上的多余电荷可以通过两个回路来进行放电。图 7.1 为 B 相接地故障消失后的电路图。由于电容的电压不能突变,在故障消失瞬间,非故障相电容电压仍为线电压,故障相电容电压仍为零。此时非故障 C 相电容先向与之并联的电压互感器高压绕组进行放电,如图 7.4 中的回路 1。在非故障 C 相电容电压降低后,回路 2 中故障相支路出现系统电源和非故障 C 相支路电压的电压差,由此产生电流对故障 B 相电容进行充电。该充电电流主要由系统电源提供,少部分由非故障相电容电荷提供,其大小分布与系统参数有关。之后两个回路的充放电过程同时进行,直到各相电压恢复相电压为止。

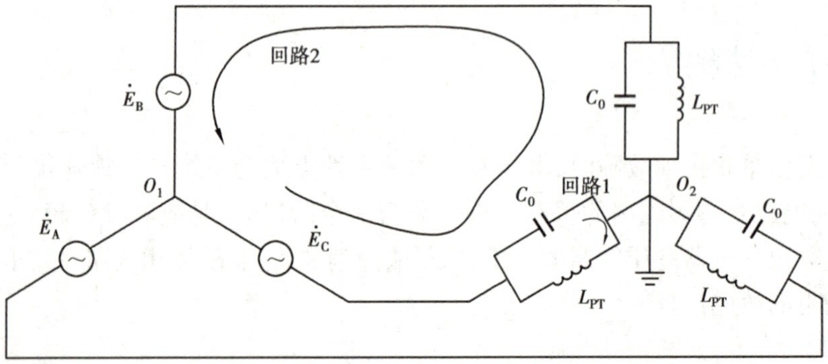

图 7.4 故障消失后充放电回路

当 B 相发生单相接地故障时,不计相间电容的影响,电压互感器暂态端电压为:

$$
\begin{aligned}
U(t) &= E_m\sin(\omega t+\varphi)-E_m\left(\cos\varphi\sin\omega' t+\frac{\omega'}{\omega}\sin\varphi\cos\omega' t\right)e^{-\delta t} \\
&= E_m\sin(\omega t+\varphi)-E_m\sqrt{\cos^2\varphi+\left(\frac{\omega'}{\omega}\sin\varphi\right)^2}\times\sin(\omega' t+\varphi')e^{-\delta t} \qquad (7.2)
\end{aligned}
$$

其中

$$\varphi'=\cos^{-1}\frac{\cos\varphi}{\sqrt{\cos^2\varphi+\left(\frac{\omega'}{\omega}\sin\varphi\right)^2}}$$

式(7.2)由强制分量和自由分量构成,其 $U(t)$ 幅值是故障消失时相角 φ 的函数。初相角 $\varphi=0$ 时 $U(t)$ 取最大值,而在 90°时取最小值。即在接地电容电流最大时故障消失将会引起幅值最大的电压自由分量。振荡频率为 ω' 的电压自由分量,将在电压互感器铁芯中产生频率为 ω' 的振荡磁通和自由振荡磁链 Ψ,磁链为:

$$
\begin{aligned}
U(\Psi) &= \frac{\mathrm{d}(\Psi)}{\mathrm{d}(t)} \\
\Psi &= \int U(\Psi)\mathrm{d}(t) \\
&= -\int E_{\mathrm{m}}\sqrt{\cos^2\varphi+\left(\frac{\omega'}{\omega}\sin\varphi\right)^2}\times\sin(\omega' t+\varphi')\mathrm{e}^{-\delta t}\mathrm{d}(t) \\
&= \frac{E_{\mathrm{m}}\sqrt{\cos^2\varphi+\left(\frac{\omega'}{\omega}\sin\varphi\right)^2}}{\sqrt{\delta^2+\omega'^2}}\times\sin(\omega' t+\varphi'+\alpha)\mathrm{e}^{-\delta t}
\end{aligned}
\tag{7.3}
$$

其中

$$
\alpha=\arccos\frac{\delta}{\delta^2+\omega'^2}
$$

由式(7.3)可知,磁链 Ψ 的大小与故障消失时的相角 φ 和振荡频率 ω' 有关。因 $\omega'=\frac{1}{\sqrt{C_0L_{\mathrm{PT}}}}$,线路越长,对地电容 C_0 越大,ω' 越小,则磁链 Ψ 的幅值越大。在振荡磁链作用下,电压互感器的铁芯会进入饱和,将产生与之对应的冲击电流。在冲击电流反复作用下,铁芯绕组发热累积效应,使电压互感器烧损。线路对地电容 C_0 和故障消失时的故障相相角 φ 是影响电容电流大小的主要因素,也是对电压互感器可能造成严重影响的重要因素。

由以上分析可知,影响电压互感器发热的因素为:线路长度、故障消失时的初始相角、故障发生时的初始相角和剩磁。而非故障相的影响因素线路长度对发热影响最明显,远大于其他因素。非故障相电压互感器在系统发生单相接地故障的瞬间,受接地瞬间的励磁涌流冲击和故障消失后的电容放电电流的冲击。线路越长,其对地电容越大,产生的冲击电流越大,故障消失后的电容放电电流也越大。

7.2.3　单相接地治理措施

对于 35 kV 和 10 kV 中性点不接地系统,在发生单相接地故障时,若单相接地电流为 30 ~ 150 A,宜采用经消弧线圈接地方式,且单相接地运行不超过 2 h。当单相接地故障电流达到 100 A 且电缆出线较多或者故障电流达到 150 A 以上时,宜改为小电阻接地方式。建议试点采用单相接地故障相经接地开关(或小电抗)接地方式。

1)中性点经消弧线圈接地

消弧线圈的存在,在单相接地时感性电流对容性电流的补偿作用下,故障点的电流变得很小,从而使稳定电弧快速熄灭,过电压时间减小;使间歇电弧重燃的次数大为减少,高幅值的过电压出现的概率降低。消弧线圈可以抑制接地故障发展成间歇性弧光接地,从而避免电压互感器状态频繁的切换,抑制铁芯进入饱和区避免产生过大的冲击电流。消弧线圈的选择应遵循以下原则:

①单相接地电容电流为30~150 A,且10 kV出线间隔数较固定,建议采用带预调的随调式消弧线圈,并采用并联中值电阻进行选线;且可调范围大,输出电流能在30%~100%的额定电流连续调节。正常运行时消弧线圈预调5%的脱谐度,残流控制在5 A左右的过补偿方式。

②消弧线圈容量应主要根据系统单相接地故障时电容电流的大小来确定,并应留一定裕度,满足:

$$Q = K\frac{U_{\mathrm{n}}I_{\mathrm{c}}}{\sqrt{3}}$$

式中 Q——消弧线圈的容量,kV·A;

U_{n}——系统标称电压,kV;

I_{c}——单相接地电容电流,A。

K——规划系数。

对于改造工程,I_{c}应以实测值为依据;对于新建变电站,I_{c}则应根据配电网络的规划、设计资料进行计算。K一般取2,负荷增长快的开发区、电缆线路不断增多的地方可取3。

③对于改造变电站,采用容量充足(母线电容电流大于50 A,配置消弧线圈容量须大于150 A)并具有自动调谐功能的消弧线圈,确保一次性改造到位,避免频繁更换。

④对于个别变电站消弧线圈容量已达上限但仍不能满足运行要求的,应按照固定补偿与自动跟踪补偿两台消弧线圈并联运行方式进行改造。新建和改造变电站要按照远景规划考虑预留消弧线圈的安装位置。

2)中性点经小电阻接地

中性点经小电阻接地方式的最大优点是限制弧光接地过电压和预防谐振过电压。基本上消除了产生间歇弧光接地过电压的可能性,由于过电压降低,对系统绝缘薄弱点影响减小,单相接地时电容充电的暂态过电流受到抑制,并能预防谐振过电压的产生。但是,在小电阻接地方式系统下,单相接地电流一般很大,零序保护动作会造成跳闸次数大大增加,供电可靠性降低。在以电缆为主的电网中,因故障率低且多为永久性故障,或者网架、环网及转供方式较为灵活,满足供电可靠性的要求,采用小电阻接地方式是比较理想的选择。

3)单相接地故障相经接地开关接地

单相接地故障相经接地开关接地是近年来电压熄弧新技术的应用。系统正常运行时为中性点不接地方式,系统产生单相接地后,将故障相经接地开关(或小电抗)直接接地,能快速转移故障点的接地电流,钳制故障点的电位,从而消除系统弧光过电压。因故障电流被转移,故障点电位被钳制为零电位,故障点的绝缘快速恢复;若为瞬时性故障则能迅速恢复供电,若为永久性故障,通过自适应接地选线选出并快速切除故障线路。适用于负荷增长快、

10 kV 出线不断增加的变电站(如经开区、工业园),避免了消弧线圈增容改造的问题。

不同接地方式下的技术比较:

经消弧线圈接地主要用于电容电流大于 10 A 的配电网,为保证供电的连续性和可靠性,可以带单相接地故障运行 2 h。这是基于以架空线为主的配电线路,其接地故障大多为瞬时性故障,经消弧线圈补偿后的故障点残流小于电网熄弧临界值,可促使电弧熄灭,故障恢复,使供电可靠性得到提高。这是目前主要采用的接地方式。其主要不足是:①只能消除瞬时性接地故障,消除电容电流,不能消除阻性电流和谐波电流,不能处理永久性故障。故障点的残流既有电容电流又有阻性电流和谐波电流,残流易超过熄弧临界值,熄弧时间长,故障点对地电压高,存在一定的安全风险。②接地选线存在漏选错选的问题,经消弧线圈补偿后的故障馈线流动的零序电流是故障电流,为消弧线圈补偿电流的残流,而其他非故障线路流过的零序电流是该线路对地电容产生的电容电流,这样故障线路和非故障线路就不能采用零序电流选线法。虽然采用了许多其他改进措施,但仍难以改变接地选线的问题。为了解决消弧线圈接地方式的接地选线问题,某些消弧线圈厂家推出了消弧线圈并联中值电阻的接地方式,目的是在处理电网单相接地故障时向电网同时注入一阻性电流,增大故障回路的电流值,从而便于采用群幅比值法选出故障馈线,使故障选线准确率得到提高,但由于向电网同时注入一阻性电流,增大了故障点电流值,造成了注入的阻性电流与故障点补偿后的工频残流和谐波电流叠加,有可能存在大于熄弧临界而导致熄弧失败的风险。③随着出线及电缆线路的增多,电容电流的增大,消弧线圈需不断地增容,且存在一定的容量瓶颈限制。

配电网中性点小电阻接地方式用于带零序保护的配电网,当发生单相接地故障时,容易检出单相接地故障线路,永久性接地故障切除速度快,在消除间歇性弧光过电压时,防止谐振过电压等方面有优势。但这种接地方式最大的缺点就是配电网一旦发生单相接地就会跳闸,特别是瞬时性故障会导致跳闸率居高不下,使配电网供电可靠性大幅度下降。小电阻接地方式接地故障电流较大,零序保护如不及时动作,将危害故障点附近的绝缘,导致相间故障。过大的故障电流会在故障点产生大量电离气体,容易发展成永久性接地故障,造成线路跳闸,增加了跳闸率。不适合架空线路为主或架空电缆混合配电网,虽然适用于以电缆为主的电网中,但是当故障发生在开关柜和电缆分支箱等时,较大的故障电流会扩大事故,也会加大配电开关设备的磨损,降低开关设备的使用寿命。采用小电阻接地方式成套装置中需要有接地变压器和电阻器等一次设备,这些都和配电网的单相接地电流(即电网对地电容电流)有关,随着电网对地电容电流的增大,需要接地变压器和电阻器的容量也随之增大,存在容量改造问题。

单相接地故障相经小电抗接地,即在发现电网发生单相接地故障后,先确定发生单相接地的故障相,在变电站合上该相对地开关,把故障点的故障电流转移到该开关,使故障点的电流为零,电位被钳制为零电位,如为瞬时性故障,故障点的绝缘并没有击穿破坏,使瞬时性接地故障快速恢复;若为永久性接地故障则快速切除,能处理 0 ~ 2 000 A 接地故障电流,接地选线准确率相对较高(仍达不到 100%),供电可靠性较高。但在发生瞬时性故障时,对地开关直接接地变成永久性接地，正常相电压升高，长期频繁的动作对设备绝缘会造成不同程度的影响，特别是对电缆线路冲击更大，可能导致相间短路。此技术研究的出发点为防止弧光过电压，降低人身触电风险。因此，建议安装在外力破坏情况较多、出线经过人口密集地方的变电站，及主供工业负荷的变电站。由于在站内直接接地，存在将站外故障电流引入站内而引发母线故障风险，产品处于试用阶段，成本较高，运行经验欠缺；建议逐步试点，积累运行经验。

目前，入网运行的有3家分别为长沙信长、上海合凯、辽宁拓新，见表7.3。产品入网时间较早、入网设备较多的是辽宁拓新分别为2006年、在运164套，主要分布在辽宁(92套)、吉林(22套)、江西(20套)、山东(19套)等；长沙信长、上海合凯入网时间为2014年，入网设备均为2套。长沙信长产品安装在河南漯河、江西余新；上海合凯产品安装在宁夏吴忠、宁东。根据运行时间较长的辽宁拓新产品反映的一些不足：选线仍存在错选或漏选的情况，瞬时性故障较多时接地开关频繁动作会对正常相设备造成一定的冲击。建议安装一些特定的变电站(外力破坏情况较多、出线经过人口密集地方、工业区)。

表7.3　不同厂家性能及参数对比

厂家名称	长沙信长	上海合凯	辽宁拓新
装置名称	ZXC配电单相接地故障智能处理装置	SHK-K快速开关式配网消弧选线装置	JDBH低励磁阻抗变电器接地保护装置
消谐方式	一次消谐	一次消谐	二次消谐
装置动作时间/ms	<30	<20	<50
故障处理时间/ms	<300	<20	<80
选线精准度/%	<100	<100	<100
选相精准度/%	100	<100	<100
安装方式	增加间隔(户内、外)	改造PT柜	增加间隔(户内、外)
接地转移方式	接地开关直接接地	接地开关直接接地	低阻抗变压器接地
接地故障定位	无	无	具备定位功能
入网时间/年	2014	2014	2006
在运套数/套	2	2	164

4)消除引起电压互感器损坏的外部因素

在中性点不接地电网中，绝大部分电压互感器的损坏事故均伴随着系统发生单相接地或弧光接地故障。因此，减少系统发生单相接地故障的概率，即可减少电压互感器损坏的可能。减少配电网发生单相接地或弧光接地故障的概率，可从提高配电网的绝缘强度入手，对老化的配电网进行改造，提高绝缘化率，加强电网结构，减少单相接地故障的发生。加强变电站母线的监视工作，发现有母线电压异常的情况应立即检查，排除故障点，避免长时间接地故障引起设备异常。

开展 10 kV 电缆馈线自动化建设，持续优化和完善架空（混合）线路馈线自动化开关布点；综合负荷分布、线路长度等因素，合理配置分段断路器和分界断路器成套设备，实现短路和接地故障分级处理。

7.3　三相电压不平衡现象

7.3.1　励磁特性不对称运行时开口三角电压的计算

设三台单相电压互感器励磁导纳为 $Y_1, Y_2=\alpha Y_1, Y_3=\beta Y_1$ 且 $\beta>\alpha>1$，在匹配时有几种组合，通过对这几种组合的实际计算，其结果表明，无论哪种组合，三相电压不平衡度及开口三角电压的方均根值都比较接近，只是电压最高和最低的相序有所变化，因此，选 $Y_A=Y_1$，$Y_B=Y_2=\alpha Y$ 及 $Y_C=Y_3=\beta Y_1$ 的组合进行计算。当忽略互感器误差且考虑一次对剩余电压绕组的电压比，则各辅助绕组的端电压为：

$$U_{an}=\frac{100}{\sqrt{3}(1+\alpha+\beta)}(\alpha-\beta e^{j120°}) \tag{7.4}$$

$$U_{bn}=\frac{100}{\sqrt{3}(1+\alpha+\beta)}(\beta e^{-j120°}-1) \tag{7.5}$$

$$U_{cn}=\frac{100}{\sqrt{3}(1+\alpha+\beta)}(e^{j120°}-\alpha e^{-j120°}) \tag{7.6}$$

则开口三角电压为：

$$\begin{aligned}\Delta U&=U_{an}+U_{bn}+U_{cn}\\&=\frac{100}{\sqrt{3}(1+\alpha+\beta)}\left\{1.5(\alpha-1)-j\left[-\frac{\sqrt{3}}{2}(\alpha+1)+\sqrt{3}\beta\right]\right\}\end{aligned} \tag{7.7}$$

其开口三角电压方均根值为：

$$\Delta U=\frac{100}{\sqrt{3}(1+\alpha+\beta)}\sqrt{[1.5(\alpha-1)]^2+[-\frac{\sqrt{3}}{2}(\alpha+1)+\sqrt{3}\beta]^2} \tag{7.8}$$

同理 U_{AN}, U_{BN}, U_{CN} 方均根值为：

$$U_{AN}=\frac{\sqrt{3}U\Phi}{1+\alpha+\beta}\sqrt{\left(\alpha+\frac{1}{2}\beta\right)^2+\left(\frac{\sqrt{3}}{2}-\beta\right)^2} \tag{7.9}$$

$$U_{BN}=\frac{\sqrt{3}U\Phi}{1+\alpha+\beta}\sqrt{\left(1+\frac{1}{2}\beta\right)^2+\left(\frac{\sqrt{3}}{2}-\beta\right)^2} \tag{7.10}$$

$$U_{CN}=\frac{\sqrt{3}U\Phi}{1+\alpha+\beta}\sqrt{\left[\frac{1}{2}(\alpha-1)\right]^2+\left[\frac{\sqrt{3}}{2}(\alpha+1)\right]^2} \quad (7.11)$$

励磁特性偏差与开口三角电压的大小：计算开口三角电压，使开口三角电压限制在允许的范围来确定一致性偏差的具体数值。按照式(7.8)，设定 α,β 值，计算开口三角电压，10 kV 的计算结果见表 7.4。

表 7.4　α,β 不同取值开口三角电压和各相一次电压值

序号	α	β	U_{AN}/kV	U_{BN}/kV	U_{CN}/kV	ΔU/kV
1	1.1	1.1	5.953	5.685	5.685	3.125
2	1.1	1.2	6.03	5.781	5.512	5.25
3	1.1	1.3	6.12	5.875	5.350	8.0
4	1.2	1.2	6.12	5.611	5.611	5.5
5	1.2	1.3	6.187	5.707	5.451	7.56
6	1.25	1.25	6.186	5.579	5.578	7.14
7	1.3	1.3	6.255	5.547	5.548	8.33

从表 7.4 中可以看出，如果控制开口三角电压小于 8 V，则 α,β 之值应小于 1.25；当 α,β 取 1.1 时，开口三角电压小于 4 V，这是较理想的。因此，电压互感器在额定电压下的励磁电流，最大与最小的比值应不超过 1.2。

当开口三角电压小于 4 V 时，

$Y_1=\alpha Y_2,\frac{Y_1}{Y_2}=\alpha\leqslant 1.1,Y_1\leqslant 1.1Y_2,\frac{Y_1-Y_2}{Y_2}\leqslant 0.1,\frac{I_1-I_2}{I_2}\leqslant 0.1=10\%$；同理$\frac{I_1-I_3}{I_3}\leqslant 0.1=10\%,\frac{I_2-I_3}{I_3}\leqslant 0.1=10\%$。

当开口三角电压小于 5.5 V 时，

同上可知，$\frac{I_1-I_2}{I_2}\leqslant 0.2=20\%,\frac{I_1-I_3}{I_3}\leqslant 0.2=20\%,\frac{I_2-I_3}{I_3}\leqslant 0.2=20\%$。

7.3.2　安装一次消谐器的影响

当 Y_0 接线的 PT 接入三相对称电压 U_A,U_B,U_C 时，设流过三相 PT 一次绕组 Y_0 接线的励磁电流为 I_{Am},I_{Bm},I_{Cm}，流过中性点 O 的电流为 I_0。

励磁电流可分解成基波和三次谐波，若基波的模 I_{1m} 相同，则流过中性点的基波电流为 $I_{1m}=I_{1Am}+I_{1Bm}+I_{1Cm}$。而三相电路中 3 次谐波的角差为零度，$I_{30}=I_{3m}\angle 0°+I_{3m}\angle 0°+$

$I_{3m}\angle 0° = 3 \times I_{3m}\angle 0°$。由以上分析可知：

①若3只单相PT励磁特性完全相同，$I_{1m} = I_{1Am} + I_{1Bm} + I_{1Cm} = 0$，但$I_{30} = 3 \times I_{3m}\angle 0° \neq 0$，则仍有一定的3次谐波电流通过消谐电阻，此时中性点位移电压为消谐电阻上产生的3次谐波电压。

②若3只单相PT伏安特性相差很大，那么三相励磁基波电流$I_{1m} = I_{1Am} + I_{1Bm} + I_{1Cm} \neq 0$，3次谐波电流$I_{30} = 3 \times I_{3m}\angle 0° \neq 0$，因此，在消谐器上将产生较大的基波和3次谐波的叠加电压，此时中性点位移电压等于此叠加电压与变比的比值。

③在通过相等的励磁电流时，消谐器的电阻值越大，中性点电压偏移越严重，二次侧三相电压越不平衡，但从消谐角度考虑，此阻值越大越好。

综上所述，一般情况下，以下3个因素决定了中性点位移电压的大小：PT励磁电流的大小及3次谐波的含量；三相PT励磁特性的离散性；消谐器电阻值大小。

7.3.3　安装消谐器后PT中性点电压计算

1）消谐器的伏安特性

安装消谐器可抑制电压互感器涌流和谐振，表7.5是LXQⅡ-10型消谐器伏安特性。

表7.5　LXQⅡ-10型消谐器伏安特性

电流峰值 $\sqrt{2}$/mA	电压峰值 $\sqrt{2}$/V	电流峰值 $\sqrt{2}$/mA	电压峰值 $\sqrt{2}$/V
0.21	130	1.48	406
0.42	195	1.70	439
0.60	240	1.91	470
0.85	293	2.12	500
1.06	333	2.5	550
1.27	371	3.0	613

2）电压互感器励磁电流的3次谐波分量

以常用的JDZJ-10型电压互感器为例，有的生产厂家为了控制励磁电流大小，一般在二次绕组$100/\sqrt{3}$侧加压，58 V时$I_m \leqslant 0.1$ A，换算到一次绕组侧$I_m \leqslant 1$ mA。用谐波分析仪测量$I_m = 1$ mA的励磁电流3次谐波分量$I_3/I_1 = 20\% \sim 30\%$（I_3为3次谐波，I_1为基波）。通过消谐电阻器的3次谐波电流一次侧为$3 \times 1\ \text{mA} \times 0.2 = 0.60$ mA。若对励磁电流不加控制，则其一次侧电流达到2～3 mA，其中$I_3/I_1 = 40\% \sim 50\%$。通过消谐电阻器3次谐波电流一次侧为 3 mA × 2.5 × 0.4 = 3 mA。

3）变比与开口三角两端的电压

因为消谐电阻器是安装在 PT 一次绕组 Y_0 接线中性点与地之间的，所以它的电压是作用在零序回路中的，此电压反映在开口三角两端，会使开口三角两端的电压升高。反应零序电压的 PT 开口三角两端的三次谐波电压为消谐电阻器上电压除以变比 k。一次绕组 $U_A = U_B = U_C = 10\,000/\sqrt{3}$ V，辅助绕组(100/3) V × 3 = 100，变比 $k = 10\,000/\sqrt{3}/100 = 57.7$。

当三次谐波电流为 0.6 mA，对照消谐电阻器的伏安特性得 $U_0 = 240$ V，开口三角两端电压为 240 V/57.7 = 4.2 V。当三次谐波电流为 3 mA，对照消谐电阻器的伏安特性得 $U_0 = 613$ V，开口三角两端电压为 613 V/57.7 = 10.6 V。电压偏差 4.2 V 还可以接受，而偏差 10.6 V就有点偏高。现场测二次电压 $U_{an} = 57$ V，$U_{bn} = 66$ V，$U_{cn} = 57.8$ V，偏差大约 9 V。

因此，除了对三相励磁特性偏差进行控制外，还要对单相励磁电流进行约束，应满足二次绕组额定电压下 $I_m \leqslant 0.1$ A，换算到一次绕组侧 $I_m \leqslant 1$ mA。

7.3.4 消谐器与 PT 匹配计算

PT 型号为 JDZXW-35，接地端额定短时工频耐受电压(5 kV)；消谐器型号为 ZL-RXQ，消谐器阻抗为 1 450 kΩ。正常情况下，电压互感器铁芯处于未饱和状态，电感大，负载中感抗比容抗大，呈感性。三相负荷基本对称，三相对地负荷平衡。电网中性点处于零电位状态即不发生位移现象。

当电网发生单相接地故障时，非故障相电压上升至线电压(35 kV)，此时 PT 一次绕组首端承受电压为 35 kV，对应一次阻抗为 13 089 kΩ。根据电压互感器及消谐器等效电路可知：

$$U_R = E_a \frac{\sqrt{3}R}{X_{le}} = 35 \times \frac{\sqrt{3} \times 1\,450}{13\,089}\ \text{kV} = 6.71\ \text{kV}$$

式中 R——消谐器阻尼电阻；

X_{le}——PT 在线电压下的励磁阻抗。

则 PT 一次绕组尾端即消谐器上端电压为 6.71 kV，大于一次绕组接地端额定短时工频耐受电压(5 kV)，一次绕组尾端被击穿。

7.3.5 三相电压不平衡治理措施

①用万用表测量 PT 二次侧开口三角两端的电压，若此电压大于 5 V，则用万用表测频挡测量开口三角两端的频率，若此电压频率为 50 Hz，则是由三相 PT 励磁特性差别过大造成的，更换励磁特性较好的 PT；若电压频率为 150 Hz，则是由 PT 励磁电流中的三次谐波电流

过大造成的，若励磁电流过大引起，更换励磁特性较好的PT；若系统谐波引起应对谐波进行治理，如果出线有引起谐波的负荷，应在PT开口三角两端安装与消谐器配套的“三次谐波限制器”，以限制消除励磁电流中的三次谐波的影响；采用新型的消谐器，使其允许的通流容量满足实际要求。

②对非线性消谐器进行伏安特性试验，检查其伏安特性是否在合格范围内，是否满足《电磁式电压互感器用非线性电阻型消谐器技术规范》，对不符合要求的消谐器应进行更换。

第 8 章　电压互感器的安装及现场验收

为了加强对电压互感器的安装、验收管理，规范电压互感器现场验收工作，保证电压互感器验收质量，确保投运后的电压互感器安全、可靠、稳定运行。对新建、扩建或改造的电压互感器必须认真、严格地按照相关规范进行验收。

电压互感器验收的目的：通过对电压互感器一次、二次升压，检查电压互感器的变比、极性、绕组选用的正确性，检查开口三角电压对整个电压的正确性，并对电压互感器二次回路的接线进行验证，确保电压回路没有短路，满足继电保护、自动化及计量等设备要求。

8.1　电压互感器的安装

高压互感器常常不是整体发运，而是将互感器分成若干段包装单独发运，到现场经二次组装后再安装。还有一种情况就是高压互感器的重量与高度都较大，常常采取水平卧倒运输方式。因此，安装前的检查和测试尤为重要。

8.1.1　互感器安装时的检查

互感器安装时的检查：互感器的变比分接头的位置和极性应符合规定；二次接线板应完整，引线端子应连接牢固，绝缘良好，标志清晰；油位指示器、瓷套法兰连接处、放油阀均应无渗油现象；隔膜式储油柜的隔膜和金属膨胀器应完整无损。

油浸式互感器安装：安装面应水平；并列安装的应排列整齐，同一组互感器的极性方向应一致。具有等电位弹簧支点的母线贯穿式电流互感器，其所有弹簧支点应牢固，并与母线接触良好。母线应位于互感器中心。具有吸湿器的互感器，其吸湿剂应干燥，油封油位正常。

互感器的呼吸孔的塞子带有垫片时，应将垫片取下。

8.1.2　互感器安装

1) 油浸式互感器安装

安装面应水平,并列安装的应排列整齐,同一组互感器的极性方向应一致。由于互感器的形式、规格不同,布置也不完全相同,所以对安装水平误差不能作出具体规定,但对于油浸式互感器,其安装面应水平;对于同一种形式、同一种电压等级的互感器,当并列安装时,要求在同一水平面上,极性方向应一致,做到整齐美观。

具有等电位弹簧支点的母线贯穿式电流互感器,其所有弹簧支点应牢固,并与母线接触良好,母线应位于互感器的中心。吸湿器出厂时,有时与本体分装发运,曾发现有些单位安装前未进行检查,有的不注意油封,致使呼吸器不起呼吸防潮作用,应引起注意。

具有吸湿器的互感器,其吸湿剂应干燥,油封油位正常。互感器呼吸孔的塞子带有垫片时,应将垫片取下。有的制造厂在产品出厂时,加装了临时密封垫片,以前曾发现使用时未将此垫片去掉,呼吸孔起不到呼吸防潮作用,故特别提出以引起注意。

2) 电容式电压互感器的安装

电容式电压互感器必须根据产品成套供应的组件编号进行安装,不得互换。各组件连接处的接触面,应除去氧化层,并涂以电力复合脂;阻尼器装于室外时,应有防雨措施。电容式电压互感器因现场调试困难,制造厂出厂时均已成套调试好后编号发运,现场施工时如不注意将非同一套组件混装,将造成频率特性等不匹配。也曾多次发生制造厂发货错误,各组件编号不一致而退回制造厂的情况,故安装时须仔细核对成套设备的编号,按套组装不得错装。

各组件连接处的接触面,除去氧化层之后应涂以电力复合脂。因为电力复合脂与中性凡士林相比,具有滴点高(200 ℃以上)、不流淌、耐潮湿、抗氧化、理化性能稳定,能长期稳定地保持低接触电阻等优点,按规定用电力复合脂取代中性凡士林。

对电容式电压互感器,制造厂根据不同的情况有特殊规定的,应按制造厂的规定进行接地;110 kV 及以上的电流互感器为 U 形线圈时,为了提高其主绝缘强度,采用电容型结构,即在一次线圈绝缘中放置一定数量的同心圆筒形电容屏,使绝缘中的电场强度分布较为均匀,其最内层电容屏与芯线连接,而最外层电容屏制造厂往往通过绝缘小套管引出,所以安装后应予以可靠接地,避免在带电后,外屏在较高的悬浮电位而放电,以往曾发生过未屏未接地而带电后放电的情况。

互感器整体起吊时、吊索应固定在规定的吊环上,不得利用瓷裙起吊,并不得碰伤瓷套。

互感器整体起吊时,由于质量较重,利用瓷套或瓷套顶帽起吊,将使其受损伤,故须注意起吊部位,不得碰伤瓷套。互感器到达现场后,应作下列外观检查:互感器外观应完整,附件应齐全,无锈蚀或机械损伤;油浸式互感器油位应正常,密封应良好,无渗油现象;电容式电压互感器的电磁装置和谐振阻尼器的封铅应完好。

3)互感器安装过程注意事项

互感器应开箱后竖立放置时,应有防倾倒措施;起吊时应用绳索扶正,用油箱上的专用吊攀,不得用瓷套或顶部的储油柜来起吊,起吊过程应缓慢,避免使其他金属件与瓷套相碰,以免损坏;互感器安装基础应符合设计要求。用底座螺栓将互感器固定后,其垂直度是否符合要求。三相应保持相同的极性方向,接线盒面向巡检测。应检查其牢固性;顶盖螺栓应连接牢固。一次高压线连接不应使互感器受到太大压力。具有均压环的互感器,均压环安装应水平、固定牢固、方向正确;所有施工人员应经安全技术交底,施工技术员应编制详细的施工方案,包括吊装方案及使用工器具等。

其他注意事项如下:

①二次回路接线应采用截面积不小于 1.5 mm^2 的绝缘铜线,排列应整齐,连接必须良好,盘、柜内的二次回路接线不应有接头。

②与电流互感器相同,电压互感器的外壳和二次回路的一点也应良好接地。用于绝缘监视的电压互感器的一次绕组中性点也必须接地。

③为防止电压互感器一、二次回路短路的危险,一、二次回路都应装有熔断器。接成开口三角形的二次回路即使发生短路,也只流过微小的不平衡电流和三次谐波电流,故不装设熔断器。

④电压互感器二次回路中的工作阻抗不得太小,以避免超负载运行。

⑤电压互感器的极性和相序必须正确。

8.1.3 施工控制要点

1)施工准备

①机具及材料:吊车、单车、吊装工具(专用吊具),SF_6 充气装置、SF_6 气体微水测量仪、检漏仪、专用工具等准备齐全、验证合格。

②技术准备:安装前技术人员查阅施工图纸、厂家资料,配合完成施工图纸交底及会审活动,编制书面技术交底。

③明确技术负责人,安装负责人,安全、质量负责人及施工人员,进行技术交底。

④设备放置场地应平整,根据组件编号及规格型号倒运到位,并采取防倾倒措施。

2)基础复核

①基础尺寸应符合设计图纸,强度满足设备安装要求。

②基础轴线偏差≤5 mm。

③平面外形尺寸偏差 ±10 mm。

3)支架安装

设备支架安装后的质量要求:标高偏差≤5 mm,垂直度≤5 mm,相间轴线偏差≤10 mm,

杆顶板平整度偏差≤5 mm。

4) **开箱检查**

①施工项目部向监理部提出开箱申请,得到监理部批准。

②监理部组织业主、施工、厂家三方代表参加,总监理工程师为开箱负责人。

③产品装箱单、合格证、出厂试验报告、安装说明书应齐全。

5) **实体检查**

①外观完好,无损伤。

②紧固件应无松动,附件完整。

③绝缘支持物应牢固,且清洁紧密,无锈蚀。

④油浸式互感器油位应正常,密封良好,油位指示器、瓷套法兰连接处、放油阀等处均无渗油现象。

⑤密度继电器压力应符合厂家要求。

6) **本体安装**

①根据设备高度及质量选择合适的吊装机具及吊装器具。

②互感器极性安装方向应满足施工图纸要求,根据厂家说明书的要求吊装,吊装过程中应采取防倾措施(缆绳稳定等),互感器安装垂直,整齐一致。

③电压互感器应根据产品成套供应的组件编号进行安装,不得互换。

④电容型绝缘的电流互感器,一次绕组末屏引出端子、铁芯引出接地端子应可靠接地。

⑤电流互感器的二次备用绕组应短接后接地。

⑥分级绝缘的电压互感器,其一次绕组的接地引出端子;电容式电压互感器的接地应符合产品技术文件的要求。

7) **接地安装**

①互感器支架接地线一般采用镀锌圆钢或扁钢接地,制作时须采用冷弯制作,避免造成对镀锌层的破坏。

②混凝土支架采用镀锌圆钢制作接地线,安装后应与混凝土杆服帖,焊接及防腐工艺质量满足规范要求。

③钢支架采用镀锌扁钢制作接地线,安装后接地线与支架杆表面平行(接地扁钢与钢柱之间宜留间隙或加设绝缘材料,以方便接地电阻测试),焊接及防腐工艺质量满足规范要求。

④互感器外壳接地宜采用铜排制作,并采用冷弯弯制,表面采取防氧化处理,接地可靠。

⑤互感器应保证工作接地点有两根与主接地网不同地点连接的接地引下线。

⑥接地线安装后须涂刷接地标识漆,涂刷宽度相等(15 ~ 100 mm)的黄色和绿色相间的条纹标识。

8) **电气试验**

①测量绕组的绝缘电阻。

②测量 35 kV 及以上电压等互感器的介质损耗角正切值 $\tan\delta$。

③局部放电试验。

④交流耐压试验。

⑤绝缘介质性能试验。

⑥测量绕组的直流电阻。

⑦检查接线组别和极性。

⑧误差测量。

⑨测量电流互感器的励磁特性曲线。

⑩测量电磁式电压互感器的励磁特性曲线。

⑪电容式电压互感器(CVT)的检测。

⑫密封性能检查。

⑬测量铁芯夹紧螺栓的绝缘电阻。

9)二次回路安装试验及接线检查

根据《电力系统继电保护及安全自动装置反事故要点》的规定,电压互感器二次接线必须符合以下几方面规定。

①电压互感器二次回路必须分别有且只能有一点接地。

②经过控制室 N600 连接的几组电压互感器二次回路,只能在保护小室 N600 一点接地,各电压互感器二次中性点在开关场的接地点必须断开。为保证可靠接地,各电压互感器二次中性线不得接有可能断开的开关(熔丝)或接触器。

③已在保护小室一点接地的电压互感器二次绕组,在开关场加装放电间隙,其击穿电压必须符合要求。

④来自电压互感器二次侧的 4 根开关场引入线和互感器开口三角回路的 2 根或 3 根开关场引入线必须分开,不得共用。

8.1.4 可能发生的接线错误及危害

①绕组电压抽取不准确。若要求将 100 V 接成 $\sqrt{3}$ V,但是绕组电压抽取不正确会造成保护、计量或测控装置内部采样值不符合运行要求。若在线路电压互感器上压差不符合规定要求,则会造成不能同期合闸。

②将 N600 经过空气开关控制。当电压互感器二次回路短路时空气开关动作,使电压互感器失去永久的保护接地点。

③母线电压互感器 2 个 100 V/$\sqrt{3}$ V 绕组接反。保护、自动化使用 0.2 级,计量接 D 级,不符合规程要求。

④二次接线极性错误,造成保护、计量或测控装置内部相位不符合要求[错误相相位相差 180°,保护装置自采零序($3U_0$)异常]。若发生在线路电压互感器上,角差不符合规定要求,则会造成不能同期合闸。

⑤电压互感器端子箱内部 N600 未接放电间隙或 N600 直接接地。当系统故障时,两点接地对 N600 产生附加电压或未加装放电间隙造成 N600 过电压,均可能影响保护正确动作。备用绕组中的一端未接地。极易造成人身和设备伤害(电压互感器不接地会对地产生高电压)。

⑥相序错误。保护装置自采零序($3U_0$)异常告警、负序(U_2)电压异常。

⑦电压互感器二次电压并列后相别不同,将发生二次电压回路短路。

⑧有旁路代运行方式的线路电压互感器 N600 或者不同保护小室之间 N600 经端子排转接后,共点接地,与本线保护用的 N600 共用 1 根屏顶小母线引下线,当本保护校验做安全措施拆开 N600 引下线时,电压互感器失去永久的保护接地点,危及人身和设备安全。

⑨存在高频保护时,结合滤波器引线未接到电压互感器内部的大 N 端子或大 N 端子未与 XL 断开,造成高频通道中断,不能进行通道交换;线路电压互感器到结合滤波器引线用裸露导线易造成高频通道接地,不能进行通道交换。无高频保护时,电压互感器内部的大 N 端子未与 XL 连接,造成线路电压互感器失去一次接地点,使二次电压采样不正确并危及人身和设备安全。

⑩电压回路短路。特别是正常运行时电压互感器开口三角的二次绕组短路是很难被发现的,一旦系统发生接地故障,将严重影响保护装置的正常运行。

8.1.5 试验及核相

①投产试验时,拆开 N600,用摇表测量,其回路对地绝缘应大于 10 MΩ。

②电压互感器端子箱 N600 对地检查应接通,拆开保护屏到屏顶的 N600 接线后应不接地。电压互感器端子箱断开电压空气开关后,在电压互感器侧对地测量直流电阻,阻值应符合要求,但不能为无穷大。

③端子箱内测量电压互感器二次负载直流电阻阻抗(相间、相对地、开口三角)要求不得短路(当断开所有负载时,阻抗为无穷大)。对电压互感器侧测量不得开路。

④断开母线电压互感器二次并列回路,检查电压互感器Ⅰ,Ⅱ段(正母、与副母)同相之间且不同相之间阻抗应为无穷大。当接通母线电压互感器二次并列回路,检查电压互感器Ⅰ,Ⅱ段(正母、与副母)同相之间电阻接近为 0 且不同相之间阻抗仍为无穷大。

⑤接线任务完成后,应根据运行要求,从变比、极性、绕组等级等方面仔细核查,确保接线与设备铭牌或试验数据一致。

⑥当线路有高频保护时,根据高频通道测试要求测试正常。

⑦当电压互感器带电后,需进行同电源、异电源核相试验。以原运行电压互感器某相电压为基准,进行相序、相位、幅值检查。保护及自动化系统显示正常,特别注意要求检查装置内部显示值,它直接反映实际运行的工况是否符合要求。对某个间隔投产核相前必须检查本屏 N600 回路对地测量电阻为 0,防止 N600 回路接线错误,否则核相工作将失去意义。

⑧电压互感器带电后开口三角检查。

电压在直接接地系统中不可能完全为零,一般有 10 ~ 100 mV 电压;不接地系统一般在 1 ~4 V。如果与经验数据相差较大,则必须检查电缆及其接线是否正确。

极性检查:先根据原理要求,在端子箱内测量 S 与同铭相母线电压应符合要求,然后在电压互感器端子箱内拆开到保护室的 L 电缆,并在电缆芯线 L 上施加 S 回路的电压,检查所使用的 L 回路电压的装置与所施加的 S 电压相一致。

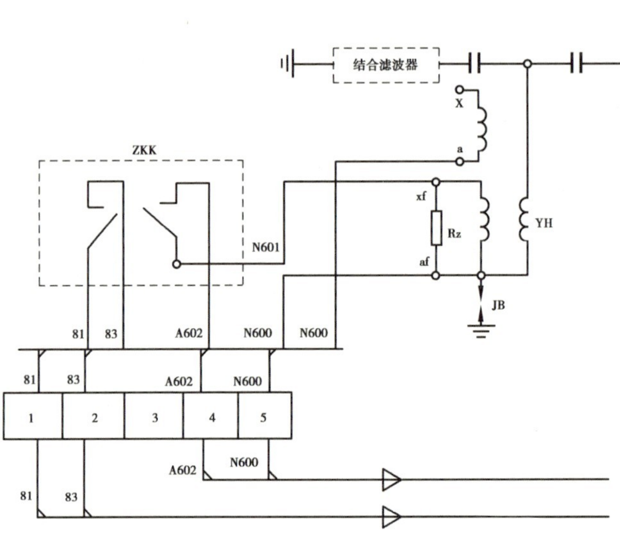

图 8.1　互感器接线示意图

8.1.6　高压互感器的安装技术问答

(1)怎样进行油浸式高压互感器的绝缘处理

油浸式高压互感器大多在室外工作,易受气候与环境条件的影响而发生绝缘油受潮、器身绝缘受潮与渗漏油现象,这时便需要进行器身绝缘干燥与换注或补充绝缘油等绝缘处理。

电压为 35 ~60 kV 的高压互感器的绝缘要求不高,而且设备质量轻、体积小,便于拆卸,把绝缘的器身放进干燥室内加温烘干。一般能在 3 ~4 天内达到规定的绝缘标准。

但是,电压为 110 kV 及以上的高压互感器对绝缘要求较高,尤其是超高压互感器,高度、质量都较大,不易拆装,保持其器身不动而采用真空热油循环干燥比较合理。

抽真空有加快绝缘干燥进程的作用,也是注油时除去其中水分与气体所必需的。抽真空的管路通常接在高压互感器储油柜顶端的气塞处或吸湿器的安装法兰上,抽真空时取出储油柜内的密封隔膜或金属膨胀器。高压互感器能承受的真空度应按制造厂的规定,如无说明,可控制在 9.33×10^{4} Pa 左右,在提高真空度的过程中,随时观察设备有无变形及其他问题。

用油泵迫使由电热器加热的绝缘油从高压互感器储油柜顶端的油塞进入，流经器身，把热量传给绝缘物，再经底座上的放油阀流出，保持每小时 10 ℃左右的均匀温升，直到 100 ℃，在此温度下干燥 48 h，然后停止，再进行试验。如果绝缘测试数据不稳定或不符合标准，可继续干燥 48 h，直到合格为止。用电阻法测出的绕组平均温度作为高压互感器的干燥温度；可用热电偶或电阻温度计测量铁芯表面的温度，可在进出管上安装座式温度计测量热油的温度，作为绝缘绕组温度的参考值。

真空热油循环干燥时，由于高压互感器的瓷箱内存有一定数量的绝缘油，在油的静压力作用下，其下部器身的浸油空间的实际真空度较上部（真空表指示）低。而下部正好是绝缘绕组，其绝缘层较厚，潮湿排除困难，所以有必要采取绕组辅助加热以提高高压互感器的干燥效率。对于电压互感器，可将其一次绕组短路，在二次绕组中加以十几伏低电压，使其流过几十安培的电流，这样各绕组受热均匀，潮湿更容易向外扩散。利用调压器或行灯变压器调节加在二次绕组上的电压，控制不得超过高压互感器的额定输出。

干燥完毕，要放出全部用于加热的绝缘油，用合格的绝缘油冲洗器身之后，再次抽真空注入合格的绝缘油。有时还要根据情况对器身进行检查，处理绝缘部件松动、变形等问题。

（2）怎样进行高压互感器的补充注油

在高压互感器的安装与运行中，当绝缘油有损耗时，要向油箱内补充注油。油的损耗有两个原因：第一是设备有缺陷时的油损耗，例如设备密封不严，或密封故障而发生渗漏油；第二是在正常情况下的油损耗，例如取油样等。

向高压互感器补充注油一般不是在真空下进行的，早期多采用从设备的储油柜顶部直接灌注，这种补充注油的方式有许多缺点，既不方便又不安全，而且还容易通过油桶与索具等工具把脏污与潮湿带进储油柜，使整台高压互感器受污染而不合格；同时随着高压互感器采用全密封结构而困难更多，为此，目前已多改从高压互感器底部放油阀处压力补充注油。

注油接头是专用部件，它拧在高压互感器的放油阀上，但不妨碍放油阀的开闭，它与进油管路连接，补充油便通过它压进高压互感器油箱，接头上还设有排放系统部件内部以及绝缘油中空气的放气塞。

油泵用于向高压互感器的油箱压油，为了便于操作与携带，可采用流量 10～15 L/min，压力 14.7×10^4 Pa，配装电动机功率约为 100 W 的微型油泵。

贮油器一般是清洁的玻璃瓶或铝制钢瓶，容积为 6～10 L，内装经过真空脱气处理过的合格绝缘油。一次贮油量不足，还可再次贮入。

油管为透明的耐油胶管，一般分成两段，其直径按照所连接的注油接头，油泵接头与贮油器的接头选择，需要控制管内的油流速度时可利用 1.5～2.0 mm 孔径的节流片，或者利用卡在软管上的金属夹子。

补充注油时，先拧松注油接头上的放气塞，并启动油泵，待气塞口有油外溢时，迅速关闭放气塞，拧开放油阀，绝缘油便从贮油器经油泵缓慢流进高压互感器，待其顶部的油位计油面达到规定线时，关闭油阀门，并停止油泵。

(3)高压互感器的绝缘测试有哪些项目与规定

在安装与运行时,要对高压互感器做下列绝缘测试:

①绝缘电阻。在安装时,与运行中每隔 1 ~ 2 年都要测试高压互感器绕组的绝缘电阻,通常测一次绕组使用 2 500 V 兆欧表,测二次绕组使用 1 000 V 或 2 500 V 兆欧表。分别对每只绕组进行测试,不测试的绕组短路接地。对高压互感器绕组的绝缘电阻标准不作规定,但与以前的测试值相比,应无显著降低。

如果做器身检查,则根据情况使用 2 500 V 的兆欧表测试铁芯的穿心螺杆或其他绝缘部件对地的绝缘电阻,其标准也不作规定。

②介质损耗率正切值。20 kV 以上高压互感器的一次绕组,在安装与运行中每隔 1 ~ 2 年都要测试其连同套管的介质损耗率正切值,通常使用西林电桥或类似的仪器。测试时,将二次绕组短路接地,保持环境温度在 5 ~ 40 ℃。

③工频交流耐压对 35 kV 以下高压互感器的一、二次绕组,在安装时与运行中每隔 1 ~ 3 年都要测试其连同套管对地的工频交流耐压。对每只绕组分别进行测试,不测试的绕组短路接地。高压互感器二次绕组的工频交流耐压值一律规定为 2 000 V。

串级式绝缘结构的电压互感器不进行工频交流耐压试验,但其一次绕组的接地端与设备的外壳绝缘时,其对地的短时工频交流耐压为:设备的额定电压为 35 kV 以下时,2 000 V;设备额定电压为 35 kV 及以上时,5 000 V。

④绝缘油在安装时与运行中每隔一年都要取油样进行绝缘强度(击穿电压与介质损耗率正切值)试验,其标准与相同电压等级的变压器所用绝缘油一致。对超高压互感器,还要对其绝缘油的含水量与含气量进行测定与分析。

(4)电压互感器的特性测试有哪些项目与规定

在安装与运行时,要对电压互感器做如下特性测试。

①直流电阻在安装时与运行中更换绕组以后,都要测试电压互感器一次绕组的直流电阻,通常使用电压降方法,也可使用双臂电桥进行测试。把测试值与制造厂或以前的测试值相比,应无明显差别。

②空载电流对 1 000 V 以上的电压互感器,在安装时与运行中更换绕组后,都要测试其空载电流,通常把电压互感器的一次绕组开路,在二次绕组施加额定电压,直接从二次电路中的电流表读取额定电压下的空载电流值,再换算到一次电路。与以前的测试值相比,应无明显差别。

③极性与组别对单相电压互感器要测试其极性,对三相电压互感器要测试其组别。通常使用直流感应法确定电压互感器的极性与组别,并应与设备铭牌上的标志一致。

电压互感器的接线变动以后,为确保联结正确,也常在其二次回路的联结端子排处,做极性与组别的测试。

④比值差与相位差在安装时要测试电压互感器的比值差;通常使用标准电压互感器与双标准电压表法。标准电压互感器的变压比与被试电压互感器的变压比相差不得超过

10%。令其一次绕组接在同一电压下,当两者的变压比相等时,可直接读取在其二次回路中的两只标准电压表的数值,用比较法确定被试电压互感器的比值差,否则需将两只电压表的读数代入指定公式,计算出比值差。

测试单相电压互感器的测量级二次绕组误差时,在其一次绕组上施加额定频率,实际为正弦波形,且为80%~120%额定值的电压,二次绕组则接功率因数为0.8(滞后)的25%~100%额定值的负荷,并将运行中应予接地的绕组端子接地。如果具有多只分开的二次绕组,则对不测试的绕组也应接以25%~100%额定值的负荷。至于剩余电压绕组,因为只有短时负荷,所以可以开路。

测试单相电压互感器的保护级二次绕组误差时,在其一次绕组上施加额定频率,以及5%额定电压到与额定电压因数相对应的电压,二次绕组接以功率因数为0.8(滞后)的25%~100%额定值的负荷。如果具有剩余电压绕组与多只分开的二次绕组,则均应接以25%~100%额定值的负荷。

8.2　油浸式电磁电压互感器的验收

8.2.1　安装部分验收

1)本体安装

本体安装应满足以下要求:

①电压互感器的参数应与设计相符。

②电压互感器应垂直安装,垂直偏差应不大于1%。

③三相并列安装的互感器中心线应在同一直线上,极性方向应一致,铭牌位于易观察处的同一侧。

④基础螺栓紧固,受力均匀。

2)外瓷(合成)套检查

瓷套外表面应清洁、无损和无裂纹。

3)金属膨胀器检查

金属膨胀器应满足以下要求:

①膨胀器密封可靠,无渗漏,无永久性变形。

②油位指示或油压力指示正确清晰,油位满足运行要求。

4)检查储油柜

储油柜应满足以下要求:

①密封可靠，无渗漏。

②检查储油柜有无悬浮电位。

5）油箱、底座

油箱、底座应满足以下要求：

①铭牌、标志牌完备齐全，表面清洁无污物。

②二次接线板及端子清洁密封完好，无渗漏，无氧化。

③放油阀密封良好，无渗漏。

6）密封检查

各部位均无渗油现象。

7）一次引线安装

一次引线安装应满足以下要求：

①引线螺栓紧固连接可靠、对地和相间等距离应符合附录B的要求，各接触面应涂有电力复合脂；引线松紧适当，无明显过紧过松现象。

②采用液压压接导线时：压接后不应使接续管口附近导线有隆起和松股，接续管表面应光滑、无裂纹。

③导线与接线端子搭接（铜与铝）时：在干燥的室内，铜导体应搪锡，室外或空气相对湿度接近100%的室内，应采用铜铝过渡设备线夹。

8）二次引线安装

二次引线安装应满足以下要求：

①二次引线应无损伤、接线端子紧固，平垫、弹簧垫圈齐全。

②二次接线端子间应清洁无异物，接线端子应有防转动措施。

③二次引线裸露部分不大于5 mm，电缆备用芯子应做好防误碰措施。

④二次电缆应固定，并做好电缆孔的封堵。

9）接地

电压互感器接地应满足以下要求：

①电压互感器的“N”或“X”必须可靠接地。

②电压互感器本体应有两根接地引下线并引至不同地点的水平接地体，每根引下线的截面应满足设计要求。

③每个二次绕组必须有一点可靠接地，并且只能有一点接地。

10）油漆

油漆均匀完好，相色正确。

8.2.2　试验部分验收

1）绝缘电阻试验

测量一次绕组对二次绕组及外壳、各二次绕组间及其对外壳的绝缘电阻，其数值与出厂值比较应无明显变化且不低于 1 000 MΩ。

2）本体介损和支架介损

本体介损和支架介损应符合技术合同要求且本体介损 20 ~ 35 kV 电压互感器≤3%，110 ~ 220 kV 电压互感器≤2.5%，110 ~ 220 kV 串级式电压互感器支架介损≤6%。

3）绝缘油击穿电压试验

110 ~ 220 kV 互感器油击穿电压为 40 kV。

4）绝缘油中水分含量测试

220 kV 互感器油中水分为 15 mg/L；110 kV 互感器油中水分为 20 mg/L。

5）油色谱分析

应满足技术合同的要求，无技术合同的应符合下列规定：氢气 $H_2 < 50$ mL/L；乙炔 $C_2H_2 = 0$ μL/L = 0 mL/L；总烃 $C_1 + C_2 \leqslant 10$ mL/L。

6）测量互感器绕组的直流电阻值

一次绕组直流电阻测量值，与换算到同一温度下的出厂值比较，相差不大于 10%。二次绕组直流电阻测量值与换算到同一温度下的出厂值比较，相差不大于 15%。

7）测量电压互感器的励磁特性

励磁特性应满足以下要求：

①110 ~ 220 kV 电压互感器励磁曲线测量点为额定电压的 20%，50%，80%，100% 和 120%；35 kV 及以下电压互感器最高测量点为 190% 的额定电压。

②在额定电压测量点（100%），励磁电流不宜大于其出厂试验报告和形式试验报告的测量值的 30%，同年批次、同型号、同规格电压互感器此点的励磁电流不宜相差 30%。

8）局部放电量测试

局部放电量测试电压为 $1.2U_m/\sqrt{3}$ 时，其放电量≤20 pC。

9）极性试验

必须与设计相符，并与铭牌上的标记和外壳上的符号相符。

10）互感器的误差测量

互感器的误差测量应满足以下要求：

①用于关口计量的电压互感器必须进行误差测量，其角比差应满足计量的要求和铭牌

值相符。

②用于非关口计量的电压互感器，宜进行误差测量，其角比差应满足计量的要求和铭牌值相符。

③非计量用的绕组应进行变比检查，其变比应与铭牌值相符。

11）交流耐压试验

交流耐压试验应满足以下要求：

①感应耐压试验：试验电压为出厂试验电压的 80%。感应耐压前后额定电压下的空载电流两次测量值不应有明显差别；110～220 kV 电压互感器，感应耐压前后的油色谱分析两次测得值不应有明显差别。

②进行二次绕组之间及其对外壳的工频耐压试验，试验电压标准应为 2 000 V、1 min。

8.2.3 竣工资料验收

油浸式互感器竣工应提供以下资料（表 8.1）：

①互感器订货技术合同（或技术协议）。

②互感器安装使用说明书、出厂试验报告、合格证。

③互感器现场安装报告、试验报告和重大缺陷处理报告。

表 8.1 油浸式互感器竣工验收资料

一、设备验收					
序号	验收项目	验收内容	质量标准	检验方法	验收结论
1	本体	外观	铭牌标志完整，清晰；瓷套或复合绝缘外套完整，无裂纹，无渗漏，油位正常；相色标志正确；一二次接线端子连接牢固，接触良好	观察检查	
2		金属膨胀器	取消运输时的固定装置	观察检查	
3		二次接线盒	密封、封堵良好，二次引线绝缘无破损，连接牢固，无渗漏符合要求	观察检查	
		密度继电器	校验合格	资料检查	
4		所有连接螺栓	齐全，紧固	观察检查	
5	接地	设备接地	110 kV 及以上支架有两点与主地网连接，接地引下线规格满足设计要求，导通良好	观察检查	
6		N(X)端子接地	牢固，导通良好	观察检查	

续表

序号	验收项目	验收内容	质量标准	检验方法	验收结论
7	现场交接试验	绝缘油试验	合格(全密封一般不进行)	观察检查	
8		绕组绝缘电阻	合格	资料检查	
9		空载电流测量	在额定电压下,空载电流与出厂数值比较不应大于 10%	资料检查	
10		绕组、串级式电压互感器支架介质损测量	按制造厂试验方法测得的 tan δ 值不应大于出厂试验值的 130%(固体绝缘不进行)	资料检查	
11		直流电阻	与出厂值比较无明显变化	资料检查	
12		变比、极性试验	检查互感器的变比、极性与铭牌一致	资料检查	
13		耐压试验	耐压前进行	资料检查	
14		SF_6 气体试验	SF_6 气体充入设备 24 h 后取样,水分含量不大于 250 μL/L	资料检查	
15		误差试验	应进行比差与角差试验	资料检查	
16		试验数据分析	试验数据应通过显著性差异分析法和横纵比分析法进行分析,并提出意见	资料检查	

二、资料验收

序号	资料名称	质量标准	检验方法	验收结论
1	变电工程投运前电气安装调试质量监督检查报告	项目齐全、质量合格	资料检查	
2	厂家出厂试验报告	各项资料齐全、试验项目合格	资料检查	
3	安装使用说明书,图纸、维护手册等技术文件	齐全	资料检查	
4	电气装置及附件安装、交接记录、试验报告	各项记录齐全、试验项目合格	资料检查	
5	设备缺陷通知单、设备缺陷处理记录		资料检查	

8.3 电容式电压互感器的验收

8.3.1 安装部分验收

1）本体安装

本体安装应满足以下要求：

①互感器的型号应与设计相符。

②变比与保护整定相符。

③互感器应垂直安装，垂直偏差应不大于1%。

④三相并列安装的互感器中心线应在同一直线上，极性方向应一致。

⑤基础螺栓紧固，受力均匀。

2）外瓷套（合成套）检查

外瓷套（合成套）表面应清洁、无损、无裂纹、无渗漏。

3）油箱、底座

油箱、底座应满足以下要求：

①铭牌、标志牌完备齐全，表面清洁无污物。

②二次接线板及端子清洁密封完好，无渗漏、无氧化。

③放油阀密封良好，无渗漏。

④密封检查。

各部位均无渗油现象，分压电容严禁渗油，防爆膜无破损。

4）一次引线安装

一次引线安装应满足以下要求：

①引线螺栓紧固连接可靠，对地和相间等距离应符合附录B的要求，各接触面应涂有电力复合脂；引线松紧适当，无明显过紧、过松现象。

②采用液压压接导线时，压接后不应使接续管口附近导线有隆起和松股，接续管表面应光滑、无裂纹。

③导线与接线端子搭接（铜与铝）时，在干燥的室内，铜导体应搪锡，室外或空气相对湿度接近100%的室内，应采用铜铝过渡设备线夹。

5）二次引线安装

二次引线安装应满足以下要求：

①二次引线应无损伤，接线端子紧固，平垫、弹簧垫圈齐全。

②二次接线端子间应清洁无异物，接线端子应有防转动措施。

③二次引线裸露部分不大于 5 mm。

④电缆的备用芯子应做好防误碰措施。

⑤二次电缆应固定，并做好电缆孔的封堵。

6）接地

电压互感器接地应满足以下要求：

①电压互感器的“N”或“X”、电容器低压端子必须可靠接地。

②本体应有两根接地引下线引至不同地点的水平接地体，单根引下线的热稳定应满足设计要求。

③每个二次绕组必须有一点可靠接地，并且只能有一点接地；过渡端子排（如有）应可靠接地。

7）油漆

油漆均匀完好，相色漆正确。

8）耦合电容器安装

对于 220 kV 及以上等级的电容式电压互感器，耦合电容器部分安装时必须按照出厂时的编号以及上下顺序进行安装。

8.3.2　试验部分验收

1）分压电容器的介质损耗和电容量的试验

测量介质损耗和电容量其数值与出厂值比较应无明显变化，同时应满足下列要求：

介质损耗符合技术合同的要求且不应大于 0.2%；电容量交接试验值与出厂值比较其变化量应在 5% ~10% 的范围内。

2）测量中间变压器绕组的直流电阻值

一次绕组直流电阻测量值与换算到同一温度下的出厂值比较，相差不大于 10%（根据具体结构确定是否测量）。二次绕组直流电阻测量值，与换算到同一温度下的出厂值比较，相差不大于 15%。

3）测量中间变压器的空载电流和励磁特性

在额定电压下测量空载电流，空载电流与出厂值或同批相同产品测得值比较应无明显差别（根据具体结构确定是否测量）。

4）极性试验

必须与设计相符，并与铭牌上的标记和外壳上的符号相符。

5）互感器的误差测量

互感器的误差测量应满足下列要求：

①用于关口计量的电压互感器必须进行误差测量，其角比差应满足计量的要求和铭牌值相符。

②用于非关口计量的电压互感器，宜进行误差测量，其角比差应满足计量的要求和铭牌值相符。

③非计量用的绕组应进行变比检查，其变比应与铭牌值相符。

6）中间变压器交流耐压试验

中间变压器交流耐压试验应满足下列要求：

①感应耐压试验：试验电压为出厂试验电压的 80%。感应耐压前后额定电压下的空载电流两次测量值不应有明显差别（根据具体结构确定是否试验）。

②进行二次绕组之间及其对外壳的工频耐压试验，试验电压标准应为 2 000 V、1 min。

8.3.3 竣工资料验收

电容式互感器竣工应提供以下资料：

①互感器订货技术合同（或技术协议）。

②互感器安装使用说明书、出厂试验报告及合格证。

③互感器现场安装报告、试验报告和重大缺陷处理报告。

④变更设计的技术文件、竣工图、备品备件移交清单。

8.4 35 kV 环氧树脂电压互感器的验收

8.4.1 安装部分验收

1）本体安装

本体安装应满足下列要求：

①互感器的参数应与设计相符。

②三相并列安装的互感器中心线应在同一直线上，极性方向应一致。

2）检查外观

外观应满足下列要求：

①环氧树脂外表面应清洁、无损、无裂纹。

②铭牌、标志牌完备齐全，表面清洁无污物。

③二次接线板及端子清洁完好。

3) **一次引线安装**

一次引线安装应满足下列要求：

①引线螺栓紧固连接可靠，对地和相间等距离应符合附录 B 的要求，各接触面应涂有电力复合脂；引线松紧适当，无明显过紧、过松现象。

②采用液压压接导线时，压接后不应使接续管口附近导线有隆起和松股，接续管表面应光滑、无裂纹。

③导线与接线端子搭接（铜与铝）时，在干燥的室内，铜导体应搪锡，室外或空气相对湿度接近 100% 的室内，应采用铜铝过渡设备线夹。

4) **二次引线安装**

二次引线安装应满足下列要求：

①二次引线应无损伤，接线端子紧固，平垫、弹簧垫圈齐全。

②二次接线端子间应清洁无异物，接线端子应有防转动措施。

③二次引线裸露部分不大于 5 mm。

④电缆的备用芯子应做好防误碰措施。

⑤二次电缆应固定，并做好电缆孔的封堵。

5) **接地**

互感器接地应满足下列要求：

①电压互感器的“N”或“X”必须可靠接地。

②户外安装的电压互感器应有两根接地引下线引至不同地点的水平接地体，每根引下线的截面应满足设计要求。

③开关柜内安装的必须有可靠接地。

④每个二次绕组必须有一点可靠接地，并且只能有一点接地。

6) **油漆**

油漆均匀完好，相色漆正确。

8.4.2　试验部分验收

1) **绝缘电阻试验**

测量主绝缘的绝缘电阻其数值与出厂值比较应无明显变化。

2) **测量互感器绕组的直流电阻值**

一次绕组直流电阻测量值，与换算到同一温度下的出厂值比较，相差不大于 10%；二次绕组直流电阻测量值,与换算到同一温度下的出厂值比较,相差不大于15%。

3)测量电压互感器的励磁特性

电压互感器的励磁特性应满足下列要求:

①励磁曲线测量点为额定电压的20%,50%,80%,100%,120%,150%和190%。

②在额定电压测量点(100%),励磁电流不宜大于其出厂试验报告和形式试验报告的测量值的30%,同年批次、同型号、同规格电压互感器此点的励磁电流不宜相差30%。

4)极性试验

必须与设计相符,并与铭牌上的标记和外壳上的符号相符。

5)互感器的误差测量

互感器的误差测量应满足下列要求:

①用于关口计量的电压互感器必须进行误差测量,其角比差应满足计量的要求和铭牌值相符。

②用于非关口计量的互感器宜进行误差测量,其角比差应满足计量的要求和铭牌值相符。

③非计量用的绕组应进行变比检查,其变比应与铭牌值相符。

6)局部放电测量

全绝缘结构 $1.2U_m$ 其放电量≤100 pc,半绝缘结构在 $1.2U_m/\sqrt{3}$ 测量电压下,允许视在放电量水平。

7)交流耐压试验

交流耐压试验应满足下列要求:

①全绝缘结构电压互感器,应在现场安装完毕的情况下,逐台进行交流耐受电压试验,试验电压为出厂试验电压的80%。

②感应耐压试验:试验电压为出厂试验电压的80%。感应耐压前后额定电压下的空载电流两次测量值不应有明显差别。

③进行二次绕组之间及其对外壳的工频耐压试验,试验电压标准应为2 000 V、1 min。

8.4.3 竣工资料验收

电压互感器竣工应提供以下资料:

①互感器订货技术合同(或技术协议)。

②互感器安装使用说明书、出厂试验报告、合格证。

③互感器现场安装报告、试验报告。

④变更设计的技术文件、竣工图、备品备件移交清单。

8.5　10 kV、20 kV 环氧树脂电压互感器的验收

8.5.1　10 kV、20 kV 环氧树脂电压互感器安装部分验收

1)本体安装

本体安装应满足下列要求：

①互感器的参数应与设计相符。

②互感器垂直安装时，垂直偏差应不大于 1%。

③三相并列安装时，互感器中心线应在同一直线上，极性方向应一致。

④固定螺栓紧固，受力均匀。

2)检查外观

外观应满足下列要求：

①环氧树脂外表面应清洁、无损、无裂纹。

②铭牌、标志牌完备齐全，表面清洁无污物。

③二次接线板及端子清洁完好。

3)一次引线安装

一次引线安装应满足下列要求：

①引线螺栓紧固连接可靠，对地和相间等距离应符合附录 B 的要求，各接触面应涂有电力复合脂；引线松紧适当，无明显过紧、过松现象。

②导线与接线端子搭接(铜与铝)时，在干燥的室内，铜导体应搪锡，室外或空气相对湿度接近 100% 的室内，应采用铜铝过渡设备线夹。

4)二次引线安装

二次引线安装应满足下列要求：

①二次引线应无损伤、接线端子紧固，平垫、弹簧垫圈齐全。

②二次接线端子间应清洁无异物，接线端子应有防转动措施。

③二次引线裸露部分不大于 5 mm。

④备用的端子应短接后接地。

⑤电缆的备用芯子应做好防误碰措施。

⑥二次电缆应固定，并做好电缆孔的封堵。

5)接地

电压互感器接地应满足下列要求：

①电压互感器的“N”或“X”必须可靠接地。

②户外安装的电压互感器应有两根接地引下线引至不同地点的水平接地体，每根引下线的截面应满足设计要求。

③开关柜内安装的必须有可靠接地；每个二次绕组必须有一点可靠接地，并且只能有一点接地。

6）油漆

油漆均匀完好，相色漆正确。

8.5.2　试验部分验收

1）绝缘电阻试验

测量主绝缘的绝缘电阻其数值与出厂值比较应无明显变化。

2）测量互感器绕组的直流电阻值

一次绕组直流电阻测量值，与换算到同一温度下的出厂值比较，相差不大于10%；二次绕组直流电阻测量值，与换算到同一温度下的出厂值比较，相差不大于15%。

3）测量电压互感器的励磁特性

励磁特性应满足下列要求：

①励磁曲线测量点为额定电压的20%，50%，80%，100%，120%，150%和190%。

②在额定电压测量点（100%），励磁电流不宜大于其出厂试验报告和形式试验报告的测量值的30%，同年批次、同型号、同规格电压互感器此点的励磁电流不宜相差30%。

4）极性试验

必须与设计相符，并与铭牌上的标记和外壳上的符号相符。

5）互感器的误差测量

互感器的误差测量应满足下列要求：

①用于关口计量的电压互感器必须进行误差测量，其角比差应满足计量的要求和铭牌值相符。

②用于非关口计量的互感器宜进行误差测量，其角比差应满足计量的要求和铭牌值相符。

③非计量用的绕组应进行变比检查，其变比应与铭牌值相符。

6）交流耐压试验

①全绝缘结构的电压互感器，应在现场安装完毕的情况下，逐台进行交流耐受电压试验，试验电压为出厂试验电压的80%。

②进行二次绕组之间及其对外壳的工频耐压试验，试验电压标准应为2 000 V、1 min。

8.5.3 竣工资料验收

竣工资料验收应提供以下资料：

①互感器订货技术合同（或技术协议）。

②互感器安装使用说明书、出厂试验报告、合格证。

③互感器现场安装报告、试验报告。

④变更设计的技术文件、竣工图、备品备件移交清单。

8.5.4 现场验收操作要求及记录

电压互感器现场验收操作要求及记录分别按表 8.2 执行。

表 8.2　电压互感器现场验收操作要求及记录

一、设备验收					
序号	验收项目	验收内容	质量标准	检验方法	验收结论
1	本体	外观	铭牌标志完整，清晰，瓷套完整，无裂纹，无渗漏，油位正常，相色标志正确；一二次接线端子连接牢固，接触良好	观察检查	
2		二次接线盒	密封、封堵良好，二次引线绝缘无破损，连接牢固，无渗漏，放电间隙符合要求	观察检查	
3		所有连接螺栓	齐全，紧固	观察检查	
4	接地	设备接地	110 kV 及以上实行双引下接地	观察检查	
5		N(X)端子接地	牢固，导通良好	观察检查	
6		δ 端子（耦合电容器）	短接直接接地或经结合滤波器接地，接地牢固，导通良好	观察检查	
7	现场交接试验	绝缘电阻	应测量电容单元极间、低压端对地及中间变压器绝缘电阻	检查报告	
8		分压电容器介质损耗和电容量测试	电容量初值误差不大于 ±2%，介质损耗不大于 0.15%	检查报告	
9		变比、极性试验	检查互感器的变比、极性与铭牌一致	检查报告	

续表

序号	验收项目	验收内容	质量标准	检验方法	验收结论
10	现场交接试验	阻尼电阻	与出厂值无明显变化	检查报告	
11		误差试验	应进行比差与角差试验	检查报告	
12		试验数据分析	试验数据应通过显著性差异分析法和横纵比分析法进行分析,并提出意见	资料检查	
二、资料验收					
序号	资料名称		质量标准	检验方法	验收结论
1	变电工程投运前电气安装调试质量监督检查报告		项目齐全、质量合格	查资料	
2	厂家出厂试验报告		各项资料齐全、试验项目合格	查资料	
3	安装使用说明书,图纸、维护手册等技术文件		齐全	查资料	
4	电气装置及附件安装、交接记录、试验报告		各项记录齐全、试验项目合格	查资料	
5	设备缺陷通知单、设备缺陷处理记录			查资料	

8.6 组合式电压互感器的验收

8.6.1 电压互感器柜的验收

①高压开关柜内一次接线应符合国家电网公司输变电工程典型设计要求,电压互感器等柜内设备应经隔离开关或隔离手车与母线相连,严禁与母线直接连接。

②电压互感器全部抽头应引出,并直接引至本体端子箱且接于端子排同一边。二次线采用多股线时,线端必须压接插入式铜端子后接入端子排;一个端子排上最多允许接入两根同线径芯线。

③高压开关柜中门外侧应标识柜内主要元器件(电流互感器、电压互感器、接地开关、避

雷器、断路器等）技术参数。

④互感器的计量回路二次线应采用单芯硬质铜导线，且电流回路线径不小于 4 mm^2、电压回路不小于 2.5 mm^2，并直接进计量盒。

⑤电磁式电压互感器励磁特性曲线的拐点电压应大于 1.5 $U_m/\sqrt{3}$（中性点有效接地系统）或 1.9$U_m/\sqrt{3}$（中性点非有效接地系统），并出具试验报告。

⑥35 kV 充气式电压互感器柜，如采用熔断器，熔断器与母线间应设置隔离开关。

⑦母线电压互感器间隔端子箱内的电压二次快分开关应采用单相加辅助接点的快分开关。

⑧柜体清洁，柜体油漆完整，柜体无裂纹，柜体无破损，柜体密封良好，柜体无放电痕迹，安装垂直，柜体连接牢固，柜体接地规范、良好（铜材料接地线），柜门可靠接地（铜材料接地线）。

⑨电压互感器外观清洁、无裂纹、无破损、无放电痕迹，相序标志清晰、正确，安装牢固，接地可靠，一次接线正确、接触良好，暂不使用的二次端子应开路。

⑩柜内隔离开关支持瓷瓶外观清洁、无破损、无裂纹、无放电痕迹，隔离开关本体清洁、油漆完整，隔离开关相序标志清晰、正确，隔离开关、接地隔离开关安装牢固、规范；隔离开关、接地隔离开关合闸深度符合厂家设计要求；隔离开关、接地隔离开关触头开距满足设计要求；隔离开关带电部分对地距离、相间距离满足设计要求；隔离开关、接地隔离开关触头夹紧力符合设计要求；隔离开关、接地隔离开关动（静）触头涂东芝导电脂（或凡士林），机械转动部分涂黄油，构架接地良好、规范，接地隔离开关接地体接地良好，符合规范。

⑪柜内避雷器应外观清洁、无破损、无裂纹、无放电痕迹，设备连线接触良好，接地线连接正确、可靠、规范，带电部分对地距离满足设计要求，相间距离满足设计要求。

⑫熔断器应外观清洁、无破损、无裂纹，电阻检查符合要求，熔断器安装接触良好，额定电流符合设计要求。

⑬操作机构应外观清洁、安装牢固，分合闸指示标志清晰，操作灵活、可靠，机械闭锁无破损、无锈斑、闭锁可靠、操作灵活。

⑭引流排检查，外观清洁，热缩材料无破损，相序标志清晰、正确，安装牢固，安装工艺符合规范，相间距离满足设计要求，对地距离满足设计要求，连接导电部分打磨并涂导电脂。

⑮电磁锁外观清洁，无破损，钥匙编号清晰、正确。

⑯高压带电显示装置，外观清洁，无破损，安装符合规范，接线正确，指示正确。

⑰附属设备检查（除湿、照明、测温等装置），接线符合工艺要求，工作状态指示正常，手动功能检查正常，自动功能检查正常。

⑱连接螺丝应用热镀锌螺丝紧固，螺丝规格符合规范，紧固螺丝安装用力矩扳手按规定力矩紧固。

8.6.2 组合式电气(GIS)电压互感器的验收

①GIS 电压互感器应设置独立的隔离开关,以便后续检修。

②电压互感器间隔的汇控柜内的计量电压二次端子应封闭,计量用二次快分开关安装位置应合理,便于现场测试接线,无须电压切换的计量电压二次回路中不得接入隔离开关辅助接点。

③电磁式电压互感器应进行空载电流测量。励磁特性曲线的拐点电压应大于 $1.5\ U_m/\sqrt{3}$(中性点有效接地系统)或 $1.9U_m/\sqrt{3}$(中性点非有效接地系统),并出具试验报告。

④电压互感器全部抽头应引出,并直接引至汇控柜,接入端子排同一侧。

⑤电压互感器一次绕组尾端、避雷器接地端应采用绝缘铜排(缆)直接与主地网连接。

8.7 防止电压互感器损坏事故要求

1)设计阶段应注意的问题

①油浸式互感器应选用带金属膨胀器的微正压结构形式。

②电容式电压互感器的中间变压器高压侧不应装设 MOA(氧化锌避雷器的简称)。

2)基建阶段应注意的问题

①110 kV(66 kV) ~ 500 kV 互感器在出厂试验时,局部放电试验的测量时间延长到 5 min。

②对电容式电压互感器应要求制造厂在出厂时进行 $0.8U_{1n}$,$1.0U_{1n}$,$1.2U_{1n}$及 $1.5U_{1n}$的铁磁谐振试验(注:U_{1n}指额定一次相电压,下同)。

③电磁式电压互感器在交接试验时,应进行空载电流测量。励磁特性的拐点电压应大于 $1.5U_m/3$(中性点有效接地系统)或 $1.9U_m/3$(中性点非有效接地系统)。

④电压互感器的二次引线端子应有防转动措施,防止外部操作造成内部引线扭断。

⑤已安装完成的互感器若长期未带电运行(110 kV 及以上大于半年;35 kV 及以下 1 年以上),在投运前应按照《输变电设备状态检修试验规程》(DL/T 393—2010)进行例行试验。

⑥对于 220 kV 及以上等级的电容式电压互感器,其耦合电容器部分是分成多节的,安装时必须按照出厂时的编号以及上下顺序进行,严禁互换。

⑦220 kV 及以上电压等级互感器运输应在每台产品(或每辆运输车)上安装冲撞记录仪,设备运抵现场后应检查确认,记录数值超过 5 g 的,应经评估确认互感器是否需要返厂检查。

3)运行阶段应注意的问题

①事故抢修安装的油浸式互感器,应保证静放时间,其中 500 kV 油浸式互感器静放时

间应大于 36 h,110 ~220 kV 油浸式互感器静放时间应大于 24 h。

②互感器的一次端子引线连接端要保证接触良好,并有足够的接触面积,以防止产生过热性故障。一次接线端子的等电位连接必须牢固可靠。其接线端子之间必须有足够的安全距离,防止引线线夹造成一次绕组短路。

③老型带隔膜式及气垫式储油柜的互感器,应加装金属膨胀器进行密封改造。现场密封改造应在晴好天气进行。对尚未改造的互感器应每年检查顶部密封状况,对老化的胶垫与隔膜应予以更换。对隔膜上有积水的互感器,应对其本体和绝缘油进行有关试验,试验不合格的互感器应退出运行。绝缘性能有问题的老旧互感器,退出运行不再进行改造。

④对硅橡胶套管和加装硅橡胶伞裙的瓷套,应经常检查硅橡胶表面有无放电现象,如果有放电现象应及时处理。

⑤运行人员正常巡视应检查记录互感器油位情况。对运行中渗漏油的互感器,应根据情况限期处理,必要时进行油样分析,对含水量异常的互感器要加强监视或进行处理。油浸式互感器严重漏油及电容式电压互感器电容单元渗漏油的应立即停止运行。

⑥应及时处理或更换已确认存在严重缺陷的互感器。对怀疑存在缺陷的互感器,应缩短试验周期并进行跟踪检查和分析,查明原因。对于全密封型互感器,油中气体色谱分析仅 H_2 单项超过注意值时,应跟踪分析,注意其产气速率,并综合诊断:如产气速率增长较快,应加强监视;如监测数据稳定,则属非故障性氢超标,可安排脱气处理;当发现油中有乙炔时,按状态检修规程规定执行。对绝缘状况有怀疑的互感器应运回试验室进行全面的电气绝缘性能试验,包括局部放电试验。

⑦如运行中互感器的膨胀器异常伸长顶起上盖,应立即退出运行。当互感器出现异常响声时应退出运行。当电压互感器二次电压异常时,应迅速查明原因并及时处理。

⑧当采用电磁单元为电源测量电容式电压互感器的电容分压器 C_1 和 C_2 的电容量和介损时,必须严格按照制造厂说明书规定进行。

⑨若互感器所在变电站短路电流超过互感器铭牌规定的动热稳定电流值时,应及时改变变比或安排更换。

⑩新建、改扩建或大修后的互感器,应在投运后不超过 1 个月内(但至少在 24 h 以后)进行一次精确检测。220 kV 及以上电压等级的互感器每年在季节变化前后应至少各进行一次精确检测。在高温大负荷运行期间,对 220 kV 及以上电压等级互感器应增加红外检测次数。精确检测的测量数据和图像应存入数据库。

参考文献

[1] 国家电网公司人力资源部. 电气试验[M]. 北京:中国电力出版社,2010.

[2] 肖耀荣,伍东风,李长库. 互感器制造技术[M]. 北京:机械工业出版社,1998.

[3] 肖耀荣,高祖绵. 互感器原理与设计基础[M]. 沈阳:辽宁科学技术出版社,2003.

[4] 袁秀修. 电流互感器和电压互感器[M]. 北京:中国电力出版社,2011.

[5] 陈天翔,王寅仲,海世杰. 电气试验[M]. 2 版. 北京:中国电力出版社,2008.

[6] 彭丽. 10 kV/35 kV 电子式电压/电流互感器研究[D]. 武汉:华中科技大学,2004.

[7] 陈新刚. 电磁式互感器励磁特性分析[D]. 济南:山东大学,2013.

[8] 王丽华. 电压互感器的现代设计方法研究[D]. 天津:河北工业大学,2004.

[9] 王嫚嫚. 电子式电流互感器的可靠性研究[D]. 济南:山东大学,2013.

[10] 宋存超. 电子式互感器校验装置及方法的研究[D]. 保定:河北大学,2015.

[11] 赵美君. 电子式互感器应用技术的研究与设计[D]. 长沙:湖南大学,2005.

[12] 程云国. 光学电压互感器的研究[D]. 武汉:武汉大学,2004.

[13] 于大海. 光学电压互感器电场仿真分析[D]. 武汉:华中科技大学,2009.

[14] 韩世忠. 基于电容分压的电子式电压互感器的研究[D]. 武汉:华中科技大学,2006.

[15] 高伟. 配电网电磁式电压互感器谐振过电压抑制措施研究[D]. 西安:西安理工大学,2009.

[16] 何月. 配网电压互感器损坏机理及其影响因素研究[D]. 重庆:重庆大学,2014.

[17] 岳全中. 油浸式电力互感器状态评估方法的研究[D]. 北京:华北电力大学,2008.

[18] 国家能源局. 互感器运行检修导则:DL/T 727—2013[S]. 北京:中国电力出版社,2014.

[19] 中华人民共和国工业和信息化部. 互感器用金属膨胀器:JB/T 7068—2015[S]. 北京:机械工业出版社,2002.